● 作って覚える

Cinema 4D
の一番わかりやすい本

Cinema 4D Studio R20対応版

[BEGINNER'S GUIDE TO 3D MODELING IN CINEMA 4D]

国崎 貴浩 著

技術評論社

JN133011

■本書のサポートサイト

https://gihyo.jp/book/2019/978-4-297-10421-4

本書に関するサポートサイトを用意しています。正誤情報やサンプルファイルの更新がある場合は、上記サイトにて情報提供、配付を行います。

■ご注意：ご購入・ご利用の前に必ずお読みください

●免責

・本書に記載された内容は、情報の提供のみを目的としています。したがって、本書を用いた運用は、必ずお客様自身の責任と判断によって行ってください。これらの情報の運用の結果について、技術評論社および著者または監修者はいかなる責任も負いません。

・本書はWindows 10と、MAXON Computer社Cinema 4D Studio R20を使用して解説しています。ソフトウェアに関する記述は特に断りのないかぎり、2019年3月現在での最新バージョンを元にしています。ソフトウェアはバージョンアップされる場合があり、お使いのCinema 4Dと、本書で解説している機能内容や画面図が、若干異なる可能性があることをあらかじめご承知おきください。

・本書のサンプルファイルおよび解説動画は、Cinema 4Dの動作に必要な要件（下記）を満たすWindowsおよびMacにて動作を確認しています。

・本書の内容は、Cinema 4D Studio R20での作業を前提としています。R20より古いバージョンや、R20の他のグレード（Primeなど）では使えない機能を使用していますので、ご注意ください。

・付属のDVD-ROMに収録されているデータの著作権は著者に帰属しています。本書をご購入いただいた方のみ、個人的な目的に限り自由にご利用いただけます。付属のDVD-ROMをお使いになる場合は、P.6の「付属DVD-ROMの使い方」を必ずお読みください。お読みいただかずにDVD-ROMをお使いになった場合のご質問や障害にはいっさい対応いたしませんので、あらかじめご承知おきください。

・Cinema 4Dの動作に必要なシステム構成は次の通りです。詳しくは「https://www.maxon.net/jp/製品/infosites/最低動作環境/」をご覧ください。

Cinema 4Dの動作に必要なシステム環境

オペレーティングシステム	Microsoft Window 7 SP1（64bit）、Windows 8.1（64bit）、Windows 10（64bit） Apple macOS 10.11.6もしくは 10.12.4以降
CPU	IntelもしくはAMD製の64ビットプロセッサー（32ビットはサポートされていません）
メモリ	4GBの空きメモリ（8GB以上を推奨）
グラフィックカード	OpenGL 4.1をサポートしたOpenGLグラフィックスカード（専用GPUを推奨）
ディスクの空き容量	8GB以上
ポインティングデバイス	スクロールマウスを推奨。ペンタブレットがあればなお可
インターネット	ADSL以上のインターネット接続速度

以上の注意事項をご承諾いただいた上で、本書をご利用願います。これらの注意事項をお読みいただかずにお問い合わせをいただいても、技術評論社および著者は対処しかねます。あらかじめご承知おきください。

●商標、登録商標について

MAXON 、Cinema 4DおよびBodyPaint 3Dは、ドイツまたはその他の国におけるMAXON Computer GmbHの登録商標または商標です。また、Microsoft WindowsおよびApple Macその他、本文中に記載されている製品名、会社名は、全て関係各社の商標または登録商標です。なお、本文中に™マーク、®マークは明記しておりません。

はじめに

　本書に興味を持っていただいて、ありがとうございます。本書は、Cinema 4D で人間や動物といったキャラクターを作って動かしてみたいという初心者の方のために作りました。キャラクターを作って生き生きと動かすというのは、3DCG でかなり難しい分野であるので、まず第 1 章で Cinema 4D の基本的な部分を説明しました。「Cinema 4D 超入門」という位置づけです。もっと詳しく書きたかったほどですが、ページ数が足りなくなるので我慢しました。

　筆者が Cinema 4D を使い始めたころ、わからない部分をわからないまま使い続けたため、ずいぶん苦労しました。そういう部分をかなり詳しく書きましたので、本書を読み終えるころには、一通りの操作ができるようになっていると思います。

　Cinema 4D は非常に多機能で大規模なソフトウェアです。しかし、操作方法に一貫性がありますので、1 つ 1 つの機能について覚えると、他も次々にわかるようになると思います。がんばって取り組んでください。

　Cinema 4D にはいくつかのグレードがあります。機能全部入りの「Studio」、モーショングラフィックス機能 MoGraph を搭載した「Broadcast」、建築家とデザイナーのためとされる「Visualize」、基本機能に絞って価格を抑えた「Prime」です（Prime にスカルプト機能を加えた「BodyPaint 3D」という販売形態もありますが、中身は Cinema 4D と同じで Prime よりお得です）。

　本書は、Cinema 4D Studio R20 を用いてキャラクターを作って動かすことにチャレンジしました。

　3DCG ソフトウェアは、アニメーションを作ったり、ゲームエンジンにキャラクターとそのモーション（動き）を書き出したり、3D プリンター用のデータを作ったり、製品や建築物の完成予想画像を作ったりとさまざまな用途があります。本書では、内容を「キャラクターを作って動かすこと」に絞って、きちんと完成させることができるように書いたつもりです。

　本書のチュートリアルが済んだら、次はあなたが作ってみたいキャラクターのイメージを形にするチャレンジが待っています！

　あなたが、何でも作ることができる一人前のクリエーターになれるよう願っています。

2019 年 3 月　国崎 貴浩

本書の構成

本書は、Cinema 4Dの基本操作をマスターすることを目的としています。Cinema 4Dの基本操作からはじまり、キャラクターモデリング、セットアップ、アニメーション、レンダリングまでを、画面とともに丁寧に解説しています。

第1章

1章では、Cinema 4Dを使ったモデリングやアニメーションを行う前に、画面構成や基本操作について解説します。3DCGソフトを使ったモデリングでは、画面の拡大・縮小や回転、オブジェクトの選択などを駆使して作業を進めていきます。これらの基本操作は、今後もずっと使い続けるものですから、この章を読んでしっかりと身に付けましょう。また、Cinema 4Dのポリゴン編集ツールである「ポリゴンペン」、オブジェクトマネージャや属性マネージャなどの各種マネージャの操作についても取り上げています。

章の後半では、ショートカットやヘッドアップディスプレイ、ツール履歴など、作業を支援する便利な機能も紹介します。

第2章

ここからは実際にキャラクターのモデリングを行います。2章では、全体のイメージをしっかりと掴むことができるような、ベースとなるモデルを作成します。細かなディテールの作り込みは3章以降で行います。ベースモデルの作成を通じて、モデリングの手順や基本操作をしっかりと身に付けましょう。

この章では、モデリングだけでなく、色や質感設定、テクスチャ適用、UV編集の基本についても取り上げています。

第3章

ここからは、2章でざっとモデリングをしたキャラクターを作り込みます。3章では、頭部を中心にしっかりと作っていきます。この章で行うのは、顔のモデリング、テクスチャの作成、表情のセットアップなどです。表情は、Cinema 4Dの強力なツールの1つである「ポーズモーフ」を使って作成します。また、コンストレイント機能を使って眼球をコントロールする手法についても解説します。魅力的なキャラクターにとって重要な要素ですから、しっかり学習していきましょう。

第4章

キャラクターのモデリングもいよいよ終盤です。この章では、2章でざっと作成した手や腕、脚などをしっかりと作り込んでいきます。指を曲げられるようにしたり、手や腕を一体化したりと、やるべきことはたくさんありますが、1つずつ丁寧に解説するので安心してください。また、シューズを作り込むことで、キャラクターを魅力的に仕上げるとともに、脚やシャツ、ズボンも、今後のアニメーションのしやすさを考えて調整します。

第 5 章

この章では、キャラクターを効率良く動かすために「リグ」の設定を行います。ジョイントツールを使ったジョイントの配置と設定、ポーズモーフの使い方、ウエイト調整のコツ、XPresso の使い方、IK（インバース・キネマティクス）と FK（フォワード・キネマティクス）の活用方法など、非常に幅広いトピックを解説しています。

また、次の章で効率良くアニメーション化するために、さまざまな要素をビジュアルセレクタを使ってコントロールするための仕組みを作る方法についても紹介します。

第 6 章

5 章まででセットアップしたキャラクターを使い、アニメーションを行います。この章では、キーフレームを使った伝統的なアニメーション、C モーションを使ったキャラクターの歩行アニメーション、MoGraph を効果的に使ったアニメーションまで、わかりやすく解説していきます。アニメーションを作るうえでは、Cinema 4D のさまざまな機能を駆使していく必要があります。動画解説ファイルなどと併せて、しっかり学習していきましょう。

第 7 章

いよいよ最後の章です。ここでは、第 6 章までの作業で完成したキャラクターアニメーションを、実際にレンダリングして作品に仕上げます。レンダリングは非常に時間がかかる作業ですので、レンダリング時間を短縮するためのノウハウも紹介しています。

付属 DVD-ROM の使い方

注意事項

本書の付属 DVD-ROM をお使いの前に、必ずこのページをお読みください。

本書付属の DVD-ROM には、本書で解説を行った Cinema 4D のシーンファイル、本書の操作手順などを動画でわかりやすく解説した動画ファイルが含まれています。DVD から直接利用するのではなく、いったんお使いのパソコンの HDD や SSD などにコピーしてから利用するようお願いいたします。

DVD-ROM 内のすべてのファイルは、合計で約 7GB のサイズがあります。お使いのパソコンの HDD や SSD の空き容量を確認したうえで、コピーするようお願いいたします。

本書のサンプルおよび解説動画は、全て Cinema 4D Studio R20 を使って制作しています。これ以外のバージョンやグレードにはない機能を使っている箇所もありますのでご注意ください。

DVD-ROM の構成

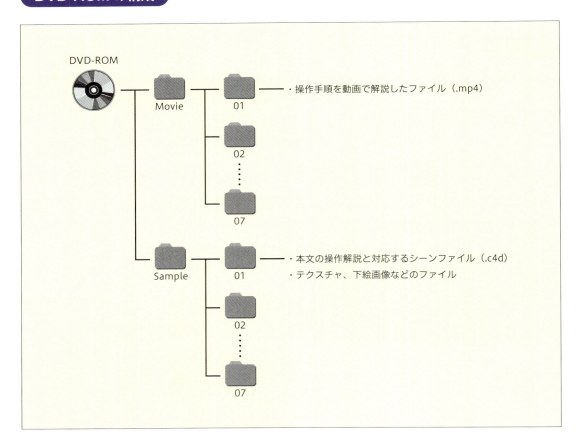

付属 DVD-ROM の中には、「Sample」と「Movie」という 2 つのフォルダーがあります。それぞれのフォルダーの中は章ごとに分かれています。章番号のフォルダーの中には、対応するサンプルファイル・動画ファイルが含まれます。

サンプルファイルと解説動画について

サンプルファイル

拡張子が「.c4d」となっているのは、Cinema 4Dのシーンファイルです。本文の中に下記のような記載があった場合、記載された名前のシーンファイルが、そこまでの操作を終えた状態のものであることを示しています。

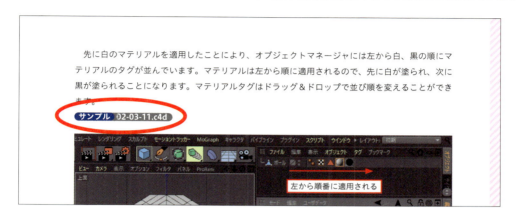

学習を途中で終えた場合にも、直前までの操作を終えたサンプルファイルを使うことで、続きから学習することが可能です。

解説動画

拡張子が「.mp4」となっているのは、操作手順を動画で解説した動画ファイルです。限られた紙面だけでは解説しきれない部分まで丁寧に解説していますので、本文と併せてご覧になることをお勧めします。
本文の見出しの横に、そこでの解説内容に対応する動画の番号を記載しています。動画ファイル名の先頭に付いた番号が、誌面の番号と対応しています（下記は「Movie」→「02」フォルダーの「2-4-1.mp4」であることを示しています）。

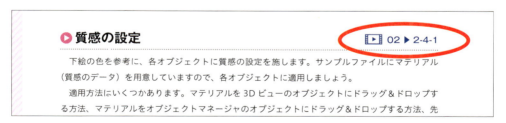

Contents

ご購入・ご利用の前にお読みください ……………………………… 2
はじめに ……………………………………………………………… 3
本書の構成 …………………………………………………………… 4
付属DVD-ROMの使い方 …………………………………………… 6
サンプルファイルと解説動画について ……………………………… 7
目次 …………………………………………………………………… 8

Chapter 1 Cinema 4D の基本 ……………………………………… 15

01 Cinema 4D超入門 …………………………………………… 16
　Cinema 4D の画面 ………………………………………………… 16
　プリミティブオブジェクト ………………………………………… 17
　ポリゴンオブジェクトに変換 ……………………………………… 18
　ポリゴンオブジェクトのエレメント ……………………………… 19
　3D ビューの操作 …………………………………………………… 19
　カメラのナビゲーションモード …………………………………… 20
　画面のアイコンをドラッグする方法 ……………………………… 20
　ファイルの保存と画像ファイルの読み込み ……………………… 21
　ファイルアセット（アセットパス） ……………………………… 22
　レイアウトの変更 …………………………………………………… 23

02 オブジェクトの基本操作 …………………………………… 24
　選択 ………………………………………………………………… 24
　ソフト選択 ………………………………………………………… 25
　移動 ………………………………………………………………… 26
　スケール …………………………………………………………… 29
　回転 ………………………………………………………………… 31
　軸の移動 …………………………………………………………… 32
　オブジェクト座標系とワールド座標系 …………………………… 33
　座標系の切り替え ………………………………………………… 33

03 ポリゴンペンとポリゴン編集 ……………………………… 34
　エレメントの移動と自動結合 ……………………………………… 34
　エレメントの追加 ………………………………………………… 35
　ナイフツール的な使い方 ………………………………………… 35

8

自動結合を利用したエレメントの削除 ……………………… 36
　　ポリゴンペンによる連続的なポリゴンの作成 ………………… 37
　　ポリゴンペンでリトポロジ ……………………………………… 37

04 各種マネージャの基本操作 …………………………………… 38
　　オブジェクトマネージャの基本 ………………………………… 38
　　属性マネージャの基本 …………………………………………… 39
　　デフォルトカメラの焦点距離の変更 …………………………… 41

05 作業支援機能 ……………………………………………………… 42
　　ショートカット …………………………………………………… 42
　　ショートカット（2段式） ………………………………………… 42
　　右クリックメニュー ……………………………………………… 43
　　HUD（ヘッドアップディスプレイ） …………………………… 44
　　アクティブなツール（ツールの履歴） ………………………… 44
　　ソロビュー機能 …………………………………………………… 45
　　オンラインヘルプ ………………………………………………… 46

Chapter 2　キャラクターのモデリング①　～3Dベースモデルの作成 …… 49

01 作成するキャラクターについて ………………………………… 50
　　キャラクターのコンセプトとデザイン ………………………… 50
　　下絵の用意 ………………………………………………………… 51

02 下絵の読み込みとモデリングの計画 …………………………… 52
　　下絵の読み込みと配置 …………………………………………… 52
　　モデリングの計画 ………………………………………………… 53

03 大まかな全身の作成 ……………………………………………… 54
　　全体のイメージを掴むためのベースモデル作成 ……………… 54
　　胴体のモデリング ………………………………………………… 55
　　オブジェクトの対称化 …………………………………………… 56
　　シャツの作成 ……………………………………………………… 57
　　「スライド」によるポイントの移動 ……………………………… 58
　　「押し出し」による袖の作成 ……………………………………… 58
　　袖にエッジを追加 ………………………………………………… 59
　　袖の折り返し ……………………………………………………… 61
　　ズボンの作成 ……………………………………………………… 62
　　腕と手・脚と足・首の作成 ……………………………………… 64

頭部の作成 …………………………………………………………………………… 65
　　　髪の毛の作成 ………………………………………………………………………… 67
　　　髪の房をグループ化 ………………………………………………………………… 70
　　　サッカーボールの作成 ……………………………………………………………… 70
　　　球状化デフォーマでボールをもっと丸くする …………………………………… 74

04 色とテクスチャの設定 …………………………………………………… 76
　　　質感の設定 …………………………………………………………………………… 76
　　　選択範囲による複数のマテリアルの適用 ………………………………………… 77
　　　顔面のテクスチャの適用 …………………………………………………………… 79
　　　シャツのUV 編集 …………………………………………………………………… 82
　　　ロゴの追加 …………………………………………………………………………… 87
　　　テクスチャの読み込み ……………………………………………………………… 88
　　　環境の作成 …………………………………………………………………………… 89

05 レンダリングと準備 ……………………………………………………… 90
　　　外部参照によるサッカーボールの読み込み ……………………………………… 90
　　　レンダリングの実行 ………………………………………………………………… 91

Chapter 3　キャラクターのモデリング②　～頭部を作り込む …………… 97

01 顔のモデリング ……………………………………………………………… 98
　　　顔のモデリング ……………………………………………………………………… 98
　　　ベースモデルのポリゴンに3Dスナップ ………………………………………… 98
　　　スナップ先のオブジェクトの設定 ………………………………………………… 99
　　　顔面のポリゴンの作成 ……………………………………………………………… 100
　　　眼球の作成と配置 …………………………………………………………………… 101
　　　サブディビジョンサーフェイス（SDS）によるポリゴンの再分割 …………… 102
　　　首の作成 ……………………………………………………………………………… 103
　　　耳の作成 ……………………………………………………………………………… 104
　　　目の周りの隙間を修正 ……………………………………………………………… 105
　　　口の中の作成 ………………………………………………………………………… 106
　　　口の中のポリゴンを選択範囲として記録 ………………………………………… 107
　　　首と体の接続部分の作成 …………………………………………………………… 108

02 顔のUV編集とテクスチャ作成 …………………………………………… 109
　　　UV編集前の準備 …………………………………………………………………… 109
　　　顔と頭部専用のマテリアルとテクスチャファイルの準備 ……………………… 110

ペイントセットアップウィザードの使用 …………………………………………… 114
テクスチャペインティングの準備 ……………………………………………… 121
テクスチャファイルの保存 ……………………………………………………… 123
テストレンダリングの実行 ……………………………………………………… 123
レイヤの追加 …………………………………………………………………… 124
描画色の設定 …………………………………………………………………… 124
ブラシの設定 …………………………………………………………………… 124
下絵をトレースして眉毛を描く ………………………………………………… 125
選択中のUVポリゴンの塗りつぶし …………………………………………… 128
UVメッシュレイヤの作成と外部ソフトでの作業 ……………………………… 129
レイヤの不透明度の変更 ……………………………………………………… 132

03 顔の表情のセットアップ ……………………………………………… 133

「ポーズモーフ」タグの適用 …………………………………………………… 133
ポーズの追加〜スマイルの口 ………………………………………………… 136
ポーズの追加〜まぶたを閉じる動き …………………………………………… 136
複数のポーズをミックス ………………………………………………………… 137

04 眼球のコントロール …………………………………………………… 139

左右独立した眼球の作成 ……………………………………………………… 139
コンストレイントタグの追加 …………………………………………………… 140
ターゲットオブジェクトの作成 ………………………………………………… 140
軸の向きを変更(眼球) ………………………………………………………… 141
コンストレイントのセットアップ ……………………………………………… 142

Chapter 4 キャラクターのモデリング③ 〜各部のモデリング …………… 145

01 手と腕のモデリング …………………………………………………… 146

手のモデリング計画 …………………………………………………………… 146
手の甲のモデリング …………………………………………………………… 147
親指の原型の作成 ……………………………………………………………… 147
指の作成 ………………………………………………………………………… 149
手と指の一体化 ………………………………………………………………… 154
腕のモデリング ………………………………………………………………… 155
手と腕の一体化 ………………………………………………………………… 156

02 その他のモデリング …………………………………………………… 158

サッカーシューズのモデリング計画 …………………………………………… 158

サッカーシューズのモデリング ……………………………………………… 159
スイープオブジェクトによる蝶々結びの作成 ……………………………… 162
サッカーシューズのUV 編集とテクスチャ作成 …………………………… 170
脚の修正 ………………………………………………………………………… 177
シャツの修正 …………………………………………………………………… 177
ズボンの修正 …………………………………………………………………… 178

Chapter 5　リグのセットアップ　181

01 リグについて　182
リグ構築の手順 ………………………………………………………………… 182

02 ジョイントシステムの概要　184
ジョイントの作成手順 ………………………………………………………… 184
ジョイントツールの機能 ……………………………………………………… 185
ジョイントの整列 ……………………………………………………………… 186
座標変換の固定 ………………………………………………………………… 187
ジョイントとボーンとインバースキネマティクス（IK） ………………… 188
ジョイントの配置について …………………………………………………… 191

03 リグの構築　192
オブジェクトの整理 …………………………………………………………… 192
体幹のジョイントの配置 ……………………………………………………… 194
腕のジョイントの配置 ………………………………………………………… 198
名称ツールによる名前の置換 ………………………………………………… 199
腕のジョイント群の確認 ……………………………………………………… 200
指のジョイントの配置 ………………………………………………………… 203
腕と手のポリゴンとジョイントのバインド ………………………………… 209
バインドポーズのリセット …………………………………………………… 212
ポーズモーフによる手の動きの作成 ………………………………………… 213
ポリゴン再編集の準備 ………………………………………………………… 216
エッジの追加 …………………………………………………………………… 217
指の長さの調整 ………………………………………………………………… 218
ジョイントの位置の変更 ……………………………………………………… 218
腕のウエイトの調整 …………………………………………………………… 221
指のウエイトの調整 …………………………………………………………… 225
左腕と左手のジョイントとポリゴンのミラーコピー ……………………… 228
左脚と左足のジョイントの作成 ……………………………………………… 230
IKチェーンの作成 ……………………………………………………………… 231

下半身のパーツのバインド ……… 233
シューズのウエイト調整 ……… 234
シャツ用の補助ジョイントとバインド ……… 236
袖用のジョイントの追加 ……… 237
シャツのウエイト調整 ……… 239
首〜頭のバインド ……… 241
オブジェクトのジョイントへのコンストレイント ……… 243
アホ毛の準備 ……… 245
手のポーズモーフをXPressoに変換 ……… 246

04 リグのコントローラーの構築　252
ビジュアルセレクタ ……… 252
ホットスポットの追加と設定 ……… 254
アイコンをホットスポットとして使用 ……… 257
オブジェクトマネージャの整理 ……… 258

Chapter 6　アニメーション　259

01 キーフレームによる簡単なアニメーション　260
キーフレームを使ったアニメーションの作成 ……… 260
カメラの作成 ……… 261
Animateレイアウトでのファンクションカーブの編集 ……… 265

02 キャラクターの歩行アニメーション　272
Cモーションの基本的な使い方 ……… 272
Cモーションによる歩行アニメーション作成の準備 ……… 276
ポールベクターの追加 ……… 279
PSRコンストレイントの利用 ……… 281
ビジュアルセレクタのリンク変更 ……… 283
脚と足の動きの作成 ……… 284
腕の動きの作成 ……… 293
体幹の動きの作成 ……… 299
直進／スプラインに沿った歩行の実現 ……… 300

03 手付けのキャラクターアニメーション　304
IKとFKを切り替えるコントローラーの作成 ……… 304
ビジュアルセレクタの更新 ……… 310
アニメーションの計画 ……… 313
左脚と腰の動きの作成 ……… 314
右脚のキックモーションとIK/FK ……… 320

上半身と腕のアニメーションの作成 …………………………………………… 326
　　　ボールのアニメーション作成 ……………………………………………………… 328

04 MoGraphを使った電光掲示板の作成 …………………………………… 330
　　　MoGraphとは ……………………………………………………………………… 330
　　　ライトの作成 ……………………………………………………………………… 331
　　　「クローナー」オブジェクトの作成 ……………………………………………… 332
　　　「シェーダ」エフェクタの作成 …………………………………………………… 334
　　　電光掲示板のバックパネルと支柱の作成 ……………………………………… 337
　　　文字のスクロール ………………………………………………………………… 338
　　　文字の点滅 ………………………………………………………………………… 340
　　　複数の文字を切り替えて表示 …………………………………………………… 341

Chapter 7　レンダリング …………………………………………………… 345

01 アニメーションレンダリングの準備 ………………………………………… 346
　　　レンダリングに盛り込む要素 …………………………………………………… 346
　　　レンダリング時間の短縮 ………………………………………………………… 347
　　　背景のレンダリング ……………………………………………………………… 348
　　　プロジェクション用オブジェクトの準備 ……………………………………… 350
　　　余計な芝生を非表示に設定 ……………………………………………………… 354
　　　フィジカルレンダラーの設定[レンダリング設定編] ………………………… 355
　　　フィジカルレンダラーの設定[カメラ編] ……………………………………… 357

02 レンダリングするファイルの設定 …………………………………………… 360
　　　「出力」チャンネルでの準備 ……………………………………………………… 360
　　　「保存」チャンネルでの準備 ……………………………………………………… 362
　　　最終レンダリングの実行 ………………………………………………………… 363

おわりに ……………………………………………………………………………………… 364
索引 …………………………………………………………………………………………… 365

Chapter 1

Cinema 4D の基本

SECTION 01 Cinema 4D超入門

Cinema 4Dを起動して最初の画面は下の図のようになります。とてもたくさんの機能が詰まっていますが、操作に一貫性があるので、1つ覚えれば次々とできることが増えていくでしょう。がんばって、楽しみながら取り組んでください。

● Cinema 4Dの画面　　01 ▶ 1-1-1

さっそくCinema 4Dを起動しましょう。下の画像は起動直後のCinema 4D Studio R20（Windows版）の画面です。番号順に簡単に説明します。

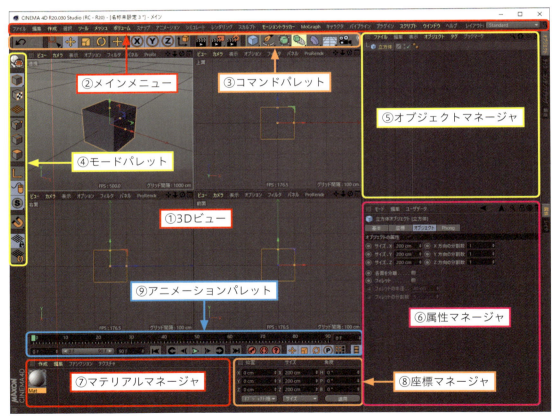

Cinema 4Dの画面

① 3Dビュー：仮想の3次元空間でオブジェクトを作る作業をします。いろいろな表示方法があります。四分割表示にするか個々のビューを拡大表示できます。

② メインメニュー：Cinema 4Dの全ての機能にアクセスできます。

③コマンドパレット：頻繁に使う機能をすぐに使えるようにアイコンにして並べてあります。
④モードパレット：作業内容に応じて、切り替える必要がある機能がまとめてあります。
⑤オブジェクトマネージャ：全てのオブジェクトが表示されます。オブジェクト同士をグループ化したり、表示したり、非表示にしたり、いろいろな管理に使用します。
⑥属性マネージャ：オブジェクトやツールのさまざまな情報を表示、設定変更したりします。
⑦マテリアルマネージャ：オブジェクトに質感を与えるマテリアルの管理をします。
⑧座標マネージャ：オブジェクトの位置、回転角度、スケール等を管理します。
⑨アニメーションパレット：オブジェクトをアニメーションさせるための機能が集められています。

MEMO　Windows 版と Mac 版の操作性の違い

　本書では一般的な Windows 用のマウス（左ボタン、中ボタン兼ホイール、右ボタンがあるマウス）での使用を前提に説明しています。ない場合は、安いもので良いので購入して使用することをおすすめします。
　Mac のキーボードのキーには、Option に「Alt」と併記されています。また Return には「Enter」と併記されていますので、本書中に Alt や Enter が出てきたら Option や Return に読み替えてください。また、⌘キーについてですが、Cinema 4D では Ctrl に同じ機能が割り当てられています。Mac で一般的な取り消しの⌘＋Z は Ctrl＋Z キーで代替できます（どちらも使えます）。ショートカットは全て Windows 版に準拠して書きますので、以上に注意して作業してください。

MEMO　画像の一部を色付きの矩形で囲んで強調している場合

　本書では、画像の重要な箇所、注目してほしい箇所を色付きの矩形で囲んで強調しています。その矩形の色についてですが、色が見るべき順番を表すようにしています。赤→オレンジ→黄色→緑→水色→青の順に見てください。例外もありますが大部分はそうなっています。

▶ プリミティブオブジェクト　　　　📽 01 ▶ 1-1-2

　立方体や円柱、球体等の、よく使う基本的な形状がたくさん用意されています。サイズや分割数、フィレット（角の丸め処理）等を数値指定できます。パラメトリックオブジェクトとも呼ばれます。

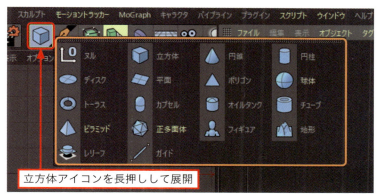

いろいろなプリミティブオブジェクト

> **MEMO　コマンドグループの展開**
>
> コマンドの右下に黒い三角形がある場合は、複数のコマンドがグループ化されていることを示しています。マウス左ボタンの長押しで展開できます。

　下の図の例では、「属性マネージャ」[注1]でプリミティブオブジェクト（立方体）の各方向の「サイズ」と「分割数」を変更し、「フィレット」で角を丸めています。これらはいつでも自由に変更できます。「キーフレーム」を追加してアニメーションさせることも可能です。プリミティブオブジェクトのサイズの変更は、3Dビューに表示されるオレンジ色のハンドルをドラッグして行うか、属性マネージャで数値入力して行います。

注1）属性マネージャには現在選択中のオブジェクトやツールの情報（属性）が表示されます。

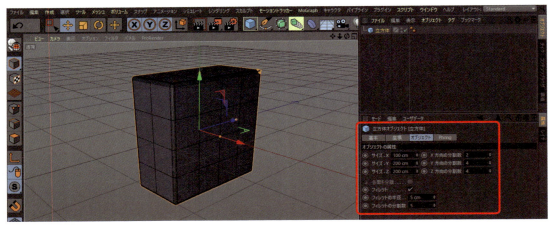

属性マネージャでパラメータを変更して形を変えた立方体

ポリゴンオブジェクトに変換　　01 ▶ 1-1-3

　プリミティブオブジェクトをポリゴンオブジェクトに変換します。これでオブジェクト上の頂点（ポイント）、辺（エッジ）、面（ポリゴン）を自由に動かして形を変えることができるようになります。ショートカットは C です。

　ポイント、エッジ、ポリゴンはポリゴンオブジェクトを構成する要素で「エレメント」とも呼ばれます。

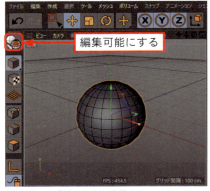

ポリゴンオブジェクトに変換した

● ポリゴンオブジェクトのエレメント　　01 ▶ 1-1-3

ポリゴンオブジェクトは「ポイント」「エッジ」「ポリゴン」の各エレメントを編集可能です。モードを切り替えることによってどれか1種類を編集可能になります。

 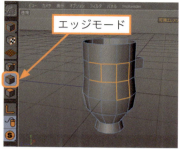 

各種編集モード

> **MEMO　数値を入力する際は直接入力で**
>
> Cinema 4D では、数値入力欄へ数値を入力する際は全角で入力してはいけません。受け付けてくれないのでキーボードの入力モードを「直接入力」や「半角英数」に切り替えて使用してください。ただし、入力後に半角の数値に変換すれば大丈夫です。

● 3Dビューの操作　　01 ▶ 1-1-4

[Alt]キー + 左ボタンのドラッグでビューの回転、[Alt]キー + 中ボタンのドラッグでビューの移動、[Alt]キー + 右ボタンのドラッグでビューの拡大・縮小、スクロールホイールを単独で回転させてもビューの拡大・縮小になります。

拡大・縮小（ドリー）の「ドリー」とは、3D空間に配置されているカメラが、被写体に向かって前後移動することによって、被写体が大きく写ったり小さく写ったりすることです。他に「ズーム」もありますが、これはカメラの位置は変わらず、レンズの画角を調節することによって被写体が大きく写ったり、小さく写ったりします。

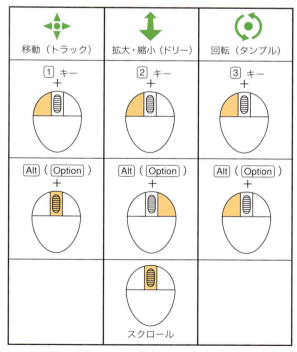

マウスを併用する3Dビューの操作まとめ

Cinema 4D 超入門　　**19**

下の図に、カメラのドリーとズームの概念図を示します。

モデリング時に製作中のオブジェクトを拡大して細部をよく見たり、縮小して全体を見たりしますが、基本的に「ズーム」ではなく「ドリー」を使わなくてはなりません。広角の状態でオブジェクトに近づくと、形が歪んで形状の評価が困難になります。

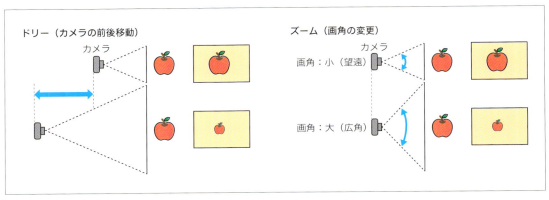

カメラのドリーとズーム

● カメラのナビゲーションモード

📺 01 ▶ 1-1-5

デフォルトでは「カーソルモード」になっています。通常このままがおすすめです。

3Dビューを回転（タンブル）する際、どこを基準にして回転するのかですが、ビューの中心を基準にして回転させるソフトがほとんどです。Cinema 4Dの「カーソルモード」では、オブジェクト表面の任意の場所にマウスポインターを合わせて回転操作を行うと、その場所を基準に回転します。これは非常に便利なのでぜひ意識して使ってみてください。

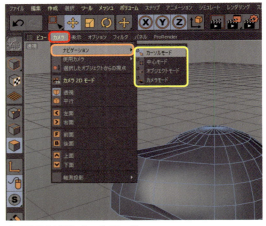

カメラのナビゲーションモード

● 画面のアイコンをドラッグする方法

他に、3Dビューの右上にある3種類のアイコンをドラッグしてビューを操作する方法もあります。右のページの図のような操作体系になっています。重要なのは、基本的にマウスの左ボタンでドラッグして操作すべきということです。ビューの回転を右ボタンで実行すると、ビューが傾いてしまいます。（ビューの取り消し Ctrl + Shift + Z でビューを1操作前の状態に戻せます。）

また、[ビューの拡大縮小] アイコンを右ボタンでドラッグすると、ドリーではなくズームになってしまいます。正確に戻すには、ビューの取り消し Ctrl + Shift + Z を実行するのが簡単です。

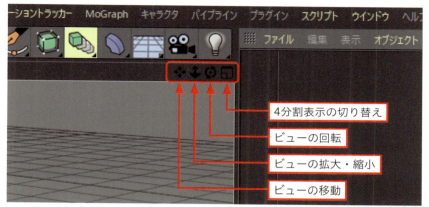

アイコンを使って3Dビューを操作する

● ファイルの保存と画像ファイルの読み込み　　01 ▶ 1-1-6

　Cinema 4Dの場合、シーンファイルはどこに保存しても問題はないです。ただ、自分自身で管理するために、保存するフォルダを決めておいたほうが良いと思います。またそのフォルダの中に、「tex」という名前のテクスチャ画像を保存するためのフォルダを作っておきましょう。画像ファイルはこの「tex」フォルダに保存します。テクスチャ画像というのは、オブジェクトの表面に模様やロゴなどを表示する際に使用する画像のことで、Photoshop等で作ります。

　下の図では、「Cinema4D_Scene」という名前のフォルダにCinema 4Dのシーンファイルが保存されています。このファイルの場所を基準に、同じ階層にある画像ファイル①、シーンファイルと同じ階層にある「tex」という名前のフォルダの中にある画像ファイル②は問題なくCinema 4Dに読み込むことができます。違うフォルダの中にある画像③を読み込もうとすると、複製を作って②の場所に保存して、そのファイルを読み込むか、③のファイルを特別に絶対パスを作って読み込むか選択するダイアログボックスが開きます。通常、「はい」を選んで、②の場所に作られた複製を読み込むことになります。

　テクスチャ画像のファイルを全て「tex」フォルダの中に入れるようにしておけば、「Cinema 4D_Scene」フォルダをUSBメモリにコピーして他の人に渡しても問題なくファイルを開くことができます。

　③の場所から絶対パスで読み込んでいると、他のボリュームやPCにフォルダ毎移動したような場合、リンクが切れて「画像ファイルが見つからない」旨の警告が表示されます。

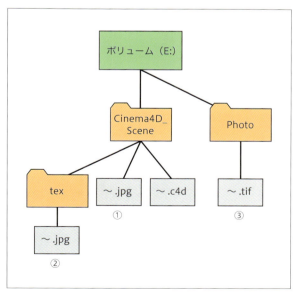

ファイルの位置関係

ファイルアセット（アセットパス）

01 ▶ 1-1-6、1-1-7

P.21の図「ファイルの位置関係」の①と②の場所に保存されている画像ファイルはCinema 4Dの標準的な検索範囲内ですので、何の問題もなく読み込めます。ところが③の画像ファイルは検索範囲外なので、複製を「tex」フォルダの中に作ってそちらを読み込むか、絶対パスで無理やり引っ張ってくるかすると説明しました。こんなときに「ファイルアセット」にフォルダを登録すると、標準の検索範囲外のフォルダに含まれるファイルをすんなり読み込むことができるようになります[注2]。

注2）R19までは「アセットパス」という機能でした。インターフェースも変更になっていますが、ほぼ同じです。

[Ctrl] + [E]（Macは[Cmd] + [E]）で「一般設定」を開きます。

左側のリストの［ファイル］の下の［パス］をクリックして開き、［ファイルアセット］の［フォルダを追加］をクリックします。「フォルダーの参照」というウインドウが開きますので、アセットパスに登録したいフォルダをクリックして、［OK］をクリックします。

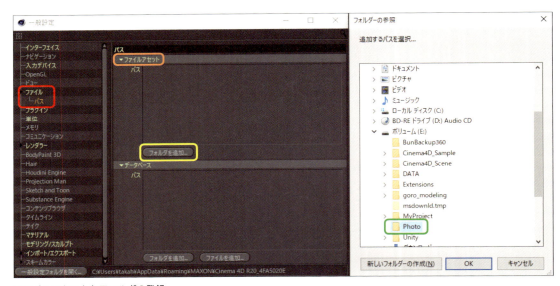

ファイルアセットとフォルダの登録

ファイルアセットの中に「E:¥Photo」と表示されました。これで、「Photo」フォルダから画像ファイルをすんなりと読み込めるようになりました。Macの場合は「Users/Taka/Photo」のように表記されます。

アセットパスに登録された

▶ 素材と一緒にプロジェクト保存

　アセットパスを使ったり、絶対パスを使って読み込みをしていると、コンピューターのディスクのあちこちに画像ファイルが散らばってしまうことになります。「素材と一緒にプロジェクト保存」機能を使うと、全ての画像ファイルを一箇所にまとめて保存し直すことができます。Cinema 4Dの標準的検索パス以外の場所から読み込んでいる画像ファイルを複製して、シーンファイルと同じ場所の「tex」ファイル内に保存し、マテリアル編集ウインドウではその複製ファイルを読み込んだ状態になっているということです。

　［メインメニュー］の［ファイル］→［素材と一緒にプロジェクト保存］をクリックします。すると、ファイル名と同じ名前のフォルダが作られ、その中に必要なファイルが全て収められます。

　仕事や制作が完了したら「素材と一緒にプロジェクト保存」でファイルをひとまとめにしておきましょう。

● レイアウトの変更

　Cinema 4Dでは、作業画面を作業内容に適した各種のレイアウトに変更できます。メインメニューの一番右に［レイアウト］プルダウンメニューがあり、詳細な作業時に使用する「Animate」、テクスチャのUV編集を行う「BP-UV Edit」、モデリングに特化した「Model」など、多数のレイアウトが用意されています。自分専用のカスタムレイアウトも作ることができます。

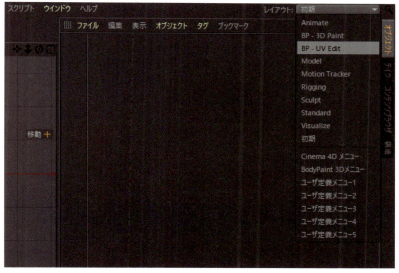

主なレイアウト

> **MEMO　バブルヘルプ**
>
> 　画面上のコマンドアイコンの上にマウスポインターを重ねると、そのコマンドの名称と簡単な説明が表示されます。もし表示されない場合は、「一般設定」ウインドウを開き（［メインメニュー］の［編集］→［一般設定］）、［インターフェイス］チャンネルの中の［バブルヘルプを表示］にチェックを入れてください。

■Chapter1 Cinema 4D の基本

SECTION 02 オブジェクトの基本操作

オブジェクトの選択、移動、スケール、回転等、基本的な操作について学びましょう。

▶ 選択　　　　　　　　　　　　　　　01 ▶ 1-2-1

オブジェクトや各種エレメントを選択するためにいろいろな選択ツールを使用できます。コマンドパレットに格納された主要な4つの選択ツール以外は、メインメニューの［選択］メニューの中にあります。

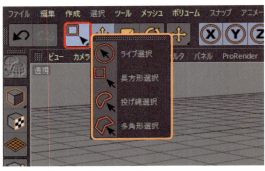

コマンドパレット上の主要な選択ツール

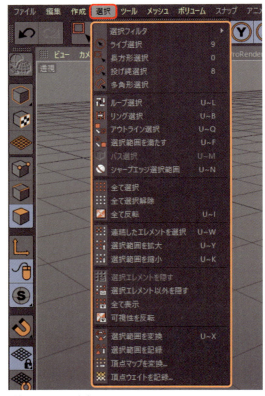

選択メニューの内容

 ライブ選択：
オブジェクトやエレメントを直接クリックして選択します。ドラッグすると複数を一度に選択できます。

 長方形選択：
クリック＆ドラッグで選択したいものを長方形で囲んで選択します。

 投げ縄選択：
選択したい対象の周りをドラッグしてフリーハンドの線で囲んで選択します。

 多角形選択：
選択したい対象の周りを複数回クリックして多角形で囲んで選択します。

 ループ選択：
自動選択の一種で、輪のようにグルッと回って選択できます。腕輪や鉢巻きのようなイメージです。主にポリゴンモードで使用します。

▶ ソフト選択

🎬 01 ▶ 1-2-2

　移動、スケール、回転ツールの重要なオプションの1つです。エレメントを選択する際に、ツールの影響を与える範囲にグラデーションをかけます。下の図の例では選択しているポイントは実際は1つだけですが、ソフト選択の効果で周辺のポイントも釣られて動いています。

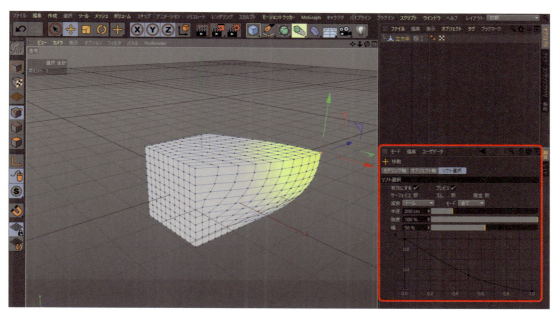

ソフト選択で複数ポイントを一度に動かした

　どのように変形させるかは、パラメータの「減衰」「半径」「強度」で設定します。「減衰」のタイプを上の図は「ドーム」、右の図は「ニードル」で同じように変形させましたが、かなり印象が違います。

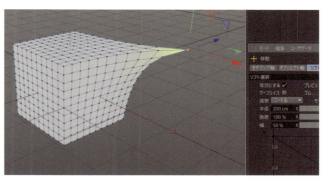

減衰のタイプをニードルにして変形した

> 📖 **MEMO**　**可視エレメントのみ選択**
>
> 「可視エレメントのみ選択」(オプションは属性マネージャに表示されます) は、ビュー上で選択する際にカメラから見える側のエレメントだけを選択する機能です。必要に応じて切り替える必要があります。

オブジェクトの基本操作

▶ 移動

01 ▶ 1-2-3

　オブジェクトにはそれぞれ赤緑青の矢印がついています。これはオブジェクトに固有のオブジェクト座標系（P.33）の軸です。赤が X 軸（左右方向）、緑が Y 軸（上下方向）、青が Z 軸（前後方向）です。各軸の根元が「X=0,Y=0,Z=0」となり、オブジェクト座標系の原点を表しています。オブジェクトやエレメントの移動には軸を使うことができます。

▶ 軸を使った移動

　3 本の軸のうちのどれか 1 つをドラッグして、その軸方向に限定して動かすことができます。矢印方向が＋方向、逆方向が－方向です。現在の位置は、座標マネージャで確認できます。移動中は X 軸がオレンジ色で表示され、X 軸方向のみに動かせる状態であることを示しています。

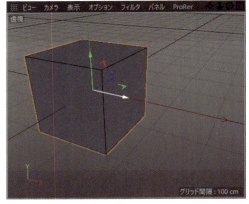 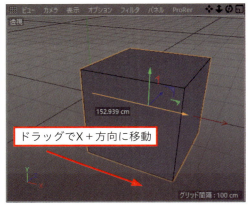

軸を使って移動

　動かし始めた後に [Shift] を押しつつさらに動かすと、10cm、20cm、30cm といったきれいな値でカクカクッと動かすことができます。これは「量子化」という機能で、移動する距離を丸めています。

移動ツール

座標マネージャでの表示

📖 MEMO　移動、スケール、角度の量子化設定

　量子化の設定は属性マネージャで行います。［属性マネージャのメニュー］の［モード］→［モデリング］をクリックして「モデリング設定」画面を開き、［量子化］タブをクリックして開きます。移動、スケール、角度それぞれ設定できます。

▶ 軸バンドを使った移動

軸と軸の間にアルファベットのAを潰したような、ブーメランのようなマークがあります。これが「軸バンド」です。軸バンドも赤、緑、青の3色があります。緑の軸バンドをドラッグすると、緑の軸バンドと共にX軸（赤）とZ軸（青）もハイライトされて動きます。つまりX、Z方向に自由に動かすことができる状態です。逆にY軸の方向には動きません。

軸を使っての移動が直線的な移動だったのに対して、軸バンドによる移動は平面的な移動ということになります。

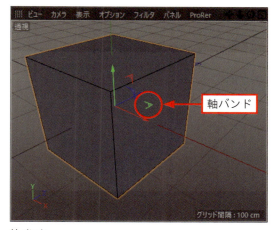

軸バンド

▶ 自由な移動

次は自由な移動です。動かしたいオブジェクトまたはエレメントを選択した状態で、軸も軸バンドも触らずに、ドラッグして動かします。画面の何もない場所をドラッグしても動かせます。ドラッグ中は全ての軸がオレンジ色に変化します。3軸が自由な状態であることを示しています。

この自由な移動ですが、ビューを表示しているカメラに正対した仮想のスクリーンのような平面上を2次元的に動いています。つまりカメラに近寄ったり、遠ざかったりする動きではありません。

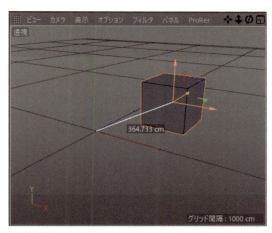

自由な移動

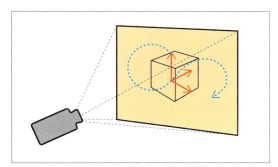

自由な移動概念図

▶ 法線に沿った移動

ポリゴンは、表側の面とその向きを表す「法線」を持っています。

ポリゴンモードで動かしたいポリゴンを選択し、［メインメニュー］の［メッシュ］→［変形ツール］→［法線に沿って移動］をクリックします。ショートカットは M ～ Z です。

ポリゴンはそれぞれ法線を持っていることを説明しましたが、その法線の方向に移動します。ビュー上の何もない場所を右方向にドラッグするとポリゴンは法線の方向に移動します。左方向にドラッグすると、法線の逆方向に移動します。つまりポリゴンは引っ込みます。

ポリゴンを1つだけ選択している場合は、普通の移動ツールを使っても、一時的にZ軸が法線方向と一致する様にセットされますので、［法線に沿って移動］を使った場合と同じなのですが、［法線に沿って移動］では、複数のポリゴンを選択した場合もそれぞれの法線の向きを平均化した方向に動かせますので、この点で優れています。移動ツールで複数のポリゴンを選択し動かそうとすると、軸がそのポリゴンオブジェクトのオブジェクト座標系の向きを示すようになります（本来の状態です）。移動ツールでも、属性マネージャで［モデリング］タブを開き、［向き］を「法線」に変更すれば［法線に沿って移動］と同じことができます。

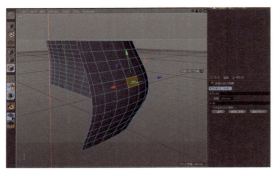

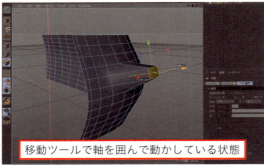
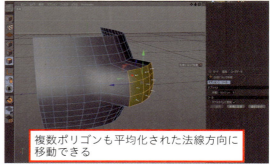

法線に沿って移動

📖 MEMO　2段式のショートカット

法線に沿った移動のショートカットが M ～ Z だと上で説明しました。どのように行うかというと、キーボードでまず1段目の M を入力するとリストが開きます。この中に Z（法線に沿って移動）もありますので、そのまま続けて Z を押すとツールが切り替わります。リストが表示されているときにマウスを動かすとリストが消えますので注意してください。

▶ スケール

01 ▶ 1-2-4

スケールも移動と同様に軸や軸バンドを使って行うことができます。

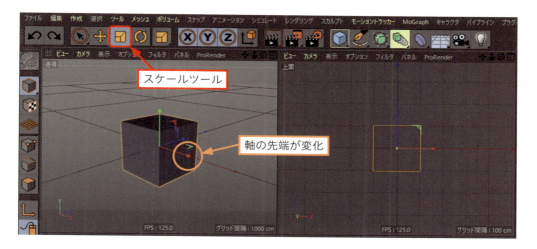

軸を使ってスケール

軸バンドを使ってスケール

スケールの場合、「Y軸方向に今の大きさの2倍にしたい」といったケースもよくあると思います。その場合は座標マネージャを使いましょう。座標マネージャではオブジェクトの大きさの変化を、「スケール」または「サイズ」で表示できます。オブジェクトのX方向の大きさが200cmだった場合、これを400cmにしたいなら、スケールでは2倍にすれば良いし、サイズなら400cmと指定すれば良いのです。

右の図はサイズでの変形です。サイズのXの数値ボックスが200cmとなっていたところに、400と結果を直接入力するか、「200cm * 2」と2倍にしたり、「200cm + 200」と入力してCinema 4Dに計算をさせてもOKです。

[適用]ボタンをクリックすれば反映されます。

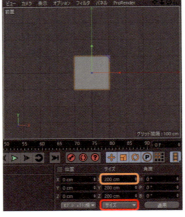
サイズを使って変形

今度はスケールでの変形です。スケールのXの数値ボックスに、等倍を表す「1」が表示されています。ここで「2」を入力して[適用]をクリックすると反映されます。ただし、スケールXの値はまた1に戻ります。これは今のモードが「モデルモード」だからです。通常はモデルモードで使用します。

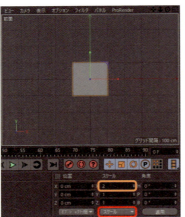
スケールを使って変形

スケールで注意してほしいのは、「モデルモード」と「オブジェクトモード」という2種類のモードを使い分ける必要があることです。

モデリング時など、ほとんどの場合モデルモードで大丈夫なのですが、スケールをアニメーションさせる必要がある場合は、オブジェクトモードを使います。たとえば、ハートが大きくなったり小さくなったりを繰り返してドキドキを表現するような演出の場合、オブジェクトモードに切り替えます。

オブジェクトモード

オブジェクトモードでスケールした

モデルモードではオブジェクト座標系に含まれる、各ポイントの値が変化しますが、<mark>オブジェクトモードの場合、オブジェクト座標系そのものが伸び縮みします</mark>。したがって、オブジェクト座標系における各ポイントの座標値は変わりません。

通常はモデルモードで作業と覚えておいてください。

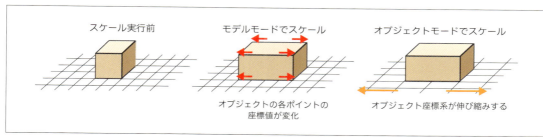

モデルモードとオブジェクトモードのスケールの違い

● 回転　　　📽 01 ▶ 1-2-5

Cinema 4Dは、回転系にXYZではなくHPBシステムを使います。人間で頭の動きで例えると、Hが首を左右に振ってキョロキョロする動き、Pがうんうんとうなずく動き、Bが首をかしげる動きです。回転ツールに切り替えると、軸が変化します。Hが緑、Pが赤、Bが青のリングになります。

HはY軸を中心に回転、PはX軸を中心に回転、BはZ軸を中心とした回転になります。

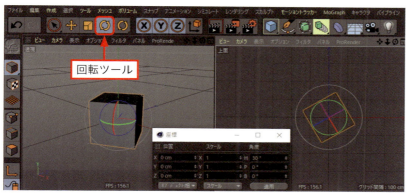

Hが30°回転した状態

▶ 軸の移動

▶ 01 ▶ 1-2-6

　オブジェクトを回転させる際は、回転の中心はオブジェクト座標系の原点または軸になりますが、軸を動かすことによって回転の中心を変えることができます。

　軸を動かすには、一時的に「軸モード」に切り替えます。ショートカットは L です。

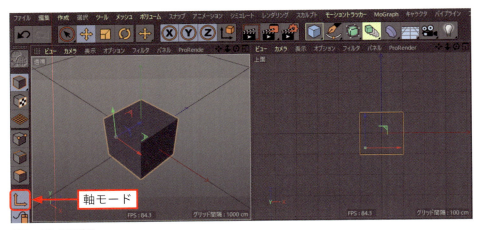

軸モードに切り替え

　軸の位置が決まったらすぐに軸モードを解除しましょう。もう一度軸モードのアイコンをクリックすれば OK です。オブジェクトを回転させると違いがわかりますね。

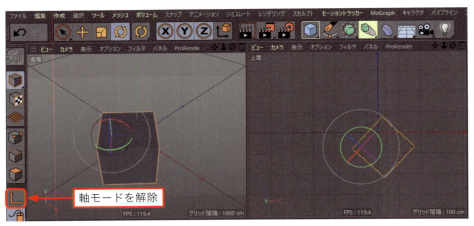

軸モードを解除

> **MEMO　軸を一時的に非表示にする**
>
> 　軸が作業の邪魔になることがよくあります。ショートカットの Alt + D で、軸を非表示にしたり、再度表示したりできます。

▶ オブジェクト座標系とワールド座標系

01 ▶ 1-2-7

Cinema 4D には 2 種類の座標系があります。1 つは全てを含む「ワールド座標系」で、もう 1 つは個々のオブジェクトごとに用意される「オブジェクト座標系」です。

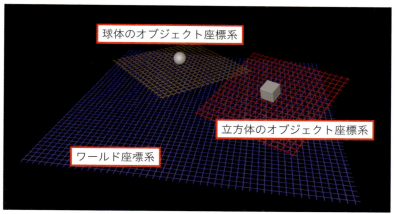

ワールド座標系とオブジェクト座標系

▶ 座標系の切り替え

01 ▶ 1-2-7

ワールド座標系は、1 つだけ存在して、全てのオブジェクトの位置を保持しています。オブジェクト座標系は個々のオブジェクトがそれぞれ持っています。通常はオブジェクト座標系で作業すれば大丈夫です。

では、どういうときにワールド座標系に切り替えるのかというと、回転して角度が付いてしまっているオブジェクトをワールド座標系の軸に沿って動かしたいような場合です。

座標系の切り替えは、コマンドメニューで各座標系のアイコンをクリックすれば OK です。右の図の例では、回転した立方体をワールド座標系に沿って動かせるようになりました。

座標系の切り替え

SECTION 03 ポリゴンペンとポリゴン編集

Cinema 4Dの「ポリゴンペン」は、直感的に扱える非常に優れたポリゴン編集ツールです。ポリゴンオブジェクトのエレメントの作成、追加、微調整、ポイントの結合等をツールの切り替えなしに行えます。

▶ エレメントの移動と自動結合　　🎬 01 ▶ 1-3-1

　ポリゴンペンは、ショートカットの M 〜 E または［メインメニュー］の［メッシュ］→［作成ツール］→［ポリゴンペン］、あるいは右クリックメニューからでも呼び出せます。

　ポリゴンオブジェクトのポイント、エッジ、ポリゴンをモードの切り替えなしに自由に動かすことができます。マウスポインターをポイント、エッジ、ポリゴンに合わせると移動対象となる各エレメントがハイライトされ、その状態でドラッグすると移動します。移動先にポイントやエッジがあると、自動的に結合されます。難しく考える必要はなく、かなり直感的に使えます。下の図の例ではエッジモードの状態で、ポイントやポリゴンも動かせています。

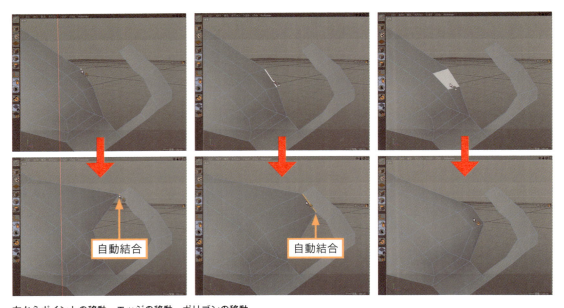

左からポイントの移動、エッジの移動、ポリゴンの移動

● エレメントの追加

01 ▶ 1-3-1

各エレメントは、[Ctrl]を押しながらドラッグすることにより、押し出すことができます。

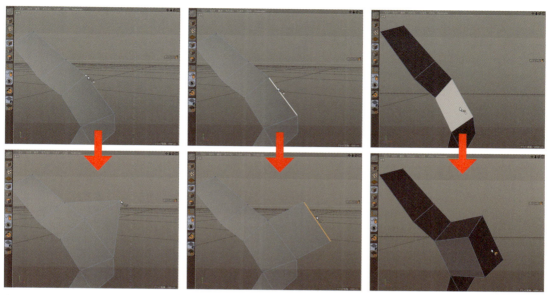

左からポイントの押し出し、エッジの押し出し、ポリゴンの押し出し

● ナイフツール的な使い方

01 ▶ 1-3-1

エッジ上をクリックしていくことにより、ポリゴンを切り分けることができます。

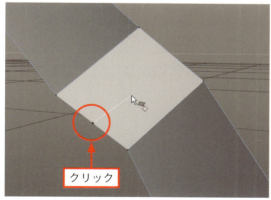

ポリゴンの切断

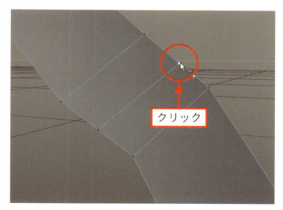

▶ 自動結合を利用したエレメントの削除　　📽 01 ▶ 1-3-1

不要なポイントやエッジを消すときは、自動結合機能を利用すると簡単です。

ポリゴンペンの「自動結合」オプション

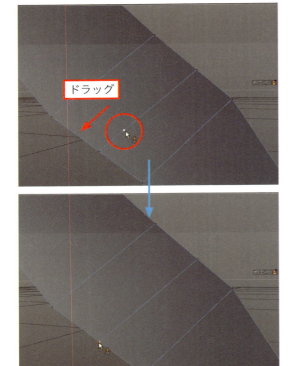

自動結合を使ったポイントの削除

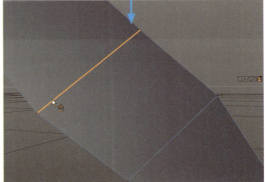

自動結合を使ったエッジの削除

> **MEMO　ポリゴンペンで編集できるのは単一エレメントのみ**
>
> ポリゴンペンで編集できるのは1つのエレメントに対してのみです。複数のエレメントに対して作業する際は、「移動」や「押し出し」等専用のツールに切り替えます。

ポリゴンペンによる連続的なポリゴンの作成　　01 ▶ 1-3-1

　複数のポリゴンを連続的に作ることができます。下の図の例では、属性マネージャで「描画モード」をポリゴンにして、ポリゴンで文字を書きました。ビューをドラッグすると、ポリゴンがチェーンのようにつながった状態で作られます。

連続描画で大量のポリゴンを一気に作る

ポリゴンペンでリトポロジ　　01 ▶ 1-3-2

　ポリゴンペンで別のポリゴンオブジェクトの表面に 3D スナップしながらポリゴンを作っていくことができます。下の図の例では、見やすくするためにビューの表示オプションを「隠線」にしています（[3D ビューのメニュー] の [表示] → [隠線]）。

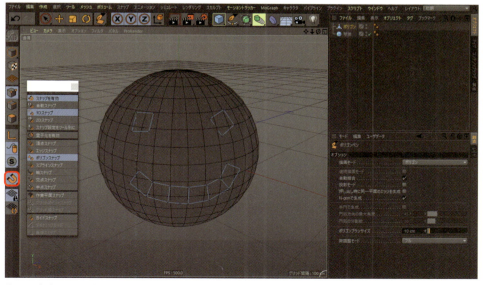

他のオブジェクトの表面に沿って作られたポリゴン

■ Chapter1　Cinema 4Dの基本

SECTION 04 各種マネージャの基本操作

Cinema 4Dには作業を支援するさまざまなマネージャが用意されています。一番重要なのは「オブジェクトマネージャ」と「属性マネージャ」です。

● オブジェクトマネージャの基本

▶ 01 ▶ 1-4-1

　オブジェクトマネージャには、Cinema 4Dの3Dビュー上に表示されるオブジェクトの全てがリストされます。オブジェクトマネージャは、オブジェクトに名前を付けて並べて表示するだけではなく、オブジェクトを入れ子にして畳んで整理、画面上に表示するしないの指示、レンダリングするしないの指示、オブジェクトをさまざまな方法で変形する、デフォーマオブジェクトの効果の適用、非適用の切り替え、オブジェクトに対して適用された「タグ」[注3]の管理等々、さまざまな用途と機能があります。オブジェクトを他のオブジェクトの子にしたり、並ぶ位置を変更するには、オブジェクトをドラッグ＆ドロップするだけです。

オブジェクトマネージャ

注3）「タグ」とは、個々のオブジェクトに必要に応じて追加して機能を拡張する、シンプルなコマンドです。

前のページの状態で、3D ビューの表示と、レンダリングした結果は下の画像のようになります。緑色の球体（スイカ）は 3D ビューには表示されていますが、レンダリングはされません。

3D ビューの表示

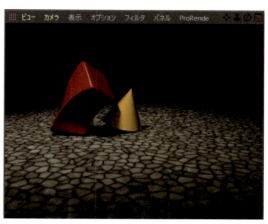

レンダリング結果

●属性マネージャの基本

01 ▶ 1-4-2

属性マネージャには、現在使用中のツールの設定や、現在選択中のオブジェクトの情報が表示されます。

右の図の例では、オブジェクトマネージャで選択中の「ライト」の情報を属性マネージャで表示しています。さまざまな設定項目がありますので、関連性のある項目がグループに分けられ「タブ」でまとめて表示できるようになっています。表示中のタブは水色で強調表示されます。右の図の例では、「一般」タブと「詳細」タブの内容が表示されています。[Shift] を押しながらタブをクリックすると、複数のタブの内容を同時に表示できます。

属性マネージャの項目の左にグレーの 2 重丸が表示されていますが、これはアニメーションのキーフレームを追加するためのボタン兼インジケーターです。Cinema 4D は、あらゆる項目をアニメーションさせることができるよう作られています。

属性マネージャは、最後に選択したオブジェクトやツールの情報を表示します。作業中に表示する内容が頻繁に切り替わり、煩わしく感じるときがあります。そういうときに便利な機能を 2 つ紹介します。

属性マネージャ

各種マネージャの基本操作

▶ 属性マネージャの表示内容を戻す

　Webブラウザーのような[戻る][進む]の履歴ボタンがありますので、表示内容をさかのぼることができます。

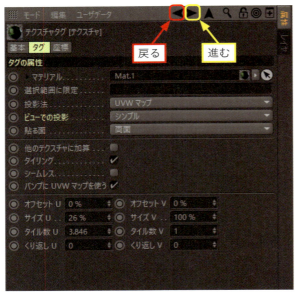

履歴ボタン

▶ 属性マネージャの表示内容を固定する

　属性マネージャの右上に錠前のアイコンがあります。これをクリックすると、現在表示している内容で表示をロックできます。アイコンをクリックすると、アイコンの画像がロック状態に変化します。もう一度クリックで解除できます。

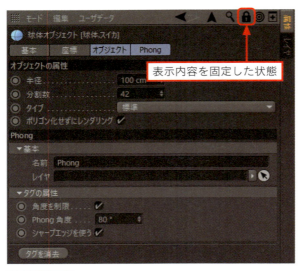

表示内容を固定

▶ デフォルトカメラの焦点距離の変更　　01 ▶ 1-4-3

　モデリングする際は、カメラの焦点距離を望遠気味に変更して、歪みが出にくいようにしましょう。初期設定ではデフォルトカメラの焦点距離は 36mm になっており、かなり広角寄りの設定です。モデリング時は 100mm 位が適切かと思います。デフォルトカメラはオブジェクトマネージャに表示されませんので、設定変更するには属性マネージャのメニューから開きます。

　［属性マネージャのメニュー］の［モード］→［カメラ］をクリックして開きます。［オブジェクト］タブをクリックして開き、［焦点距離］の値を変更します。

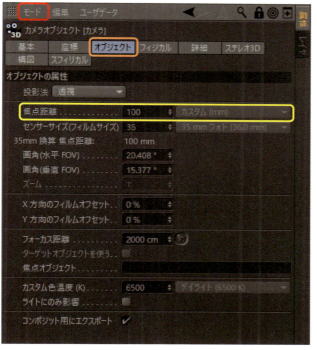

デフォルトカメラの焦点距離

　下の画像はデフォルトカメラの焦点距離を 100mm、36mm（デフォルト）、18mm に変えてみた例です。18mm はモデリング作業には全く使えませんが、36mm も 100mm と比べると結構歪んでいることが感じられると思います。

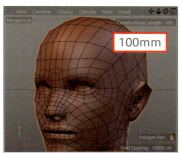

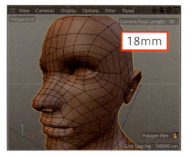

焦点距離の違いによる見え方の変化

Chapter1 Cinema 4D の基本

SECTION 05 作業支援機能

作業を迅速に進めるために、Cinema 4D にはいろいろな支援機能が備わっています。単純なショートカットの他にもいろいろなやり方があるので、簡単に説明します。

▶ ショートカット　　　　　　　　　　　　　　　　　01 ▶ 1-5-1

よく使うショートカットを紹介します。他の多くは、後述する 2 段式ショートカットのほうに収められています。

キー	機能
Ctrl + Shift + Z	ビューの取り消し
Alt + D	軸の表示／非表示
Shift + S	スナップのオン／オフ
Ctrl + E	一般設定を開く
Ctrl + R	選択しているビューをレンダリング
Ctrl + B	レンダリング設定を開く
O	選択したオブジェクトをビューに表示
C	編集可能にする
D	押し出し
I	面内に押し出し
W	オブジェクト座標系とワールド座標系の切り替え

　カット、コピー、ペースト、取り消し、開く、新規作成等などは一般的なソフトウェアと同じです。Mac 版の場合は Ctrl は ⌘ と読み替えても良いですし、Ctrl のまま使用しても OK です。Alt は Option を使います（Option キーに「Alt」と書いてあるのでわかりますよね）。

▶ ショートカット（2 段式）　　　　　　　　　　　　01 ▶ 1-5-2

　Cinema 4D は非常に多機能であるため、ショートカットもたくさん必要であり、一般的なキーボードでは数が足りません。そのため 2 段式のショートカットが用意されています。モデリングに関するものは 1 段目が M で、その中にモデリングに関する項目が集められています。たとえば「ポリゴンペン」は M ～ E になりますが、～を入力する必要はなく、ME と続けて入力します。

　1 段目はモデリングに関する M 系と U 系、そしてビューの表示方法に関する N 系があります。

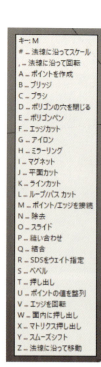

2段式ショートカット（左から M系、U系、N系）

▶ 右クリックメニュー

▶ 01 ▶ 1-5-3

オブジェクト（または各エレメントでも）を選択中に右クリックすると、メニューが開きます。この中に現在の作業内容に応じたコマンド、ツールが表示されますので、目的に応じて素早く切り替えることができます。

内容的には2段式ショートカットと被る部分も多いですが、お好みでどちらでも使ってください。

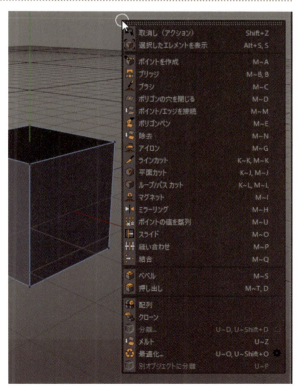

右クリックメニュー

作業支援機能 43

● HUD（ヘッドアップディスプレイ）

01 ▶ 1-5-4

　特定のツールで頻繁に切り替えるオプション項目があるような場合、その項目を3Dビュー内に配置でき、作業を中断することなく没頭できます。オレンジ色表示がチェックの入った状態です。クリックすると白くなり、チェックが外れます。

　不要になったらHUDを右クリックしてメニューを開き、その中の［削除］をクリックして消せます。また、HUDの場所はCtrl＋ドラッグで動かせます。

　たとえば、ポリゴンペンのオプション「自動結合」のオン・オフは、HUDでコントロールすると楽だと思います。

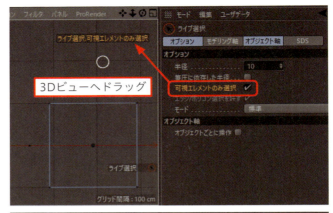
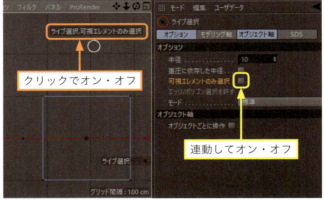

HUDの追加と使用

● アクティブなツール（ツールの履歴）

01 ▶ 1-5-5

　Cinema 4Dでは、直近に使用したツールの履歴を「アクティブなツール」として残しています。これにより何度も同じツールを選び直す手間が軽減できるでしょう。これはHUDも用意されていますので、使ってみてください。

アクティブなツール

「アクティブなツール」をHUDで表示

▶ ソロビュー機能

📹 01 ▶ 1-5-6

　作業していると、作業中のオブジェクト以外を一時的に画面上から隠してしまいたくなることがよくあります。たとえば他のオブジェクトにスナップしてほしくないケースや、編集中のオブジェクトが隠れて見えないケース等です。ソロビューを使うと簡単に他のオブジェクトを隠せます。

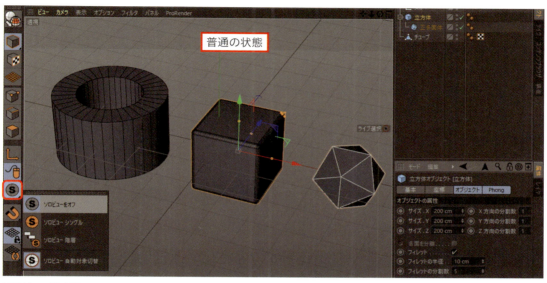

ソロビューをオフ

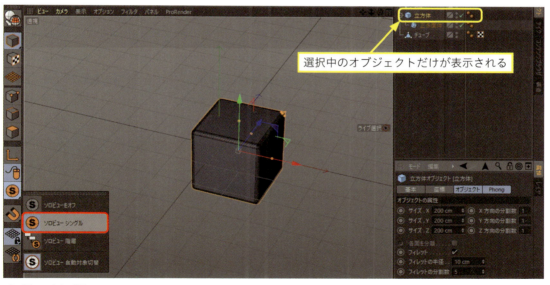

ソロビューシングル

作業支援機能

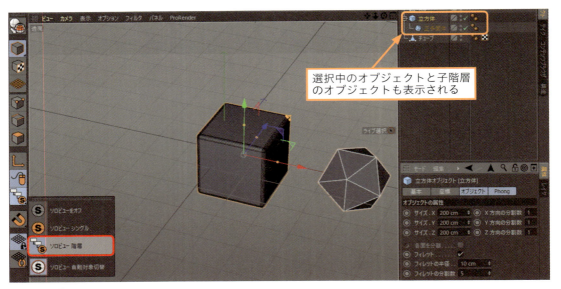

ソロビュー階層

●オンラインヘルプ　　　01 ▶ 1-5-7、1-5-8

　オンラインヘルプを使うには3つの方法があります。1つはメインメニューからアクセスする方法、もう1つは調べたい項目名から直接右クリックメニューを開く方法、最後はインターネット上のオンライン[2]ヘルプ（オンライン・オンラインヘルプ）を使う方法です。

▶ オンラインヘルプを開く

　[メインメニュー]の[ヘルプ]→[ヘルプを表示]をクリックすると、別ウインドウでヘルプが開きます。メニューを展開して、調べたい項目を探します。

　または右上に検索用のボックスがありますので、調べたい語句を入力してEnterを押します。ただし、正式な用語で入力する必要がありますので、中々思ったように検索できないかもしれません。

　新バージョンが発売されてから暫くの間は、日本語のヘルプは表示できません。英語版のヘルプドキュメントを翻訳しているからだと思われますが、その間は旧バージョンを起動してヘルプファイル（旧バージョン）を読むか、オンライン[2]ヘルプ（ただしこれも旧バージョン）等で対応するしかありません。昔からある機能については旧バージョンのヘルプでも十分役立つでしょう。

　英語で良ければ、英語版のヘルプドキュメントのほうが先にリリースされますので、そちらを使えるようにすれば、最新機能についても知ることができるようになります。[メインメニュー]の[ヘルプ]→[アップデートを確認する]をクリックすると「オンラインアップデータ」のウインドウが開きます。[オプション]タブの中に「English Documentation」があったら、チェックを入れて[続ける]ボタンをクリックし、インストールしてください。

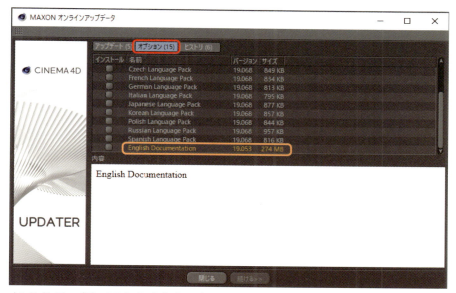

オンラインアップデータのウインドウ（R19）

　日本語版のヘルプドキュメントは、配布になった時点で、オンラインアップデータが自動的に起動してインストールできるようになります。

　ダウンロードとヘルプのドキュメントのインストールが完了すると、オンラインヘルプが使用可能になります。下の画像は、R20で実装された「ボリューム」機能に含まれる「ボリュームビルダ」オブジェクトについてヘルプファイルを開いているところです。オブジェクトマネージャで「ボリュームビルダ」を右クリックして［ヘルプを表示］をクリックすると、該当する箇所がヘルプウインドウで開かれます。

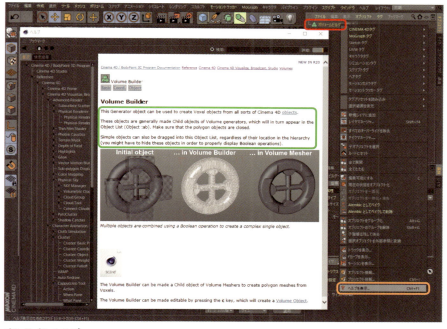

オンラインヘルプ

作業支援機能　　**47**

前のページの画像の、緑色の枠で囲んだ部分をコピーして「Google 翻訳」で日本語に変換すると、結構わかりやすい日本語にしてくれます。日本語ヘルプがない時期には役立つと思います。

Google 翻訳で日本語にする

▶ オンライン² ヘルプ（オンライン・オンラインヘルプ）を使う

　オンラインのオンラインヘルプです。Web ブラウザーで「help.maxon.net/jp/」を開くか、「オンラインオンラインヘルプ　Cinema 4D」などで検索すると見つかります。内容は同じですが、スマホやタブレットでも利用できるのがメリットです。いつでも学習できますね。

　オンライン² ヘルプもオンラインヘルプと同様、Cinema 4D の新バージョン用の日本語ヘルプドキュメントが完成するまでは旧バージョンの内容で利用になりますが、英語表示にすると新バージョンの内容が表示されるかもしれません。

Web ブラウザーに表示したオンライン・オンラインヘルプ

Chapter 2

キャラクターのモデリング① ～ 3D ベースモデルの作成

SECTION 01 作成するキャラクターについて

キャラクターのモデリングを始める前に、どういうキャラクターを作るのかを決めておきましょう。作品の世界観に合致しているのか、本当に作ることができるのか、検討してはっきりさせておくことは重要な最初のステップです。

▶ キャラクターのコンセプトとデザイン

作りたいキャラクターをまずは考えてみましょう。

- 種類
  人間ですか？ 大人？ こども？ 性別は？ それとも動物？ 恐竜？ 擬人化された植物？ それとも架空の生き物？
- 属性
  役割と仕事は？ 黒魔導士？ ナイト？ 忍者？ 暗黒騎士？ どんな服を着ている？
- 個性
  背は高い？ 痩せている？ 太ってる？ スピード型？ パワー型？
- 目的等
  超リアル？ デフォルメされてる？ アニメ風？ ゲーム用のローポリゴンモデル？

考えることがいろいろあって大変ですが、じっくり取り組みましょう。なんとなく何かを作ろうとしても、完成させることは難しいと思います。

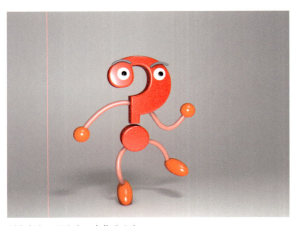

どんなキャラクターを作るのか

▶ 下絵の用意

本書の作例では、「サッカー選手の男の子、年齢は8才くらい、2.5頭身、デフォルメされたキャラ」というテーマで作ってみようと思います。

下絵は少なくとも正面と側面の2方向から描いたものが必要です。主要な部分の位置を合わせておきます。身長、頭の大きさと位置、脚、腕の長さ等が同じになるように揃えて描きます。キャラクターの絵はCLIP STUDIOで描きました。ガイド線を使って位置を合わせながら作業しました。

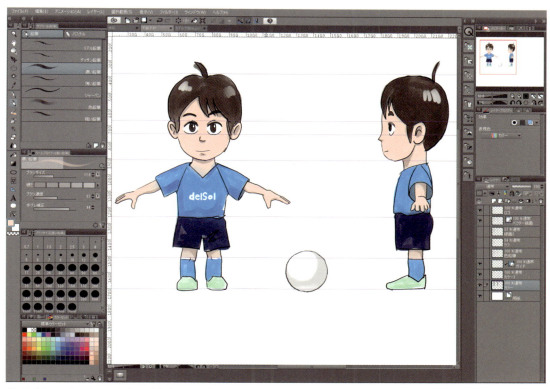

CLIP STUDIOでキャラクターデザイン

下絵ができたら、正面と側面に分けて保存しましょう。画像のサイズですが、512ピクセル×512ピクセル、1024ピクセル×1024ピクセルといったように縦と横の比率を1:1にしておくと、Cinema 4D側での調整がしやすくなります。

また、前面図は画像の中心と体の中心が合うように調節して保存すると、読み込んだ後の手間が省けます。足裏の位置も合わせておきましょう。

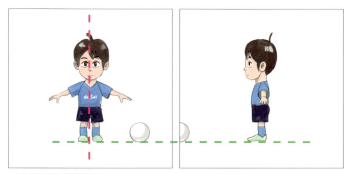

下絵の調整と書き出し

■ Chapter2 キャラクターのモデリング①〜 3Dベースモデルの作成

SECTION
02
下絵の読み込みとモデリングの計画

2Dペイントソフトや手描きのイラストをスキャンした画像など、3Dモデル制作のベースになる画像を3Dビューの各ビューに読み込んで、デザインに忠実なモデリングを行いましょう。

▶ 下絵の読み込みと配置

02 ▶ 2-2-1

サンプル 02-02-01.c4d

　下絵が完成したら、正面と側面の画像をそれぞれのビューに読み込んで、位置と大きさを合わせます。下絵もテクスチャファイルと同様に、シーンファイルの同じ場所にある「tex」フォルダに保存すればOKです（ただし、読み込みは絶対パス扱いになるようです）。

　まず、前面ビューをクリックして選択しておきます（ビューの枠が白くハイライトされます）。次に［属性マネージャのメニュー］の［モード］→［ビュー設定］をクリックします（ショートカットは Shift + V ）。［背景］タブをクリックして開き、「画像」の右の［…］ボタンをクリックして、正面からの画像を読み込みます。画像は「Sample」→「02」→「tex」フォルダの中にあります（Base_Front.png）。

下絵（正面）の読み込み

　このキャラの身長は約130cmを想定していますので、高さを130cmに変更した直方体を配置しています。その直方体の高さに下絵を合わせます。上の図のように、ビュー設定で「Y方向のオフセット」と「Y方向のサイズ」を調節します。

　［縦横比を維持］にチェックが入っていることを確認しましょう。［Y方向のサイズ］と［Y方向

のオフセット］を調節して作りたいキャラクターの身長に下絵を合わせます。サンプルファイルには、高さ130cmの直方体がXZ平面に乗るように配置してあります。

次に、右面ビューをクリックして選択して、同様に横からの画像を読み込みます（Base_Side.png）。サイズとオフセットの値は正面からの画像を読み込んだときと同じです。2枚の下絵で大きさ、位置を揃えて書き出しましたので、ここで楽ができました。

サンプル 02-02-02.c4d

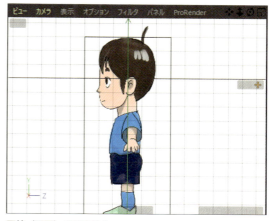
下絵（正面）の読み込み

▶ モデリングの計画

いきなり高精細な3Dモデルを作るのはいろいろと無理がありますので、少ないポリゴン数でシャツやズボンなどをパーツで分けたモデルを作ろうと思います。顔のパーツの目や鼻、口などは、下絵の画像をマッピング（投影）して済ませます。

パーツごとに作る

SECTION 03 大まかな全身の作成

キャラクターのモデリングというと、まず顔から作りたくなるものですが、経験上、目と鼻と口を作った段階で力尽きてしまうことが多いです。登山初心者がいきなり3000m級の山（しかも冬）に登るような真似をしても遭難するのがオチです。先に全身をラフにひととおり作って、その後で各部を詳細に作る方法で制作しましょう。

▶ 全体のイメージを掴むためのベースモデル作成

　粘土で人物の胸像を作ることを考えてみましょう。最初に全体のボリュームを考えて粘土を用意し、丸めて全体的な形を作って、それからまぶたや目の周り、鼻や耳、唇、頭髪などを、粘土を盛って作っていくでしょう。

　3Dソフトでモデリングする場合も、最終的な完成モデルをイメージできるラフなモデルをスピーディーに作成し、さらに各部のディティールアップを目指すべきです。とくに共同で作業しているような場合は、「今ここまでできたんだけど……」と下の右の画像を見せてあげれば、「靴のテクスチャを描いてあげるよ」とか「手の部分は前に作ったモデルの手を使い回せるね」とか「もうリグの作業ができそうだね。後でファイル送って」などと話が一気に進むかもしれません。顔だけ作っているとそうはなりません。

下絵（2D）　　　　　　　　　　　　　　ベースモデル（3D）

▶ 胴体のモデリング

▶ 02 ▶ 2-3-1

　それでは胴体から作り始めましょう。水色の立方体のコマンドアイコンをクリックして、プリミティブの立方体を1つ作ったら、オブジェクト表面に表示されるオレンジ色のハンドルをドラッグして、サイズを変更します。下絵に位置と大まかな大きさを合わせましょう。属性マネージャで[X方向の分割数]を「4」、[Y方向の分割数]を「3」、[Z方向の分割数]を「2」にします。名前は「body」に変更しました（オブジェクトマネージャでオブジェクト名の部分をダブルクリックすると、名前を変更できます）。

　できたら、[編集可能にする]（ショートカット C ）でポリゴン化します。

サンプル 02-03-01.c4d

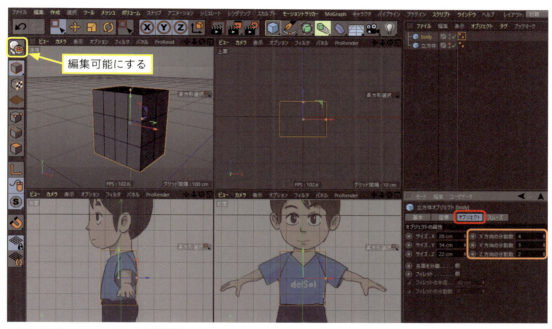

立方体の位置と大きさを合わせて分割数を変更

MEMO　下絵の濃度を変更する

　下絵を表示する濃度を変更できます。[属性マネージャのメニュー]の[モード]→[ビュー設定]をクリックします（ショートカット Shift + V ）。[背景]タブをクリックして開き、[透過]を75%にしています。数値を大きくするほど薄くなります。

▶ オブジェクトの対称化　　02 ▶ 2-3-1

　左右対称なオブジェクトは「対称」オブジェクトの子にすると、片方だけ編集すれば良くなるのでやってみましょう。

　まず前面ビューでどちらか側の半身に相当するポイント群を削除します。下の画像の例では右半身側のポイント群を、長方形選択を使って選択しています。ポイントモードで作業します。

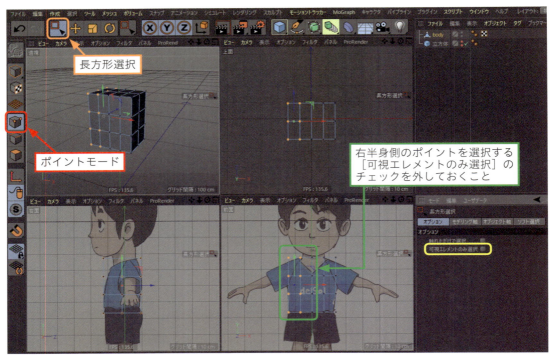

正面から見て半分消す

　Delete を押してポイントを削除します。「対称」オブジェクトを作って「body」を子にします。［メインメニュー］の［作成］→［モデリング］→［対称］またはコマンドパレットから作ります。反対側が表示されましたか？

「対称」オブジェクトの子にする

サンプル　02-03-02.c4d

▶ シャツの作成

 02 ▶ 2-3-2

　ポイントを動かしてシャツの形を作っていきます。ここで使うツールは「移動ツール」「スライド」「ポリゴンペン」などです。

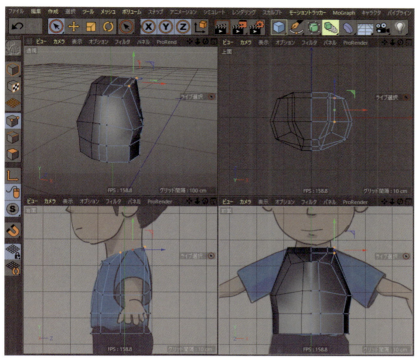

ポイントを動かして形を作っていく

　移動ツールを使用中に、ポイントを法線方向に移動したい場合、属性マネージャで［モデリング軸］タブをクリックして開き、（軸の）［向き］を「法線」に変更します。軸の向きが変わりますので、青の軸（Z軸）をドラッグしてポイントを動かしましょう。

　サンプル 02-03-03.c4d

軸の向きを変更できる

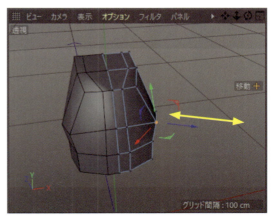

法線方向へ向いたZ軸

●「スライド」によるポイントの移動　　02 ▶ 2-3-2

「スライド」ツールを使用すると、ポイントをエッジに沿って動かすことができます。形状が大きく変化しないので便利です。また、軸を使わないので操作もしやすいです。

［メインメニュー］の［メッシュ］→［変形ツール］→［スライド］で操作します。ショートカットは M〜O キーになります。動かしたいポイントをドラッグすると、エッジに沿って動きます。

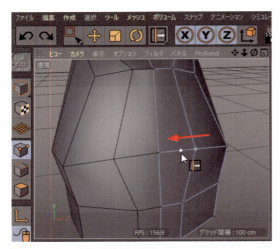

「スライド」でポイント位置の調整

●「押し出し」による袖の作成　　02 ▶ 2-3-2

ポリゴンモードで肩の部分のポリゴンを選択し、「押し出し」ツールで押し出して袖を作ります。ポイントモードに切り替えて、下絵に合わせてポイント位置を調整し、袖の形にしていきましょう。［メインメニュー］の［メッシュ］→［作成ツール］→［押し出し］、ショートカットは D キーです。

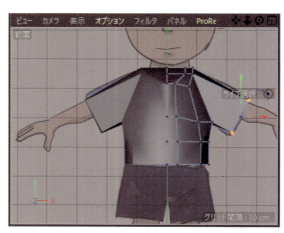

ポリゴンを選択して押し出す　　ポイント位置の調整して袖にする

▶袖にエッジを追加

02 ▶ 2-3-2

袖を押し出した直後の袖は、断面が四角形の筒になっています。もう少しなめらかな形状にしたいので、エッジを追加して八角形の断面にします。

ここでは、「ループ/パスカット」を使います。[メインメニュー]の[メッシュ]→[作成ツール]→[ループ/パスカット]です。

右の図の赤丸で囲んだエッジにマウスポインターを合わせると、白いエッジが連続的に描画されます。エッジの真ん中あたりをクリックします。エッジが追加されますが、まだ位置は確定していません。調整可能な状態です。

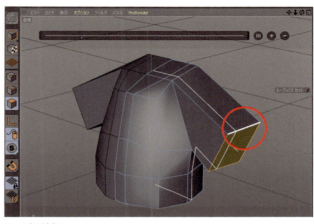
エッジの追加

上部にスライダーが表示されています。現在追加された場所がエッジ上のどの場所なのかわかります。スライダー位置を50％にします。スライダーの下の数字をダブルクリックすると、数値入力も可能です。

カットする位置が決まったら、「ライブ選択」や「移動」など、他のツールに切り替えて「ループ/パスカット」ツールから抜けます。そうするとカットが完了します。

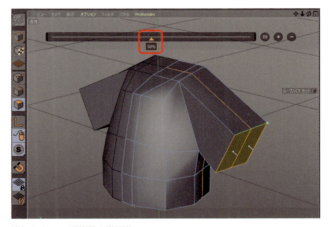
追加したエッジ位置の微調整

同様に、水平方向のエッジも追加します。

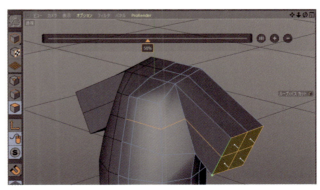
さらにエッジを追加する

袖の端の断面にもエッジを追加します。

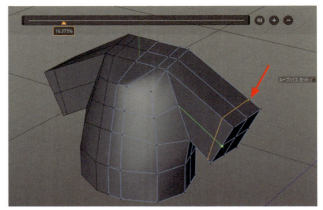

袖の断面のエッジを追加する

袖の断面の形状を整えるには、袖の同じ列のポイントを選択して一度に動かします。

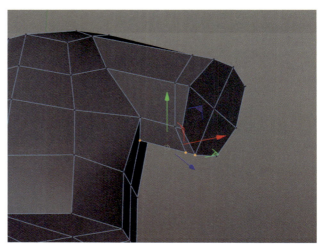

ポイントの選択

ビューを回転して、押し出された袖の面を正面から見て、ポイントを動かしていきます。さらに、袖の付け根あたりのポイントを「スライド」ツールなどを使って調整しましょう。

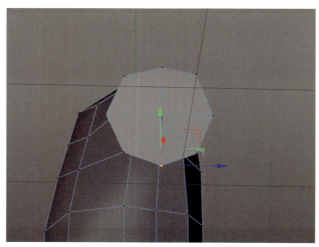

ポイントの移動

▶ 袖の折り返し

02 ▶ 2-3-2

袖の端を内側に押し出し、さらに奥に押し出すことによって厚みを付けます。

「ポリゴンモード」で袖口の4つのポリゴンを選択します。

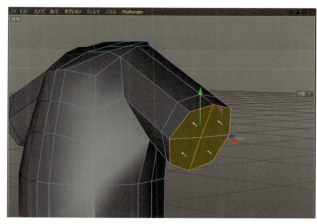
袖口の面のポリゴンを選択

「面内に押し出し」ツールで現在の選択ポリゴンの内側に押し出します。ツールの場所は［メインメニュー］の［メッシュ］→［作成ツール］→［面内に押し出し］（ショートカット Ｉ）になります。この場合、属性マネージャで［グループを維持］にチェックを入れておく必要があります。

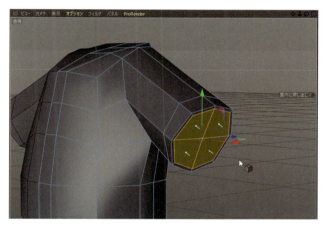
面内に押し出し

次に「押し出しツール」でシャツの内側の方向に押し出します。そして4つのポリゴンは Delete を押して削除します。これでシャツの厚みが表現できました。

襟の部分も同様に作りましょう。これでシャツの部分は一応完成です。

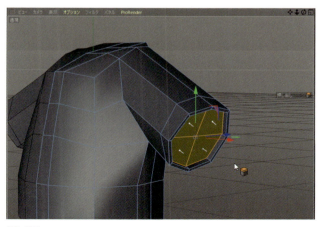
押し出し

大まかな全身の作成　61

▶ ズボンの作成　　　　　　　　　　　　　▶ 02 ▶ 2-3-3

　ズボンは円柱を変形して作ります。円柱を1つ作って、属性マネージャでサイズや分割数などを変更します。[半径]を「7.5cm」、[高さ]を「20cm」、[高さ方向の分割数]を「4」、[回転方向の分割数]を「8」に変更し、[編集可能にする]でポリゴン化します。

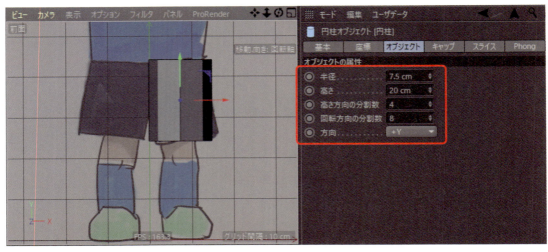

円柱のサイズ等を調整する

　下絵に合うように回転させます。対称オブジェクトを作って、対称オブジェクトの子にします。

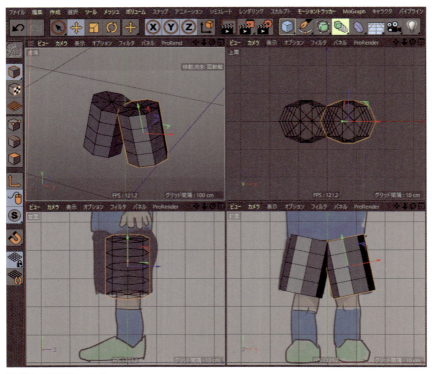

「対称」で反対側も作る

上半分の胴体側の部分は、ポイントを体の中心側に寄せて余計なポリゴンを削除したりして、腰の部分が収まるようにイメージしながら修正していきましょう。上面のポリゴンは削除しましょう。ポリゴンを削除するには、ポリゴンモードに切り替えて、「ライブ選択」でポリゴンを選択し、Deleteキーを押します。

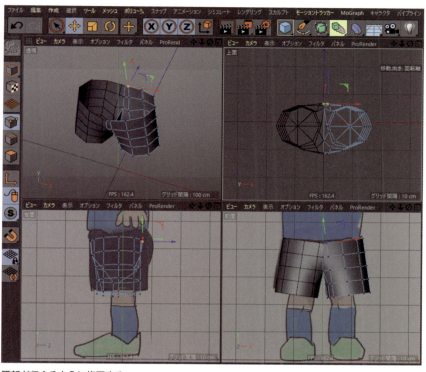

腰部が収まるように修正する

サンプル 02-03-05.c4d

MEMO　対称オブジェクトの許容値

　対称オブジェクトは［対称面］を境に反転コピーすることで左右対称化します。その対称面付近のポイントは、［許容値］の範囲内に収まっていれば、自動で吸着して、結合してくれます。デフォルトでは「0.01cm」になっています。「0.1cm」程度にしておくほうが実用的かと思います。

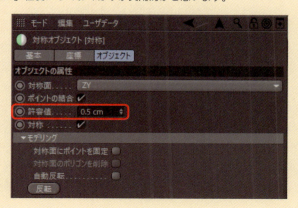

▶腕と手・脚と足・首の作成　　▶02 ▶ 2-3-4、2-3-5

　腕と脚は円柱を使って作ります。それぞれ「対称」オブジェクトの子にします。後で作り直す前提で、太さと位置、角度だけ合わせて、さっさと配置してしまいましょう。

　手も後で作り直すので、手のひら部分を立方体で作り、指は円柱を変形して、コピペしておしまいです。靴は立方体のままでは悲しいので多少作り込みます。首は円柱のままです。

サンプル　02-03-06.c4d

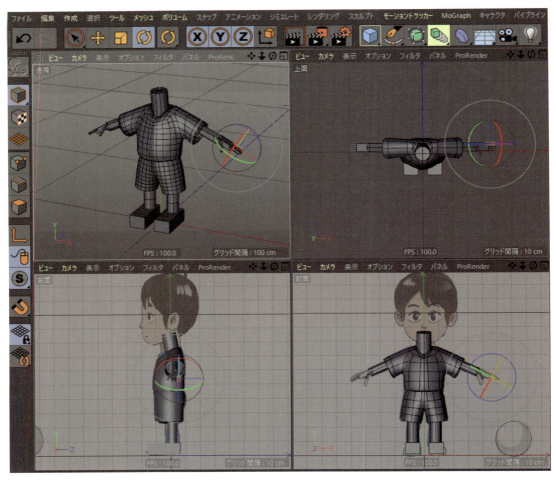

時間をかけずに各部を作る

　靴は最初の立方体の分割数を属性マネージャで、Xを「2」、Yを「2」、Zは「3」に変更し、[編集可能にする]でポリゴン化します。さらに各ポイントを動かして、靴らしい形に整えていきます。

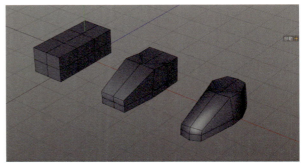

靴のモデリング

▶ 頭部の作成

 02 ▶ 2-3-6

頭部は球体を変形して作ります。[メインメニュー]の[作成]→[オブジェクト]→[球体]とクリックするか、コマンドパレットから探してください。

球体を作ったら、属性マネージャで[オブジェクト]タブをクリックして開き、[半径]を「20cm」、[分割数]を「12」、[タイプ]を「6面体」に変更します。

タイプを変更しても見た目が変わらない場合、各ビューで[ビューのメニュー]の[表示]→[ワイヤーフレーム]に変更すると、きちんと表示されます（デフォルトでは省略表示になっています）。[タイプ]を「6面体」に変更したので、立方体を膨らませて丸くしているような構造であることがわかります。

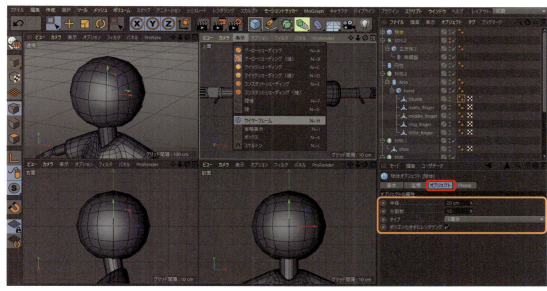

大きさと位置を合わせる

左右対称にモデリングするため、ここまでは「対称」オブジェクトを使ってきましたが、単純な形状の場合、側面から見て手前のポイントと反対側のポイントを同時に選択し、移動、スケールをすることで左右対称に変形することができます。

デフォーマの1つである「微調整デフォーマ」を使えば、元のオブジェクトのポイントを、位置を記録した状態でさらに動かすことができます。この例では、

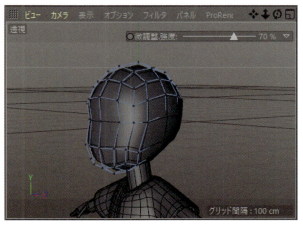

微調整デフォーマによる変形

プリミティブの球体に微調整デフォーマを適用し、球体そのものは変形させずに形を変えています。デフォーマなので元の形状にいつでも戻せます。

右の画像の例では、ほっぺた付近のポイントを内側に少しだけ動かそうとしています。まず［右面ビュー］で、該当するポイントを長方形選択で囲んで選択します。［可視エレメントのみ選択］のチェックを外していますので、反対側のポイントも同時に選択されます。

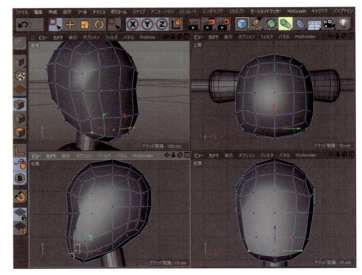

左右のポイントを同時に選択

前面ビューで拡大ツールを使い2つのポイントをスケールして動かします。

もちろん「対称」オブジェクトを使ったほうが良いとは思いますが、手っ取り早く作業したい場合はこういう方法もあるということで紹介しました。

サンプル 02-03-07.c4d

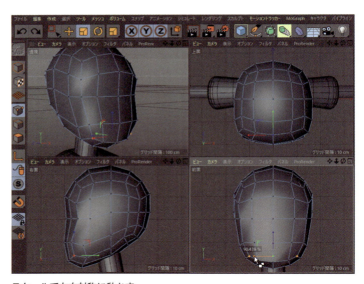

スケールで左右対称に動かす

MEMO 微調整デフォーマでバリエーションを作る

微調整デフォーマには［強度］パラメータがあり、スライダーを使って、変形した状態から変形前の状態に少しずつ戻すことができます。これにより変形具合を調節できますし、アニメーションさせることも可能です。いろいろな使い方が考えられますので、活用してみてください。

 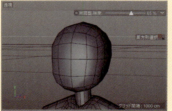 

▶ 髪の毛の作成

髪の毛はいろいろな作り方がありますが、今回は「ロフト」オブジェクトを使って作ります。

具体的には、スプラインで髪の毛の房（ふさ）の断面を描画します。それをいくつかコピペして、「ロフト」オブジェクトの子にして立体化します。断面のスプラインの形状を移動、回転、スケールして頭の形状にフィットするように変形します。この髪の毛の房をいくつかコピペして、頭を覆うように配置します。

既存のシーンで作業すると何かと大変ですので、新規ファイルを作って作業し、コピペで持っていきましょう。

［メインメニュー］の［作成］→［スプライン］→［ペン］をクリックして「ペン」ツールに切り替え、断面を描画します。この例では六角形の断面にしています。右の図のように①から⑥までクリックし、最後に①をクリックするか、⑥で止めて属性マネージャで［オブジェクト］タブの中の［スプラインを閉じる］にチェックを入れると、閉じたスプラインになります。

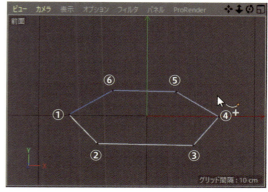

「ペン」ツールで断面を描画

ロフトオブジェクトを作ります。［メインメニュー］の［作成］→［ジェネレータ］→［ロフト］です。断面のスプラインを「ロフト」オブジェクトの子にします。スプラインを何個かコピペして位置をずらすと、下の図のように立体になります。スプラインの並び順に気を付けましょう。

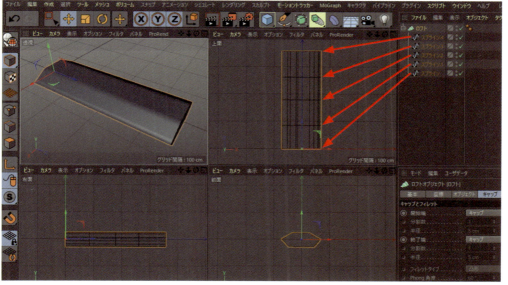

断面をコピペして立体化する

個々の断面スプラインをスケールして、木の葉のような形に整えます。

サンプル 02-03-08.c4d

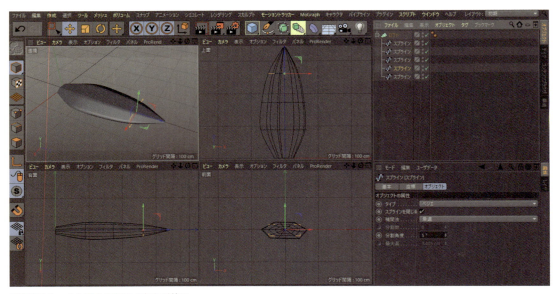

断面をスケールして木の葉のような形状に

頭の形にフィットするように、断面のスプラインの位置角度を調節します。

サンプル 02-03-09.c4d

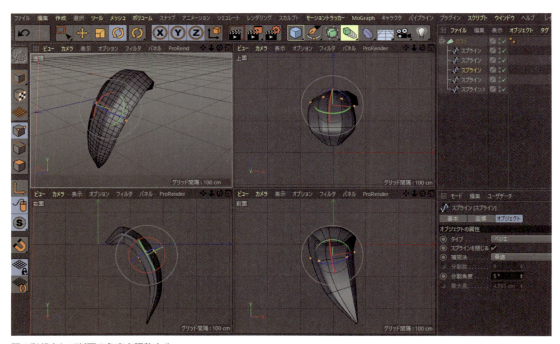

頭の形想定して断面の角度を調整する

体のシーンにコピペして、大きさを調節し、位置と角度を合わせます。さらに「ポイントモード」に切り替えて断面のポイントを調節して、形を整えましょう。これをいくつかコピペして、頭全体を覆うように配置します。前髪とアホ毛も同様に作成しましょう。

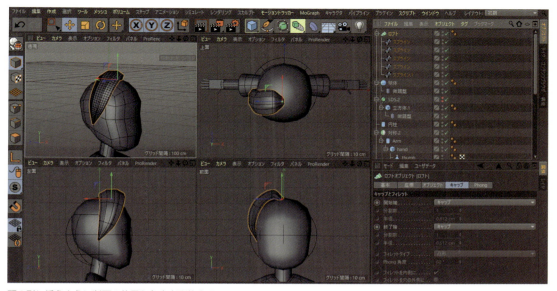
頭の形に添うように断面の位置と角度を調整する

隣接する他の髪の毛の房との重なり具合を考慮しながら調節していきましょう。

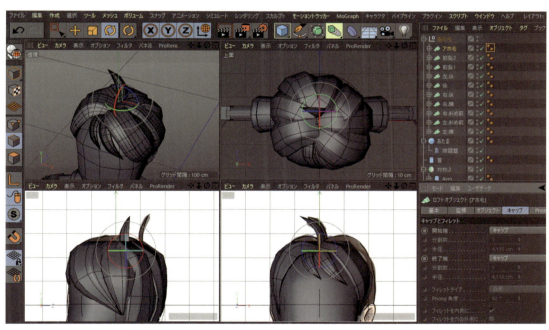
頭全体を覆うように配置する

> **MEMO** 複数のファイルを開いて作業する
>
> 　Cinema 4Dは一度に複数のファイルを開いて作業できます。[メインメニュー] の [ウインドウ] で開くリストの下のほうに、現在開いているファイルが表示されます。あるファイルでオブジェクトをコピー（Ctrl + C）したらファイルを切り替え、切り替えた先でペースト（Ctrl + V）できます。ペーストしても、位置と角度、スケールは保たれたままです。

髪の房をグループ化

02 ▶ 2-3-7

　マテリアルの設定をする前に、髪の毛のロフトオブジェクト群をグループ化しておきましょう。髪の毛のオブジェクトをオブジェクトマネージャで全部選択して、Alt + G でグループ化します。ヌルオブジェクト（何もない座標だけのオブジェクト）の子になります。

　このヌルオブジェクトにマテリアルを適用すれば、子も同じ色になります。区別しやすくするために、ヌルオブジェクトは名前を「髪の毛」とでも変更しておきましょう。

サンプル　02-03-10.c4d

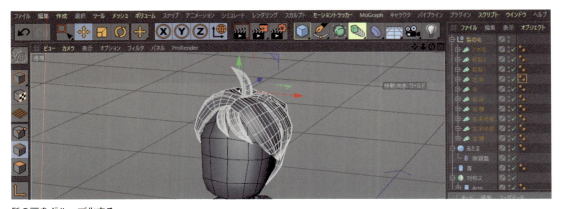

髪の房をグループ化する

サッカーボールの作成

02 ▶ 2-3-8

　サッカーボールを別ファイルで作成し、「外部参照」を使って読み込みましょう。

　まず新規ファイルを作成します。次に、コマンドグループから［正多面体］を探して作ります。

コマンドグループの中の［正多面体］

　属性マネージャで［オブジェクト］タブをクリックして開き、［半径］を「13cm」（単位は自動的に付けられますので、直接入力で 13 と入力すれば OK です）に変更します。［分割数］を「2」に、［分割タイプ］を「C60 サッカーボール」に変更します。

　さらに「座標マネージャ」で位置の［Y］を「13cm」に変更します。これ

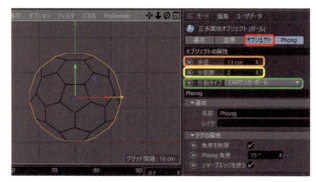

属性マネージャで設定を変更する

でXZ平面（Y=0）に乗ったようになります。

名前を「ボール」に変更しましょう。[Phong] タブで [Phong角度] を「15°」に設定してください。エッジがくっきり描画されるようになります。

ここで [編集可能にする] を使い、ポリゴンオブジェクトに変換します。

サッカーボールらしく五角形を黒、六角形を白に塗り分けます。ベースは白として、五角形部分の選択範囲を作り、その選択範囲だけ黒のマテリアルを適用します。

ポリゴンモードに切り替えて、[ライブ選択] で五角形の部分を選択していきます。ツールのオプションで [可視エレメントのみ選択] にチェックが入っていることを確認しましょう。一度に選択できなくても、Shift を押しながらクリックすれば追加できますし、間違って選択してしまった際は Ctrl を押しながらクリックすると除外できます。

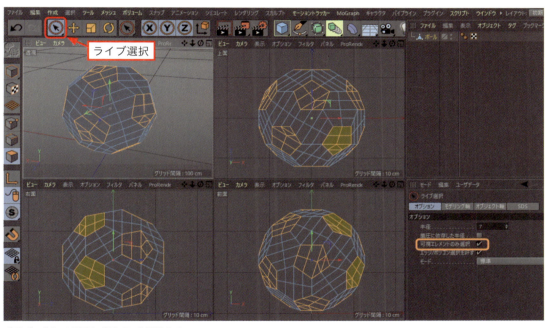

ポリゴン化して必要なポリゴンを選択する

正しく選択できたら [メインメニュー] の [選択] → [選択範囲を記録] をクリックします。すると、選択範囲タグがオブジェクトに追加されます。選択範囲タグをクリックし属性マネージャで名前を付けます。ここでは「kuro」にしました。

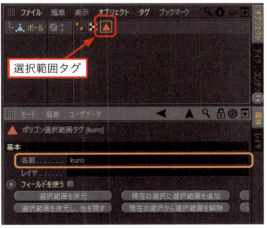

選択範囲に名前を付ける

マテリアルを2つ作ります。白と黒の2つです。マテリアルマネージャの空白欄をダブルクリックすると作ることができます。または、[マテリアルマネージャのメニュー]の[作成]→[新規マテリアル]をクリックします[注1]。

新規マテリアル

注1) R20で新しいノードベースのマテリアル作成環境が実装されましたが、とりあえず旧来のもので十分です。

マテリアルが作られたら、名前を「white」に変更しましょう。そしてマテリアルアイコンをダブルクリックして「マテリアル編集」ウインドウを開きます。「反射」チャンネルのチェックを外します。左側のリストの[カラー]をクリックして「カラー」チャンネルを開き、色を変えます。

S（彩度）を「0」に、V（明るさ）を「100」にします。これで真っ白になりました。

同様に黒のマテリアルを作ります。途中ま

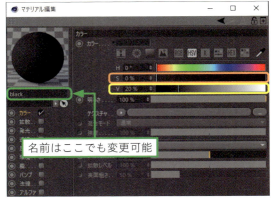

カラーを変更

での作業は同じです。名前を「black」にし、カラーチャンネルでS（彩度）を「0」に、Vを「20」にします。これでかなり黒に近いグレーになります。

まず白いマテリアルをオブジェクトに適用します。ボールを選択した状態で、マテリアルのアイコンを右クリックし、開いたメニューから[適用]をクリックすると適用できます。続いて黒いマテリアルもオブジェクトに適用します。そして、黒のマテリアルのタグを選択し、属性マネージャで[選択範囲に限定]の右の入力欄に「kuro」と入力します。これで塗り分けができました。

カラーを変更

先に白のマテリアルを適用したことにより、オブジェクトマネージャには左から白、黒の順にマテリアルのタグが並んでいます。マテリアルは左から順に適用されるので、先に白が塗られ、次に黒が塗られることになります。マテリアルタグはドラッグ＆ドロップで並び順を変えることができます。

サンプル 02-03-11.c4d

左から順番に適用される

順番を変更した場合

MEMO　法線とは？

　法線というのは、ポリゴンの表面に垂直な線のことです。3DCGではポリゴンの表側に立てられ、どちらが表であるのかを示します。Cinema 4Dでは、ポリゴンの裏面は青っぽい色で表示され、法線が立っているほうが表になります。ソフトウェアによっては、ポリゴンの裏面は描画されませんので、ゲームエンジンなど他のソフトにデータを書き出す場合は注意する必要があります。

▶球状化デフォーマでボールをもっと丸くする　　02 ▶ 2-3-8

　ボールにもう少し丸みを持たせたいので一工夫します。「球状化」デフォーマを作ります。デフォーマのコマンドグループから探すか、［メインメニュー］の［作成］→［デフォーマ］→［球状化］をクリックして作ります。属性マネージャでパラメータを変更します。［半径］を「13」、［強度］を「100」にします。

　オブジェクトマネージャで「球状化」デフォーマを働かせるためにオブジェクトマネージャで「ボール」の子にします。すると「ボール」は潰れてしまいます。これは2つのオブジェクトの位置が合っていないからです。

中心がずれているので正しく作用しない

　階層化されたオブジェクトは、その「親オブジェクト」との相対距離で自身の位置を表示するようになります。階層化前の2つのオブジェクトの位置関係は、ボールがY=13cm、球状化デフォーマがY=0cmでした。その差は13cmです。球状化デフォーマはボールの子になったとき、親に対して-13cmの位置にあると表示されます。

そこで、位置を合わせたいのでYに「0」を入力します。これで中心位置を合わせることができ、良い感じに丸くなりました。

(サンプル) 02-03-12.c4d

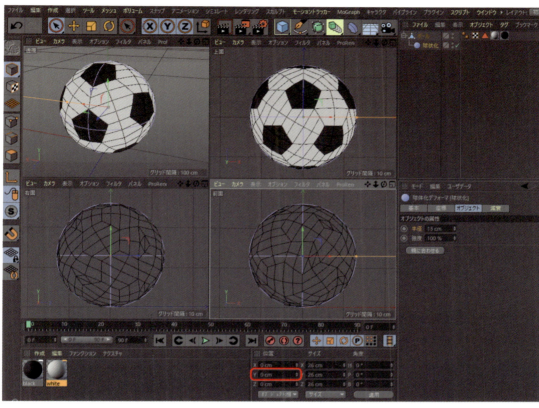

丸くなった

　では、このボールをどうやってサッカー少年のモデルのファイルに持っていけば良いのでしょうか？　1つの答えは、必要なものだけコピーして、目的のファイルにペーストするという方法です。
　もう1つの方法は「外部参照」を使用する方法です。このボールのファイル自体を他のファイルから呼び出すことになります。そして、このボールの色を変えたり、反射チャンネルを使って艶を出したり、メーカーのロゴを表示するといった変更を施しても、読み込んだ先のファイルにも反映することができます。
　ここでは、外部参照を使って後で読み込んでみたいと思います。ファイルに簡単に思い出せる名前を付けておきましょう。［メインメニュー］の［ファイル］→［別名で保存］をクリックし、「sample02_サッカーボール01.c4d」という名前を付けて保存しました。

SECTION 04 色とテクスチャの設定

グレーの単色のモデルでは説得力がありません。下絵のカラー計画に基づいてモデルに色を付けましょう。作業はできる限りスピーディーに行いますが、必要に応じて UV 編集などを行い、画像をオブジェクトの特定の位置に適切な大きさで配置します。

▶ 質感の設定   ▶ 02 ▶ 2-4-1

　下絵の色を参考に、各オブジェクトに質感の設定を施します。サンプルファイルにマテリアル（質感のデータ）を用意していますので、各オブジェクトに適用しましょう。

　適用方法はいくつかあります。マテリアルを 3D ビューのオブジェクトにドラッグ＆ドロップする方法、マテリアルをオブジェクトマネージャのオブジェクトにドラッグ＆ドロップする方法、先にオブジェクトとマテリアルを選択しておき［マテリアルマネージャのメニュー］の［ファンクション］→［適用］をクリックする方法などです。

サンプル 02-04-01.c4d

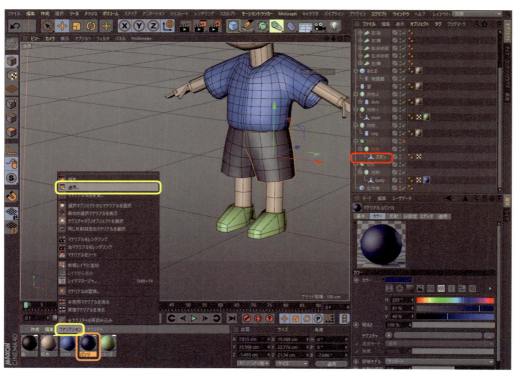

マテリアルの適用

▶ 選択範囲による複数のマテリアルの適用

　脚は1つのオブジェクトですが、靴下を履いている部分の色は青にしたいので、選択範囲を設定します。同じことをサッカーボールの制作で行いましたが、復習を兼ねて再度やってみてください。

　まず、脚のオブジェクトに肌色のマテリアルを適用します。肌色の「テクスチャタグ」が適用されます。選択範囲を設定するために「Leg」を［編集可能にする］でポリゴンオブジェクトに変換しましょう。

　ポリゴンモードで靴下部分のポリゴンを選択して、選択範囲を設定します。［メインメニュー］の［選択］→［選択範囲を記録］をクリックします。これで、選択範囲タグがオブジェクトに追加されます。

　続いて、選択範囲に名前を付けます。オブジェクトマネージャで「選択範囲」タグをクリックして選択し、属性マネージャで名前を「socks」にします。

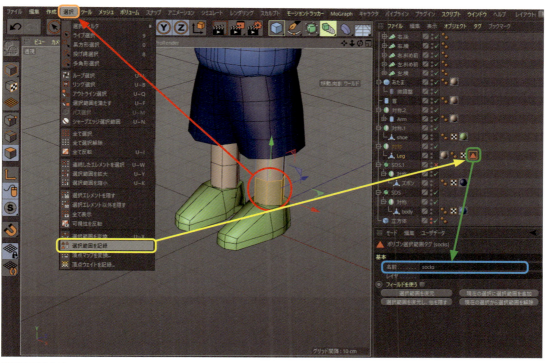

選択範囲を作る

色とテクスチャの設定　77

青色のマテリアルを、脚のオブジェクトの選択範囲「socks」部分に適用します。「socks」選択範囲タグをダブルクリックすると、定義された部分のポリゴンが選択状態になります。そこに青のマテリアルをドラッグ＆ドロップで適用します。選択されていた部分にだけ別のマテリアルが適用できました。

最初に触れたように、同じことをするための方法はいくつもあります。自分にとってやりやすい方法で行いましょう。

サンプル　02-04-02.c4d

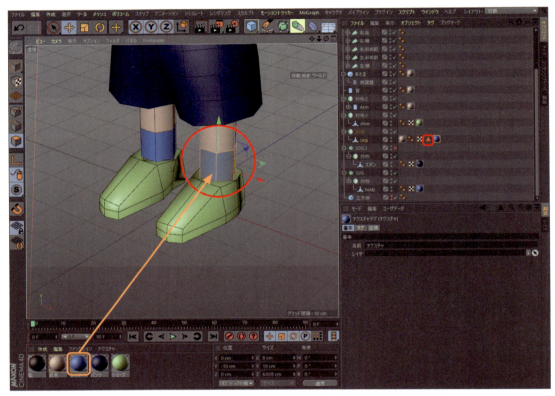

青色のマテリアルが部分的に適用された

現在のところ、頭のオブジェクトと手や足のオブジェクトは共通の「肌色」マテリアルを使用しています。頭のオブジェクトには、次の作業に備えて専用のマテリアルを用意しましょう。

「肌色」マテリアルをクリックして選択し、［マテリアルマネージャのメニュー］の［編集］→［コピー］をクリックします。続けて［マテリアルマネージャのメニュー］の［編集］→［ペースト］でマテリアルを複製します。複製されたマテリアルの名前を「kao」に変更しましょう。

次に、「あたま」オブジェクトに適用済みのマテリアルを、「kao」に差し替えます。オブジェクトマネージャで「あたま」オブジェクトに追加されているテクスチャタグをクリックし、属性マネージャの［タグ］タブを開きます。［マテリアル］欄（「肌色」が表示されている）の右の矢印アイコンをクリックして、マテリアルマネージャの「kao」マテリアルをクリックすれば差し替えが完了です。

▶ 顔面のテクスチャの適用

🎬 02 ▶ 2-4-2

　下絵の顔の部分を 3D モデルの頭部に適用します。サンプルファイルでは、すでに「kao」というマテリアルが「あたま」オブジェクトに適用されています。「kao」マテリアルをダブルクリックして「マテリアル編集」ウインドウを開きます。「カラー」チャンネルに画像を読み込みます。

　「テクスチャ」の右側の細長いボタン、またはそのさらに右側の［…］ボタンをクリックすると、「ファイルを開く」ウインドウが開きます。「Sample」→「02」→「tex」フォルダの中の「下絵顔面テクスチャ.png」をクリックして、［開く］をクリックします。

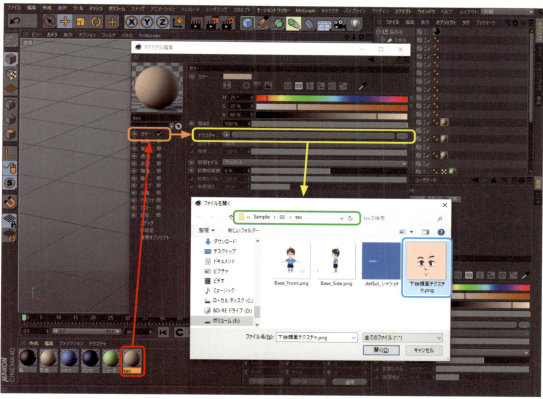

顔面のテクスチャを読み込む

　右の図が読み込んだ直後の状態ですが、大きさは変だし、側面にも目が表示されていますから、調整する必要があります。

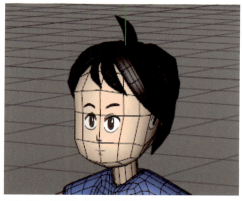

テクスチャ読み込み直後の状態

「あたま」のテクスチャタグをクリックして選択し、属性マネージャで投影方法、位置、大きさを調整します。［投影法］のプルダウンメニューを開き［平行］をクリックします。

次に［オフセット U］を「37.2％」、［オフセット V］を「36.4％」、［サイズ U］を「26％」、［サイズ V］を「26％」に変更します。いろいろいじってみて、慣れてください。

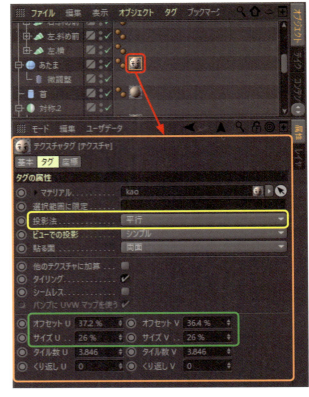

テクスチャタグの調整

うまく調節できました。この例では顔の真正面からテクスチャを投影したので、実は後頭部にも目や鼻が表示されていますが、髪で隠れるので OK です。

本来なら UV 編集をしてきっちりと仕上げたいところですが、これはベースモデルなのでスピード重視で妥協しています。

サンプル 02-04-03.c4d

テクスチャタグの調整

テクスチャモードに変えて、[ビューでの投影]のプルダウンメニューから[ソリッド]をクリックして選ぶと、下の画像のよう表示されます。

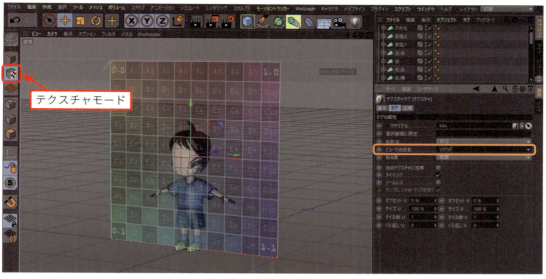

テクスチャモード

各パラメータの調整の結果、下の図のようになります。オフセットとサイズ、UとVの関係について理解しましょう。簡単にいうと、Uが横でVが縦です。VはVertical（垂直）のVと覚えましょう。

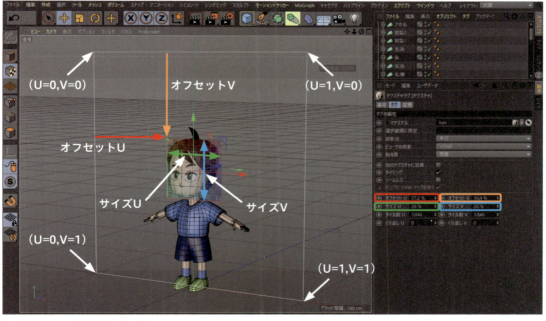

テクスチャモードと各パラメータ

▶ シャツの UV 編集　　　02 ▶ 2-4-3

　顔面へのテクスチャ適用は、投影を用いた簡易的な手法でした。シャツに「delSol」のロゴを表示するには、まず「対称」オブジェクトによる左右対称化ではなく形状として反対側も確定させる必要があります。次にシャツの胸の部分だけにロゴを表示する（背中は何もない）ので、UV 編集をして狙った場所に歪みなくロゴが表示できるようにしましょう。

　まずシャツ（body）を含んでいる「対称」オブジェクトを右クリックしてメニューを開き、[現在の状態をオブジェクト化]をクリックします。あるいは「対称」オブジェクトを選択し、[メインメニュー]の[メッシュ]→[変換]→[現在の状態をオブジェクト化]でも同じです。

　反対側が作られ、対称面で一体化した状態のオブジェクトが新たに作られます。元のオブジェクトも削除されることはなく残されています。

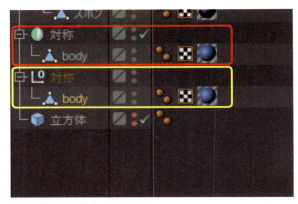

現在の状態をオブジェクト化した

　元の対称オブジェクトと「body」は削除しても良いのですが、とりあえず、非表示かつレンダリングもされない状態にしておきましょう。

　名前の右の小さい丸を 2 回クリックして赤にします。上の段の丸が 3D ビューでの表示、下の段の丸がレンダリングするかどうかを決めます。丸の色がグレーだと特段の設定なし状態で、親の状態に従います。

元のオブジェクトを非表示に

📖 MEMO　UV、UV 座標、UV 編集って？

　3DCG における UV とは、3D のオブジェクトを平面に展開して、2D のテクスチャ用画像を投影するための補助的な座標系のことをいいます。

　シャツの場合、元々が平面の布ですので、縫い目の糸をほどいて、バラバラにすれば平面的な布の集まりに分解できますよね。3 次元のオブジェクトをなるべく形を保ちつつ分解して、歪みを最小限に抑えた平面の集まりにすることが UV 編集といえます。

「Body」オブジェクトに付いている青色のマテリアルタグを削除（タグをクリックして Delete ）します。そして新しくマテリアルを作り、「body」オブジェクトに適用して、レイアウトを「BP-UV Edit」に変更したのが下の画像の状態です[注2]。

注2） 新しくマテリアルを作った理由は、青のマテリアルはソックスにも適用されていて、混乱のもとになりそうだからです。

画面右上にテクスチャビュー画面があります。ここに現在選択中の「body」オブジェクトのUV が表示されています。何も作業していないこの段階では複数の UV ポリゴンが重なっていますので、シャツのロゴを狙った場所に配置することは不可能です。UV ポリゴンの重なりを解消し、大きさを揃えて、さらに歪みのない状態に整えましょう。

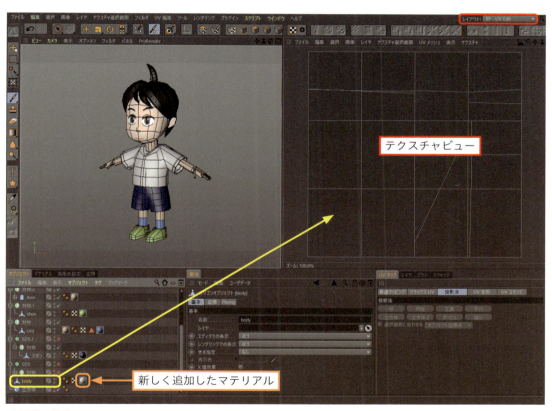

UV 編集の準備

「UVポリゴン編集」モードに切り替えて、「body」の全てのUVポリゴンを選択します。Ctrl + Aで全てのUVポリゴンが選択されます。右下の[UVマップ]タブをクリックして開き、さらに[最適マッピング]タブをクリックして開きます。最適化の方法は[最適化（立方体）]をラジオボタンで選択し、[適用]をクリックします。自動的にUVが重ならないように再配置されました。まだバラバラなUVポリゴンですが、とりあえずOKです。

サンプル 02-04-04.c4d

自動でUVの再配置

テクスチャを新規作成します。[テクスチャビューのメニュー]の[ファイル]→[新規テクスチャ]をクリックします。

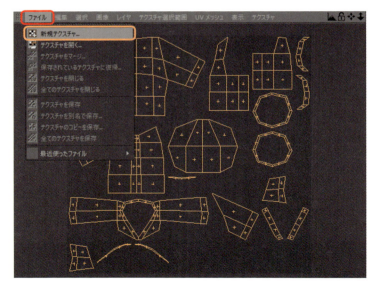

新規テクスチャの作成

「新規テクスチャ」ウインドウが開きます。名前を付けます。［幅］と［高さ］は512ピクセルにしました。

「名前」の入力ボックスに「delSolシャツ」と入力して［OK］をクリックします。

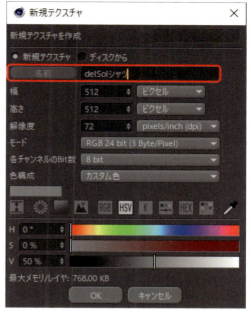

新規テクスチャウインドウ

作成されたテクスチャ画像がテクスチャビューに開かれました。背景がグレーに変化したのは、画像の「バックグラウンド」レイヤが同じグレーだからです。右下の［レイヤ］タブに現在開かれているテクスチャ画像のレイヤ構成が表示されています。左下の［描画色設定］タブをクリックして開き、カラーの［H］を「210°」、［S］を「100%」、［V］を「100%」にして青色にしましょう。

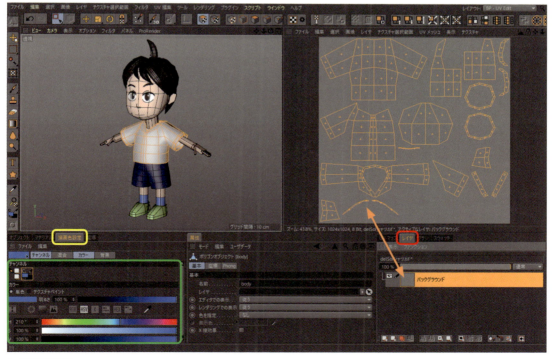

レイヤと描画色

単色で塗りつぶすので「塗りつぶし」ツールに切り替えます。画面左にあるペイント関係のツール群から「グラデーション」ツールを長押しして展開し、バケツマークの「塗りつぶし」ツールをクリックして選択します。

塗りつぶしツール

　テクスチャビューを塗りつぶしツールでクリックすると、バックグラウンドレイヤが青色で塗りつぶされました。

サンプル 02-04-05.c4d

バックグラウンドレイヤを青で塗った

▶ ロゴの追加

「delSol」のロゴを追加するためにレイヤを新規作成します。[テクスチャビューのメニュー]の [レイヤ] → [新規レイヤ] をクリックするか、[レイヤ] タブの下の [新規レイヤ] コマンドをクリックしてレイヤ作成します。名前を「ロゴ」に変更し、「ロゴ」レイヤを選択しておきます。

次に、[描画色設定] タブでカラーを白に変更します。H の値は何でもよくて、[S] を「0%」、[V] を「100%」にすれば白になります。

「delSol」のロゴを「文字」ツールで描画するため、画面の左から「文字」ツールをクリックして属性マネージャでテキスト欄に「delSol」と入力し、モードは「塗りつぶし」にします。フォントは好きなもので良いでしょう。この例では、フォントをメイリオ（Windows 10）のボールド（太字）、サイズは 30 にしました（フォントの [選択] ボタンをクリックして開くウインドウの中にもサイズを変更できる箇所がありますが、機能しません）。

用意ができたら、テクスチャビューの UV ポリゴンで胸辺りのポリゴンをクリックし、文字を描画します。位置を調整するには「レイヤを移動」ツールを使うと簡単です「画像を変形」ツールを使うと移動の他に回転やスケールもできます。

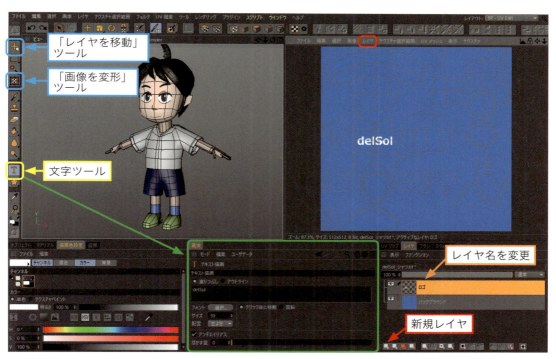

文字の描画

ここまでできたら、テクスチャ画像ファイルを保存します。[テクスチャビューのメニュー] の [ファイル] → [テクスチャを保存] をクリックして保存してください。

▶ テクスチャの読み込み　　　　　　　　　　▶ 02 ▶ 2-4-3

　シャツのマテリアルにテクスチャ画像を読み込みましょう。「シャツ」マテリアルをダブルクリックし、「マテリアル編集」ウインドウを開きます。「カラー」チャンネルをクリックして開き、画像を読み込みます。[テクスチャ] の右の小さな三角をクリックしてメニューを開き、[画像を読み込む] をクリックします。または、その右の細長いボタンや […] ボタンをクリックしても同じです。

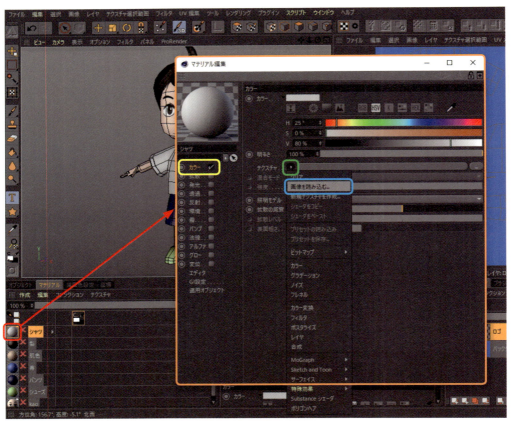

文字の描画

　「ファイルを開く」ウインドウが開くので、「delSol シャツ.tif」を選んで [開く] をクリックします。このファイルは、「Sample」→「02」→「tex」フォルダの中にあります。

ファイルを開く

テクスチャが無事読み込まれると、シャツの色が変わって、胸にはロゴが表示されるはずです。

サンプル 02-04-06.c4d

シャツにロゴが表示できた

● 環境の作成

02 ▶ 2-4-4

モデルが完成しつつあるので、レンダリングしてみたいところです。しかし、キャラクターは宙に浮いているわけではないので、床を作る必要があります。[メインメニュー]の[作成]→[環境]→[床]をクリックするか、コマンドパレットから探してください。この「床」オブジェクトはサイズが「無限」ですので、地平線までずっと広がる地面が作られます。

次に「フィジカルスカイ」を作ります。これは、現在時刻や経度緯度などの設定を元に決める光源としての太陽や、雲、空気の設定などを細かくシミュレートできる優れたものです。[メインメニュー]の[作成]→[フィジカルスカイ]→[フィジカルスカイ]をクリックします。

サンプル 02-04-07.c4d

床とフィジカルスカイ

Chapter2 キャラクターのモデリング①〜 3D ベースモデルの作成

レンダリングと準備

いよいよ、一応の完成画像を得るためのレンダリングの準備に進みましょう。少しの努力で、苦労して作った 3D モデルの完成度をさらに上げましょう。もうひとがんばりです。

▶ 外部参照によるサッカーボールの読み込み　▶ 02 ▶ 2-5-1

別ファイルで作成したサッカーボールを外部参照で読み込みます。［メインメニュー］の［作成］→［外部参照］→［外部参照を追加］をクリックします。

外部参照を追加

読み込みのためのウインドウが開きますので、ファイルを探して選択し、［開く］ボタンをクリックします。ファイルは「Sample」→「02」フォルダの中にあります。

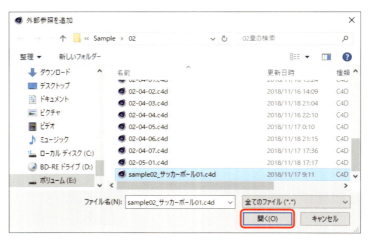

外部参照するオブジェクトを選ぶ

無事サッカーボールが読み込まれました。読み込まれた外部参照オブジェクトはワールド座標系の原点に配置されますので、下の図では少し動かしています。オブジェクトマネージャを見ると、サッカーボールがリストされています。マテリアルタグや選択範囲タグには外部参照であることを示す白文字のXが付けられています（英語版では外部参照のことをXRefと呼称しているため）。

　なお、読み込んだ外部参照のオブジェクトに変更を加えたい場合、ロックを解除する必要があります。下の画像を参考にしてください。

サッカーボールが読み込まれた

● レンダリングの実行　　02 ▶ 2-5-1

　いよいよレンダリングの準備が整いました。レンダリング設定でいくつか設定します。まずレンダリングする画像のサイズです。4面のビューのどれかを選択し、［ビューをレンダリング］ボタンをクリックすれば、現在のビューがそのままレンダリングされます。

　確認ならこれで十分ですが、保存ができません。保存したい場合は［画像表示にレンダリング］ボタンをクリックしますが、その前にレンダリングするサイズを決めておくほうが賢明です。レンダリング設定はコマンドパレットにあります。ショートカットは Ctrl + B です。

レンダリング設定のコマンド

ビューをレンダリングしてみました（ショートカットは Ctrl + R）。なんだか薄暗く感じます。これは、光源（ライト）が「フィジカルスカイ」の太陽の直接光だけしかないからです。この問題を解消するには、太陽の光を強くする、他にライトを追加する、環境光を使う、グローバルイルミネーションを使うなどの方法があります。

グローバルイルミネーションは、ライトからの光がオブジェクトの表面で反射した結果さらに他のオブジェクトを照らす「間接光」の効果をシミュレートします。簡単にいえば、影で暗くなっている部分が少し明るくなります。下の画像でいえば、顎の下や首、脚、ボールの下側など、影で真っ黒になっている部分がもっと明るくなります。

ビューをレンダリング

レンダリング設定ウインドウを開いたら、[特殊効果] ボタンをクリックします。開いたメニューの中から [グローバルイルミネーション] をクリックしてリストに追加し、チェックを入れて使用可能にしましょう。

レンダリング設定ウインドウの左側には設定項目のリストが並んでいます。一番下に「グローバルイルミネーション」が追加されたでしょうか？

なお、「グローバルイルミネーション」に関して現時点では、とくに設定する必要はありません。詳細に設定し始めるとキリがありませんので、デフォルトのままで良いでしょう。

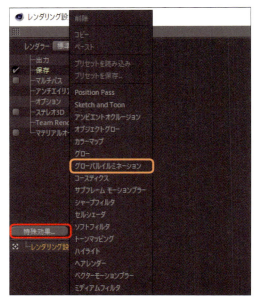

特殊効果のグローバルイルミネーションを追加

下図の左がグローバルイルミネーションあり、右がグローバルイルミネーションなしでビューをレンダリングした結果です。グローバルイルミネーションを使用したほうがより自然な見た目です。地面に当たった光が反射して、間接光として顎の下やボールの下半分などを下から照らしているからです。

サンプル 02-05-01.c4d

グローバルイルミネーション使用

グローバルイルミネーション不使用

［ビューをレンダリング］は確認用ですので、保存が可能な［画像表示にレンダリング］も試してみましょう。その前に［レンダリング設定］で画像のサイズを設定します。

左側のリストの［出力］をクリックすると、サイズ関係の設定項目が表示されます。［幅］を「640」、［高さ］を「480」にします。単位はピクセルのままで良いです。小さな三角形のボタンをクリックするとプリセットがたくさんありますので、そこから好きに選んでも OK です。

出力サイズを設定する

アンチエイリアスの設定をしましょう。アンチエイリアスとは、レンダリング画像のオブジェクトの境界などに現れるギザギザをぼかして目立たなくする処理です。

　アンチエイリアスは、デフォルトでは「ジオメトリ」になっています。オブジェクトの輪郭にのみ処理がなされるということになります。これを「ベスト」に変更します。ベストにすると、テクスチャやオブジェクトの表面に落ちた影など、画面全体に対して処理がなされますので、より綺麗な仕上がりになります。

　レンダリング設定ウインドウの左側のリストから［アンチエイリアス］をクリックすると右側に設定項目が表示されます。［アンチエイリアス］のプルダウンメニューから、［ベスト］をクリックして変更します。

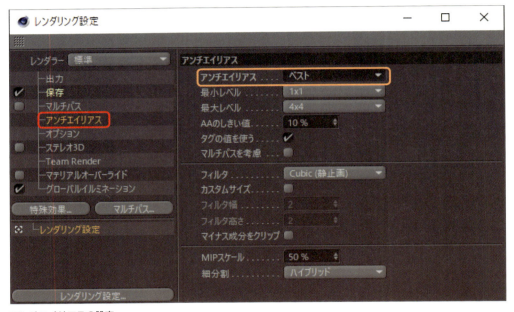

アンチエイリアスの設定

　下の画像は「なし」、「ジオメトリ」、「ベスト」の比較になります。デフォルトは「ジオメトリ」になっています。どこが違うのか観察してみてください。通常は「ジオメトリ」で、ギザギザが気になる場合は「ベスト」に変更すれば良いでしょう。

アンチエイリアスの設定による違い（ジオメトリでは、顔面に落ちた前髪の影がギザギザしている）

アンチエイリアスに関してもう1つ重要な要素があります。どういう計算式で画像のガタガタをぼかしてなじませるかということです。いろいろな方式があるのですが、主に静止画向けのかっちりした仕上げと、動画向けの全体的にもっとぼやけた柔らかい仕上げに分けられます。それを決定するのが「フィルタ」です。

　静止画向けといえるのが、表の上のほうにあるフィルタです。かっちりくっきりした硬い仕上げになります。下に行くほど全体的にぼかして、ダルな仕上がりになります。ただし、アニメーションにする場合は下のほうのフィルタがおすすめです。静止画ならCubic、アニメーションならガウスという使い分けで良いと思います。

アンチエイリアスのフィルタの種類

性質	フィルタの種類
くっきり・シャープ	Sinc
	Cubic（静止画）
	トライアングル
	Mitchell
	Catmull
	ガウス（アニメーション）
	PAL/NTSC
全体的にぼかす・甘い	ボックス

　印刷だと違いがわかりにくいですが、実際に画面で確認してみてください。

フィルタの種類による違い

レンダリングの準備が整いましたので、「画像表示にレンダリング」してみましょう。コマンドパレットからクリックして実行するか、ショートカット Shift + R でレンダリングできます。[メインメニュー] の [レンダリング] → [画像表示にレンダリング] でも OK です。

画像表示にレンダリング

何度もレンダリングして、履歴機能で比較して、納得できる画像ができたら、保存しましょう。[画像表示のメニュー] の [ファイル] → [別名で保存] をクリックして、保存ウインドウが表示されたら、画像の名前と保存場所を決めてください。

おつかれさまでした。これで、モデリングからテクスチャ作成、ライティングからレンダリングまで、機能をひととおり使ってみることができました。まだまだ先は長いですが、がんばりましょう。

名前を付けて保存する

> 📖 **MEMO** ビューのレンダリング結果を「画像表示」に送る
>
> 3D ビューでレンダリングした結果の画像を「画像表示」に送ることができます。これで、レンダリングし直す手間が省けます。操作手順は [ビューのメニュー] の [画像表示に送る] です。ただし、ワイヤーフレームなど作業中の画面を送ることはできないようなので注意してください。

Chapter 3

キャラクターのモデリング②
～頭部を作り込む

■ Chapter3 キャラクターのモデリング②〜頭部を作り込む

顔のモデリング

第2章で作成した3Dベースモデルは、最速でイメージを掴むためのモデルです。そのため、ポーズを変えたり、表情を変えたり、動かすことをまったく想定していませんでした。ここでは、第2章で作成したモデルをベースに、目や鼻や口をアニメーション可能なモデルとしてきちんと作り直します。

▶ 顔のモデリング

粘土で人間や動物などを作ったことがあるでしょうか？　粘土で顔を作る場合、まず頭全体のボリュームを作る粘土の量を決めて丸めて形を整え、さらに首の太さを決めて粘土を追加したり、後頭部に粘土を盛ったりしながら全体的な形を作り、さらに目や鼻、口、耳、髪の毛等の細部に作業を進めていくことと思います。

3DCGでのモデリングも、先に全体的なボリュームと形状を作っておき、その表面に沿って目や鼻などのディティールを構成するパーツを作って、配置していくのが速くて確実です。

というわけで、第2章で作ったモデル（サンプル02-05-01.c4d）をベースに使い、より詳細な顔を作ります。

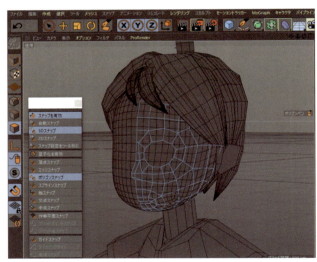

既存のポリゴンに沿って新しく作っていく

▶ ベースモデルのポリゴンに 3D スナップ　　03 ▶ 3-1-1

既存のポリゴンとは別のポリゴンオブジェクトとして作っていきますので、まず「空のポリゴン」を用意しましょう（「からのポリゴン」です。「そらのポリゴン」ではありません）。［メインメニュー］の［作成］→［オブジェクト］→［空のポリゴン］をクリックします。これで新しく1つのポリゴンオブジェクトが用意され、その中にポリゴンを作っていくことになります。

これはポリゴンオブジェクトを明示的に作成する方法です。オブジェクトマネージャで、何も選

択していない状態でポリゴンを描画し始めると、自動的に新しくポリゴンオブジェクトが作られます。どちらの方法でも問題はありません。

　問題なのは、既存のポリゴンオブジェクトを選択した状態でポリゴン描画を始めてしまうことです。この場合、そのポリゴンオブジェクトの中にポリゴンが作られてしまいます。それを避けるためにも、意識的に新しいポリゴンオブジェクトを用意したほうが良いでしょう。

　ポリゴンペンのスナップ機能はとても便利なのですが、他のポリゴンオブジェクトのエレメント（ポイント、エッジ、ポリゴンのこと）に対してはスナップできません。そこでまず、標準のスナップ機能を有効にしましょう。そしてスナップの種類は「3Dスナップ」、スナップの対象はポリゴンにするので「ポリゴンスナップ」です。

　画面左側の「モードパレット」に、U磁石のアイコンがあります。これがスナップに関するコマンドグループですので、長押しして展開しましょう。

ポリゴンへの3Dスナップ

▶ スナップ先のオブジェクトの設定

▶ 03 ▶ 3-1-1

　スナップ先のオブジェクトにピッタリ貼り付くように新しいポリゴンが作られます。状況によっては、新しく作られたポリゴンのポイントがめり込んで見えない状態になります。こうした場合は、スナップ先のオブジェクトを半透明にする、双方のマテリアルの色をまったく変えてしまうといった方法で見えやすくし、作業効率が下がらないようにします。

　ここではマテリアルの透明度を下げる方法でやってみましょう。マテリアルをダブルクリックして編集ウインドウが開いたら、左側のチャンネルから「透過」チャンネルにチェックを入れ、選択して開き、右側の［透明度］を「70％」に変更します。これでかなり透けて、向こう側が見えるようになります。

マテリアルの「透過」チャンネルで透明度を変更

顔のモデリング　99

ポリゴンペンでエッジを押し出したときにポイントが見えなくなることがよくあるのですが、この対策でかなり作業しやすくなります。

エッジやポイントを増やしたり移動したりしたときは、ビューを回転させていろいろな方向から見て、ポリゴンの形状をチェックしましょう。無理な形にならないように注意します。なるべくねじれの少ない形状になるようにしてください。

作業の取っ掛かりとしては、目と口の周りのループ状のポリゴンをまず作って、それらをつなげ、さらにあご、鼻、ほっぺた、額、後頭部まで作っていくという流れになります。

「Face Topology」でネットを検索すると、顔面のポリゴンをどう構成するか（どういうエッジの流れを作るのか）の例がたくさんあります。

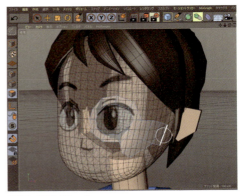

作業しやすくなった

サンプル 03-01-01.c4d

● 顔面のポリゴンの作成　　　03 ▶ 3-1-1

細かいことはあまり気にせず、じゃんじゃん作っていきましょう。ある場所にポイントを追加したとします。そのポイントは、3D スナップによってベースポリゴンの表面上に位置していることが保証されているのですから、後はポイント同士の位置関係だけに注意すれば良いのです。使うツールは「ポリゴンペン」、「スライド」、「移動」などで十分こなせるでしょう。

下の図では、「対称」と「サブディビジョンサーフェイス」を適用しています。サブディビジョンサーフェイスは、オブジェクトブラウザでは「SDS」と表示されます。

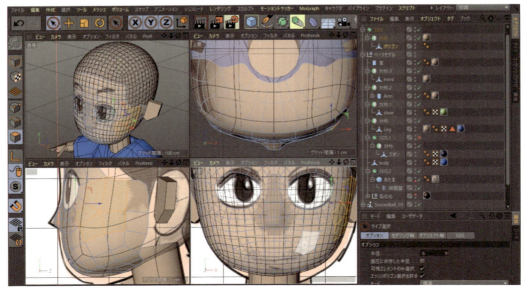

ガンガン作って進めていく

このキャラクターの場合、髪の毛のオブジェクトがありますので、髪に隠れる部分は本当に超適当で OK です。ときどき髪の毛を表示して、どの部分が隠れるのかをチェックし、髪に隠れる部分は手抜きしまくりましょう。節約できた時間で、見える部分の完成度を高めるべきです。

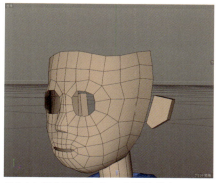

見えない部分は適当に作って時間を稼ぐ

眼球の作成と配置

03 ▶ 3-1-2

サンプル 03-01-02.c4d

　眼球を配置することで、目の周りの形状をきちんと評価できるようになります。サンプルファイルにはすでに眼球が配置されていますので、表示してみましょう。また、オブジェクトで眉毛を作り（作り方は髪の毛と同様）、「対称」オブジェクトで左右を作っています。

　目の周りのポイントを細かく調節して、眼球との間に隙間ができたり、逆にめり込んだりしないようにしましょう。ポイントの調整には「移動」、「ポリゴンペン」、「スライド」などのツールを使用します。第 2 章のシャツを作る箇所でも紹介した「法線方向の移動」も活用してみてください。

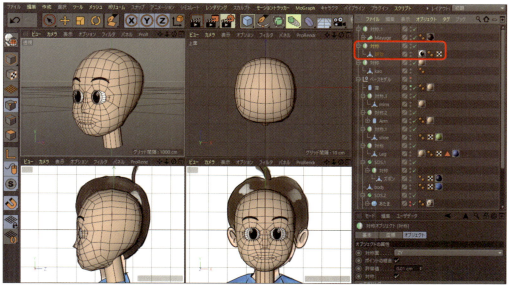

眼球の配置と周辺ポイントの調整

顔のモデリング　　101

▶ サブディビジョンサーフェイス（SDS）による ポリゴンの再分割

03 ▶ 3-1-3

前ページの図の状態ではまだ少しポリゴンが少なくて面構成が荒いのですが、さらにポリゴンを切り刻んでいくと管理が大変になります。そこで「サブディビジョンサーフェイス」（以下、SDS）を使います。

サブディビジョンサーフェス（SDS）

SDSオブジェクトを作るとき、何も考えずに作るとオブジェクトマネージャの階層の一番上に作られてしまいます。大量のオブジェクトを管理している状況ではこれは結構不便です。

そこで、あらかじめSDSを適用したいオブジェクトを選択しておき、[Ctrl]を押しながらSDSを作ると、選択したオブジェクトのすぐ下にSDSが作られます。探したり動かしたりする手間が省けるので、覚えておいて損はないでしょう。他のオブジェクトを作る際にも応用ができます。

適用したいオブジェクトのすぐ下にSDSが作られた

さて、顔のポリゴンである「kao」を含む対称オブジェクトをドラッグ＆ドロップして、SDSの子にした状態が下の画像です。細かく再分割されて滑らかになりましたが、細かすぎますので調整が必要です。

SDSが適用された

SDS オブジェクトをクリックし、属性マネージャで設定を変更します。[オブジェクト]タブをクリックして開き、[エディタでの分割数][レンダリングでの分割数]をどちらも「1」に変更します。

分割数を 1 に変更

分割数が 1 とは少ないような気もするかもしれませんが、折り紙を縦横に 1 回ずつ折ることを想像してみてください。折り目で分けられた小さな正方形は 4 つになります。つまりポリゴン数が 4 倍になるのです。分割数を 2 なら 16 倍、3 なら 64 倍になってしまいます。

とりあえずこのモデルでは、分割数の設定はこれで十分でしょう。

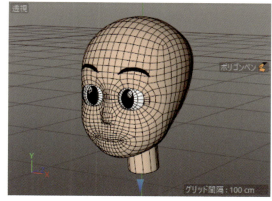

適切な分割レベルになった

▶ 首の作成

03 ▶ 3-1-4

顔と頭部のポリゴンができてきたら、次は首も作りましょう。頭部のポリゴンからそのまま一体的に作っていきます。今度は「ベースモデル」の中にある「首」オブジェクトをスナップ先にして作っていきましょう。

サンプル 03-01-03.c4d

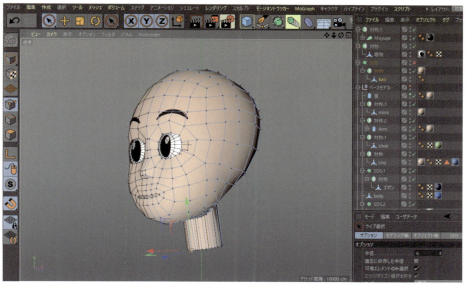

首の作成

顔のモデリング　　103

▶ 耳の作成

▶ 03 ▶ 3-1-5

次は耳を作りましょう、SDSを一時的にオフにしてください（緑の✓をクリックすると赤の×に変わります）。側頭部のポリゴンを選択し、「面内に押し出し」ツールを実行して、さらに「押し出し」ツールで押し出します。

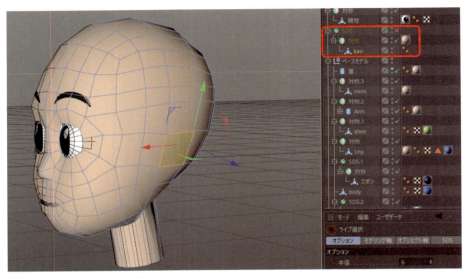

耳の付け根部分のポリゴンを選択

「面内に押し出し」ツール選択中の内側に面を作ります。[メインメニュー]の[メッシュ]→[作成ツール]→[面内に押し出し]です。ショートカットは I になります（Extrude Inner の略で I なんです）。

2段式ショートカットでは M〜W です。右クリックメニューからもアクセスできますのでお好きな方法でどうぞ。

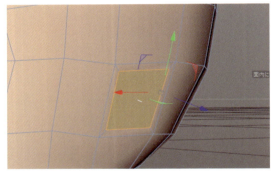

面内に押し出し

このままでは耳たぶの厚みが厚すぎるので、ポイントを移動して薄くなるようにします。「スライド」ツールを使えば簡単です。右の画像では「ポリゴンモード」での表示になっていますが、ポイントモードに切り替えて行ってください。

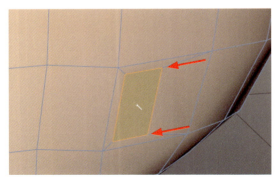

「スライド」ツールでポイントを動かす

「押し出し」ツールで押し出します。この後はポリゴンペンで形状を整え、必要に応じてエッジを足していけば良いでしょう。

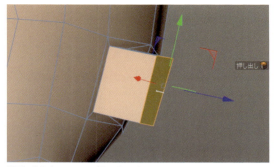
「押し出し」ツールで押し出した

多少作り込んで、SDSを適用したのが右の画像です。周りは髪の毛で隠れるのでこの程度で良いんじゃない？　という判断です。テクスチャで耳の穴の部分を描けば大丈夫ということにします。

サンプル 03-01-04.c4d

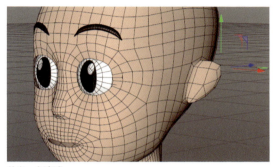
サクッと完成

▶目の周りの隙間を修正

03 ▶ 3-1-6

「エッジモード」に切り替えて、目の周りのエッジを「ループ選択」（ショートカット U 〜 L ）で選択し、「押し出し」ツールで押し出します。ポイントモードに切り替えて、ポイントの位置を調整しましょう。これで眼球と目の周りの隙間を埋めていきます。

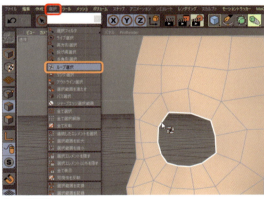
ループ選択

ループ選択は、最初の選択エレメントに戻ってくるような選択をするときに使います。たとえば、腹回りを1周するベルトを作りたいような場合などです。

サンプル 03-01-05.c4d

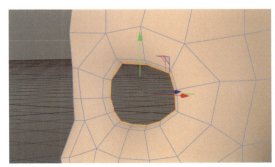
エッジを押し出してさらに調整する

▶ 口の中の作成

 03 ▶ 3-1-7

次は口の中を作りましょう。見えにくくなるので「対称」オブジェクトの機能を一時停止して作業します。また、オブジェクトブラウザで必要ないものをビューに表示しないようにして、画面を見やすくしました。

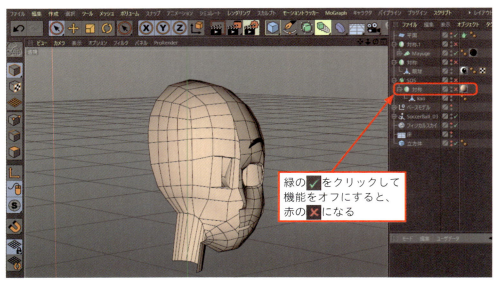

口の中を作る準備

口の部分は開いている状態ですが、押し出しを実行するためにいったんポリゴンで埋めます。「ポリゴンペン」でエッジを押し出して、反対側に自動結合させれば簡単です。そして、その追加したポリゴンを選択します。

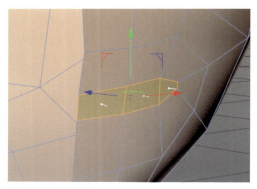

開口部を埋めて選択

「押し出し」ツールでZ＋方向（口の中の方向）に押し出します。唇の厚さを考慮して、少しだけ押し出しましょう。

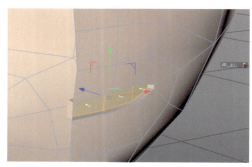

少しだけ押し出す

再度押し出します。

対称面に余計なポリゴンが作られてしまいます。ポリゴンモードに切り替えて、削除してください。

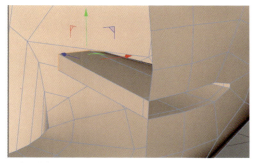

たくさん押し出す

喉のほうに向かって大きくするためにスケールして、さらに形を整えましょう。

対称面のポイントは「X = 0」になるようにしましょう。ポイントモードで1つずつ選択し、座標マネージャで位置のXを確認し、0にしておきます。

サンプル 03-01-06.c4d

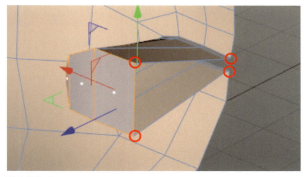

形を整える

▶ 口の中のポリゴンを選択範囲として記録　　　　03 ▶ 3-1-7

ここまで作業してきて、口の中の部分を作ったのですが、後々の作業を楽にするために選択範囲に記録しましょう。該当するポリゴンを選択して「ポリゴン選択範囲」を作り、タグの名前は「口の中」とでもしておきましょう。

サンプル 03-01-07.c4d

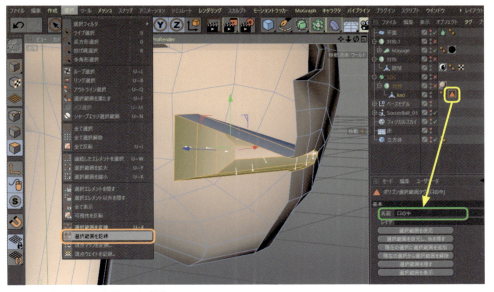

口の中のポリゴンを選択範囲に記録する

顔のモデリング　107

▶ 首と体の接続部分の作成

　03 ▶ 3-1-8

　首から胸、肩、背中につながる部分を作りましょう。体はシャツの下になってしまうので今回作りませんが、襟から見える部分は最低限作っておきます。

　ポイントモードに切り替えて、ポリゴンペンで首の付根の線を意識しながらポイントを追加していきます。大雑把にポイントを追加できたら、「スライド」で微調整していけば良いでしょう。

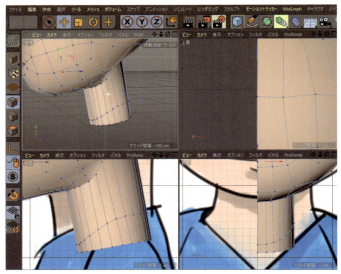

首の部分にポイントを追加

　首の末端のポイントを移動して広げていきます。ときどきシャツを表示して、収まり具合を確認しましょう。

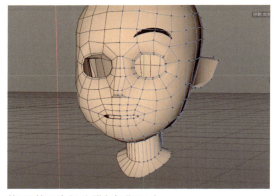

首の下端のポイント群を広げていく

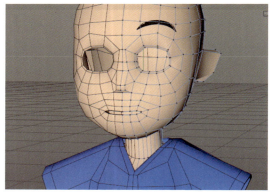

シャツからはみ出ないか確認する

　これで顔と頭のモデリングはほぼ完成です。次は頭部のオブジェクトのUV編集テクスチャ作成を行います。さらに、眼球の動きをコンストレイントで制御し、顔の表情を「ポーズモーフ」機能で実装します。

　サンプル　03-01-08.c4d

■Chapter3 キャラクターのモデリング②〜頭部を作り込む

SECTION 02 顔のUV編集とテクスチャ作成

頭部のモデリングは一応完了しましたので、UV編集とテクスチャを作って頭部として完成させましょう。

▶ UV編集前の準備　　　　　　　　▶ 03 ▶ 3-2-1

　頭部のモデルは左側のみを作っており、右側は「対称」オブジェクトで表示している状態です。右側も形状として確定させましょう。

　オブジェクトマネージャで頭部のオブジェクト「kao」を含む「対称」オブジェクトを選択し、モードパレットの上の［編集可能にする］ボタンをクリックします。これにより、「対称」オブジェクトによって表示されていた反対側の形状が作られ、対称面上にあるポイントは（許容値の範囲内にあれば）結合されます。

サンプル 03-02-01.c4d

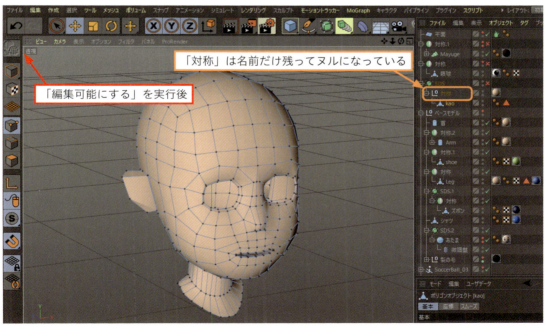

「編集可能にする」を実行したところ

顔のUV編集とテクスチャ作成　109

▶顔と頭部専用のマテリアルとテクスチャファイルの準備

▶ 03 ▶ 3-2-2

　現在のところ、肌色のマテリアルを頭部や腕、手、脚などで共有しています。ここからは頭部専用のマテリアルを作ってそれを適用し、さらにテクスチャ画像を作ってマテリアルに読み込むといった作業を、UV編集前に行っておきましょう。

　行き当たりばったりでいきなりUV編集＆テクスチャ作成と進めてしまうと、「テクスチャファイルがどこにあるのかわからない！」「さっきまで作業していたファイルの名前がわからない！」といった事態が起こります。そこで、作業の順序は以下をお勧めします。

①マテリアルを作る
②モデルに適用する
③テクスチャ用画像ファイルを作って然るべき場所に保存し、マテリアルに読み込む
④UV編集する
⑤テクスチャを描く

　すでに第2章でもやってみたことですので、気楽に行きましょう！
　まずマテリアルを新規作成します。R20でマテリアルの種類が増えましたが、普通のマテリアル（下の画像参照）でOKです。名前は「FaceMat001」とでもしておきましょう。使用するチャンネルは「カラー」チャンネルだけです。「反射」チャンネルのチェックは外しておいてください。

マテリアルを作る

できたら、頭部のオブジェクトである「kao」に適用しましょう。

次に、そのマテリアルに適用するテクスチャファイルを作成します。［テクスチャ］の右の小さな三角形ボタンをクリックし、開いたメニューから［新規テクスチャを作成］をクリックします。

新規テクスチャを作成

「新規テクスチャ」ウインドウが開きます。名前は自動的に付けられた「FaceMat001_Color_1」のままで良いでしょう。「FaceMat001」というマテリアルの、カラーチャンネルで作られたテクスチャファイルという意味になっていますね。

幅と高さを1024ピクセルに変更し、［OK］ボタンをクリックします。

新規テクスチャの設定

すると、オブジェクトの色がさらに濃いグレーに変わります。これは、今までマテリアルのカラーチャンネルの設定色だった明るいグレーから、テクスチャファイルの色に変わったためです。

　新規に作られたマテリアルのカラーは明るいグレーで「V=80％」ですが、下の画像ではテクスチャファイルのバックグラウンド用カラーが「V=50％」と、より暗くなっていることがわかります（両色とも「S=0％」なので、彩度0のグレーになります）。とにかく色が変わったということは、テクスチャが正常に作られ読み込まれたことになります。

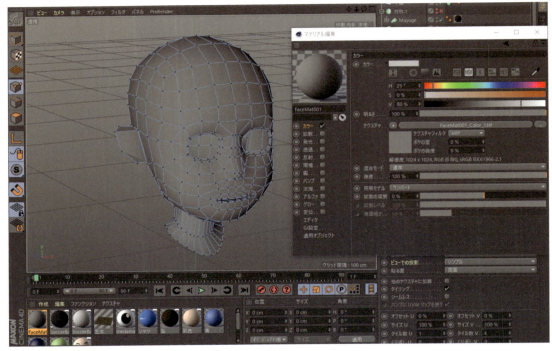

色が変わった

　ところがここに罠があります。テクスチャファイルは作られたものの、パソコンのメモリ上に存在するだけで、まだディスクのどこにも保存されていない状態です。

　「マテリアル編集」ウインドウで、使われているファイル名が表示されているボタンをクリックしてください。「FaceMat001_Color_1.tif」と表示されている細長いボタンです。

細長いボタンをクリック

すると、「シェーダの属性」という表示に変わります。[画像を編集]ボタンをクリックします。

このボタンは、現在マテリアルに読み込んでいる画像そのものを開いて編集するためのもので、たとえばPhotoshopのPSDファイルの場合、Photoshopでその画像を開いてくれるとても便利なボタンです。

[画像を編集]を使い、Photoshopなどのペイントソフトで画像に手を加えたら、[画像を再読み込み]ボタンをクリックすれば、編集されたファイルを再度読み込んで更新できます。

[画像を示す]ボタンをクリックすれば、その画像が保存されているフォルダを開いてくれます。

画像を編集ボタン

さて、[画像を編集]ボタンをクリックすると、「ファイルフォーマットを選択してください」というウインドウが開きます。ファイル形式を決めて[OK]ボタンをクリックします。PhotoshopユーザならPSD形式で良いでしょう。そうではない場合は、レイヤを使えるTIF（TIFF）形式が無難です。

ファイルフォーマットを選択するウインドウ

ファイルを保存する場所を決めるウインドウが開きますので、場所を決めて[保存]ボタンをクリックしてファイル保存します。このとき、ファイルの検索パスの対象になるフォルダに保存するようにしましょう。

シーンファイルが保存されているフォルダ内の「tex」フォルダの中です。よくわからない場合は、第1章を読んで復習してください。

サンプル 03-02-02.c4d

場所を指定して保存

顔のUV編集とテクスチャ作成

どうしてこんなにしつこく書くかというと、筆者はBodyPaint3Dを使うたびにファイルがどこにあるのかわからなくなって、いつもとても困っているからです。毎日使っていれば自然と覚えるのかもしれませんが、「ときどき使う」、「まれに使う」といったレベルだと、忘れてしまう可能性が高いのではと思います。

▶ ペイントセットアップウィザードの使用　　03 ▶ 3-2-3

それでは準備が整いましたので、UV編集に進みましょう。

まずレイアウトを「BP-UV Edit」に切り替えます。［メインメニュー］の［レイアウト］プルダウンメニューを開き［BP-UV Edit］をクリックしてください。そして、「ペイントセットアップウィザード」のコマンドアイコンをクリックして、UV編集をスタートさせましょう。ウィザードは［BodyPaint 3Dのメニュー］の［ツール］→［ペイントセットアップウィザード］からも呼び出せます。

UV編集する対象を決める必要があります。まず［全て選択を解除］ボタンをクリックします。リスト内の全ての項目に赤の×が付きます。そして、リストから「kao」を探してクリックすると、緑色の「✓」に変わりますので、これで「kao」のUVだけを変更することができます。済んだら［次 >>］ボタンをクリックしましょう。

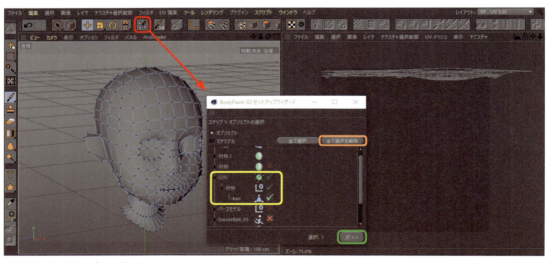

ペイントセットアップウィザード

上の画像を見ると、右半分のテクスチャビュー画面にグシャグシャのグレーの線の塊があります。これが現状のUVです。ペイントできるように広げて歪みをなくし、サイズと角度などを調節しなくてはなりません。

「ステップ2：UV設定」という画面に進みます。特に設定すべきことはありませんが、［単一マテリアルモード］のチェックを外します。これは、複数のオブジェクトが1つのテクスチャ画像を共有する際に使うようです。今回は「kao」だけを作業するので、チェックを入れたままでも良いのですが、一応紹介しました。

［次 >>］ボタンをクリックしましょう。

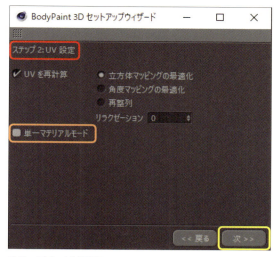

ステップ2：UV設定

「ステップ3：マテリアルオプション」という画面に進みます。この画面では、どういうテクスチャ画像を作るのかを設定します。もうすでにテクスチャ画像は作って適用しているので、それに合わせましょう。

チャンネルは「カラー」のみにします。テクスチャのサイズは［最小］［最大］とも1024にします。

設定したら［終了 >>］ボタンをクリックしましょう。表示が変わりますので、［閉じる］ボタンをクリックしてウィザードを終了します。

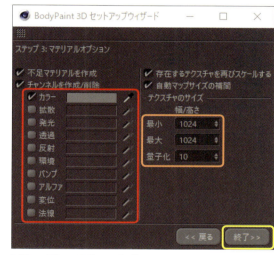

ステップ3：マテリアルオプション

「テクスチャビュー」にUVが展開されました。下の画像ではわかりやすくするために全てのUVポリゴンを選択しています。

サンプル 03-02-03.c4d

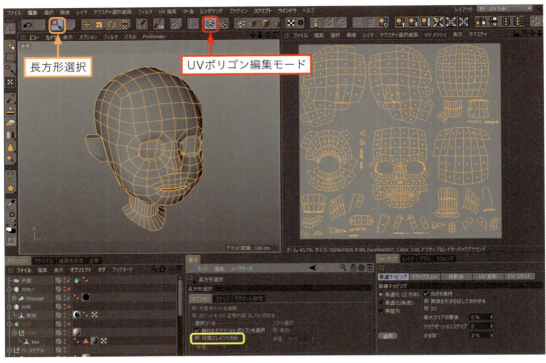

UVが重なることなく展開された

現在のUVの状態は、上下左右前後から撮影したようなばらばらの状態になっています。これは、各ポリゴンの歪みが少ない点では良いのですが、つなぎ目が多くなるためあまり使われないと思います。鯵の開きのように、目立たない部分に切れ目を入れて1枚に開く方法でやってみましょう。

3Dビューを前面ビューの単一表示に切り替えます。画面右下の[UVマップ]タブをクリックして開き、[投影法]タブの中から[正面]をクリックします。

結果は右の画像のようになります。正面から投影されましたが、UVポリゴンは重なります。どこかに切れ目を入れて開かなくてはなりません。切れ目を作るためにエッジの選択範囲を作ります。

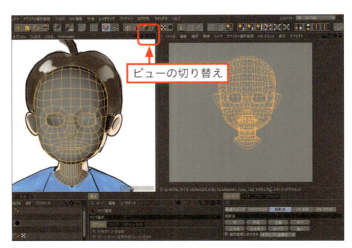

正面から投影する

髪の生え際辺りと後頭部から首にかけてエッジをアルファベットのT字状に選択します。「エッジモード」に切り替え、「ライブ選択」を使います。反対側のエッジまで選択してしまわないように属性マネージャの[オプション]タブで、[可視エレメントのみ選択]のチェックを入れて作業しましょう。

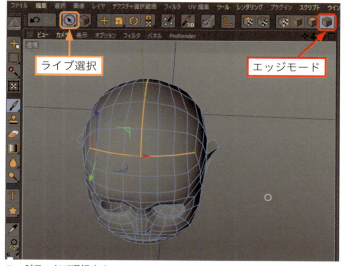

エッジモードで選択する

同様に後頭部まで選択していきましょう。

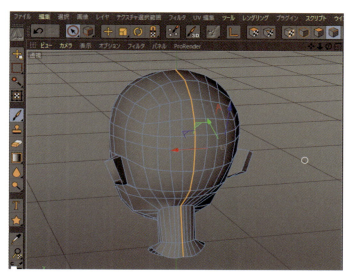

後頭部も選択する

エッジの選択範囲を作成しましょう。エッジを選択している状態でもOKなのですが、一応タグに保存して置いたほうがやり直しになったときに楽かもしれません。[BodyPaint 3Dのメニュー]の[選択]→[選択範囲を記録]をクリックしましょう。

属性マネージャで名前を付けます。ここでは「cutLine」にしました。

サンプル 03-02-04.c4d

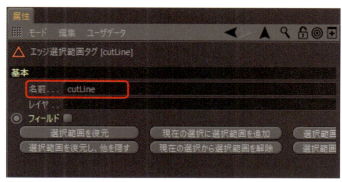

選択範囲を作って名前を付ける

顔のUV編集とテクスチャ作成

今度はリラックス UV という機能を使います。［UV マップ］タブの中の［リラックス UV］タブをクリックして開きます。ビローンと伸ばして、UV ポリゴンが互いに重ならないようにします。「UV ポリゴン編集モード」に戻して全ての UV ポリゴンを選択状態にしておきます。

先ほど作ったエッジ選択範囲の「cutLine」を使います。［選択されたエッジで分離］の下の入力欄に「cutLine」と入力します。つづりを間違えないように注意しましょう。さらに［タグを使う］にチェックを入れます。

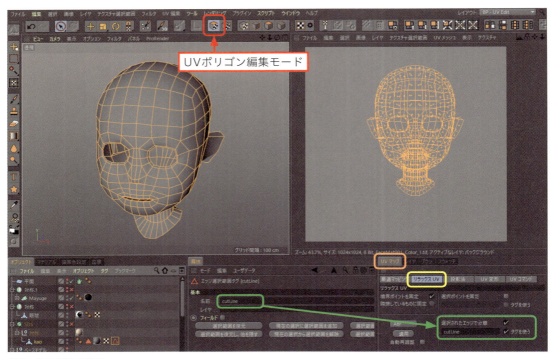

リラックス UV の準備

［境界ポイントを固定］のチェックはしなくて良いです。

リラックス UV のアルゴリズムを［LSCM］から［ABF］に変更して、［適用］をクリックします[注1]。

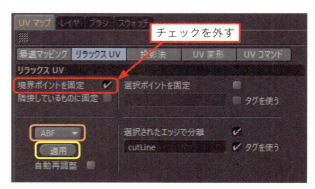

リラックス UV のオプション

注1）今回はたまたま ABF を使っただけで、LSCM のほうが良い結果を出す場合もあると思います。

これで右の画像のようになりました。このままではいろいろと未完成なので、調整していきましょう。

サンプル 03-02-05.c4d

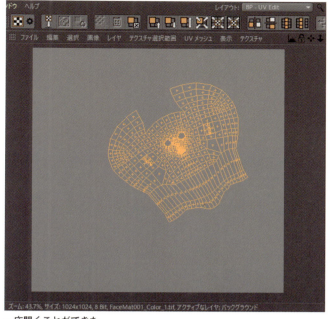

一応開くことができた

BodyPaint 3Dレイアウトにも「移動」「回転」「スケール」の各ツールがあります。なお、スケールには普通の「スケール」と「不均等スケール」があります。状況に応じて使い分けましょう。

移動・スケール・回転の各ツール

「移動」「回転」「スケール」の各ツールを駆使して、UVポリゴンを右の画像のような状態にします。位置とスケールはおおよそ合っていれば良いのですが、回転はしっかり水平と垂直を合わせましょう。

ビュー上をドラッグして、位置、角度、スケールを調整します。「回転」と「スケール」は、ドラッグする際のマウスポインターの位置を基準にして実行されます。

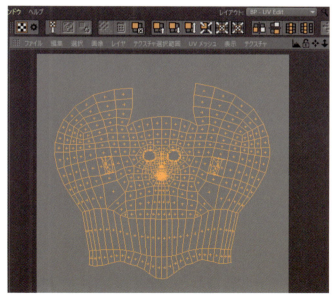

位置とサイズと角度を調整する

顔のUV編集とテクスチャ作成

このUVポリゴンの内、最も重要なのは顔面の部分です。つまり目、口、眉毛の辺りです。しかし、現状では首や後頭部の部分が大きな面積を占めています。重要な部分をもう少し大きくしましょう。

　ライブ選択や多角形選択で、顔面部分のUVポリゴンを選択します。3Dビューで選択する際はオプションの［可視エレメントのみ］を忘れないようにしましょう。

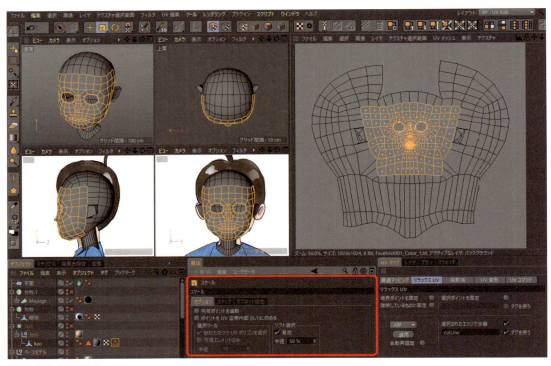

重要な部分を選択する

　そして、この選択したUVポリゴン群を「スケール」ツールで拡大するのですが、［オプション］タブで［ソフト選択］にチェックを入れます。これで、周りのUVポリゴンも影響を受けて一緒にスケールされますので、エッジの連続性が保たれます。

　［半径］はデフォルトで20%になっていますが、この作例では50%にしています。いろいろ試してみてください。スケールの基準点は選択した範囲の中央、鼻のあたりにしてください。鼻の辺りにポインタを合わせてドラッグすると、スケールが実行されます。

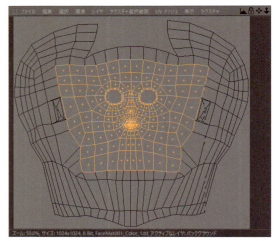

顔面部分が拡大された

　これで重要な顔面部分により多くのピクセルを割り当てることができました。「スケール」ツールのオプションは上の画像を参照してください。

耳のUVポリゴンも少し調整します。耳の穴の周りの凹んだ部分をペイントで描くつもりなので、面積を確保する必要があります。

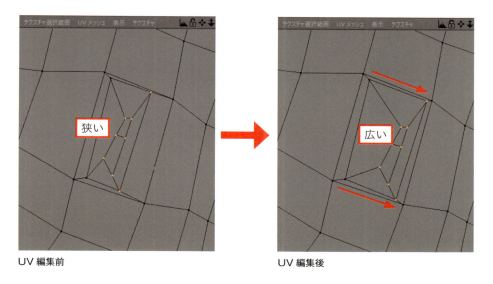

UV編集前　　　　　　　　　　　　UV編集後

▶ テクスチャペインティングの準備　　　　　　　　　　03 ▶ 3-2-4

次はテクスチャペインティングです。まず、画面右下の[レイヤ]タブをクリックし、[新規レイヤ]ボタンをクリックしてレイヤを追加します。レイヤの名前は「肌色」としました。

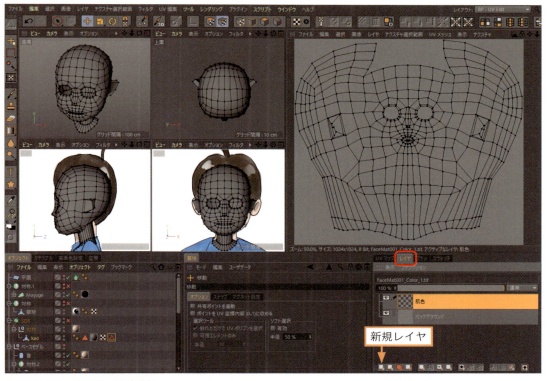

テクスチャファイルにレイヤを追加

顔のUV編集とテクスチャ作成　　121

［描画色設定］タブをクリックして開き、肌色の設定をします。HSV カラーで「H=25°」、「S=26%」、「V = 95%」に設定します。

肌色の設定

「肌色」レイヤが選択されていることを確認して、「塗りつぶし」ツールでレイヤ全体を塗ります。その右側は選択範囲を塗りつぶすツールです。

塗りつぶしツール

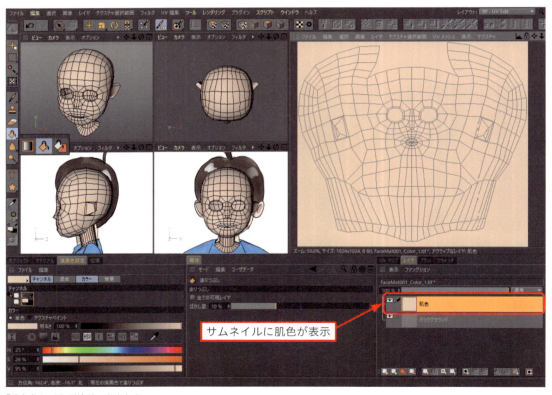

「肌色」レイヤが塗りつぶされた

▶ テクスチャファイルの保存

03 ▶ 3-2-4

テクスチャファイルの内容を変更しましたので、別名で保存してみましょう。[テクスチャビューのメニュー]の[ファイル]→[テクスチャを別名で保存]をクリックします。保存するファイルの名前は「FaceMat001_Color_2.tif」にしました。

一応念のため、ファイルが保存されているフォルダを開いて確認すると良いかもしれません。

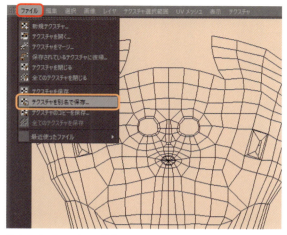

テクスチャファイルの保存

▶ テストレンダリングの実行

03 ▶ 3-2-4

テストレンダリングしてみましょう。「透視ビュー」を選択し、Ctrl + R でレンダリングします。または BodyPaint レイアウトにも一番上のメニューに[レンダリング]がありますので、そちらからでも OK です。

レンダリングしてみると、眉毛がないのでちょっと怖いですね（笑）。腕と顔の肌の色は違和感がありません。レイヤをさらに追加して眉毛やまぶた、口の中などを描いていきましょう。

サンプル 03-02-06.c4d、テクスチャファイルは FaceMat001_Color_2.tif

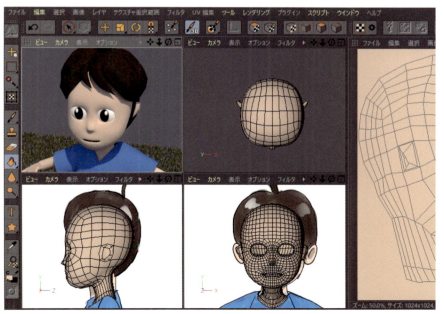

テストレンダリング結果

▶ レイヤの追加

眉毛、目の周り、口の中、耳のためのレイヤを追加して名前を付けましょう。

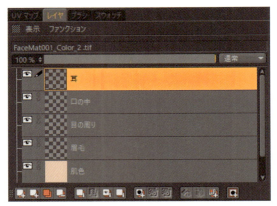

レイヤの追加

▶ 描画色の設定

まず眉毛を描きましょう。「眉毛」レイヤを選択し、描画色とブラシのサイズを設定しましょう。

眉毛のカラーは髪の毛と一緒で良いでしょう。髪の毛のマテリアルでカラーを調べると、「H=34°」「S=43%」「V=22%」でした。[描画色設定] タブをクリックして開き、H、S、V にそれぞれの値を入力します。これでダークブラウンになりました。

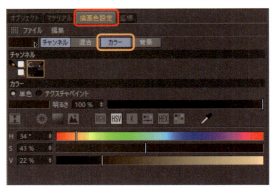

眉毛のカラー設定

▶ ブラシの設定

次にブラシ（筆）の設定をしましょう。画面左側のコマンドパレットはペイント用のツール類です。ブラシのコマンドをクリックして、属性マネージャで設定をしましょう。

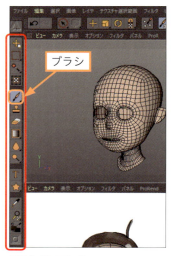

ブラシのコマンド

右の画像がブラシの設定画面です。いろいろな設定ができ、ペンタブレットの機能に関係する項目もあります。サイズはデフォルトで 10 になっています。他の項目は、とりあえずデフォルトのままで良いでしょう。

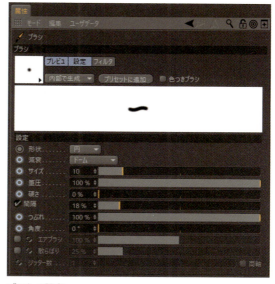

ブラシの設定

● 下絵をトレースして眉毛を描く　　03 ▶ 3-2-4

眉毛の場所と形は人相に大きく影響します。したがって、適当に済ますわけにはいきません。こんなときは、下絵の眉毛をトレースすることによってイメージを保つことができます。顔のマテリアルを透けさせて、下絵が視認できるようにすれば良いでしょう。

［マテリアル］タブをクリックして顔のマテリアルをクリックします。属性マネージャにマテリアルの情報が表示されます。次に［基本］タブをクリックし、「透過」チャンネルを使用するためにチェックを入れましょう。

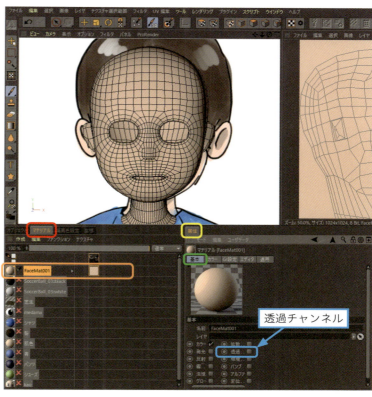

顔のマテリアルを選択する

［透過］タブが表示されるようになりますので、クリックして開き、［透明度］の値を上げます。右の画像では100%にしています。これで下絵がちゃんと見えるようになりました。

透過チャンネルの設定変更は、レイアウトを「初期」などに切り替えても行えますが、BodyPaintのレイアウトでもマテリアルの設定を変更できますので覚えておきましょう。

サンプル 03-02-07.c4d

透明度を上げる

準備ができましたので、「ブラシ」ツールを選択し、眉毛を描きましょう。3Dビューで描画するのですが、テクスチャビューにも同時に反映されます[注2]。

まずは眉毛の場所と形状を捉えることが重要です。後でじっくりテクスチャビューで描き込みましょう。

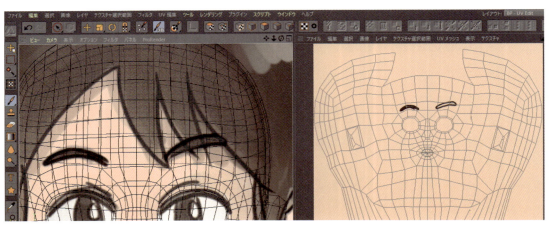

眉毛を描く

注2) サンプルファイル「03-02-07.c4d」を開いて途中から作業する場合は、ファイルを開いた状態では描画準備ができていないので注意してください。必要に応じてレイアウトを「BP-UV Edit」に変更し、画面右下の「マテリアル」タブをクリックします。「FaceMat001」のアイコンの右にある赤い×をクリックすると「鉛筆」のアイコンに変化します。これで「FaceMat001」を編集対象にできます。そしてテクスチャビューに画像が表示されますので、画面右下の［レイヤ］タブをクリックし、「眉毛」レイヤを選択してから作業に入りましょう。

マテリアルの透明度を0％に戻してみました。ほぼOKだと思いますが、ちょっと失敗しています。修正作業はテクスチャビューで行いましょう。

結果を確認する

ブラシのサイズを小さくして眉毛の端の部分をしっかり尖らせましょう。はみ出た箇所は「消しゴム」ツールで消しましょう。「消しゴム」ツールもブラシ同様にサイズなどを変更できます。

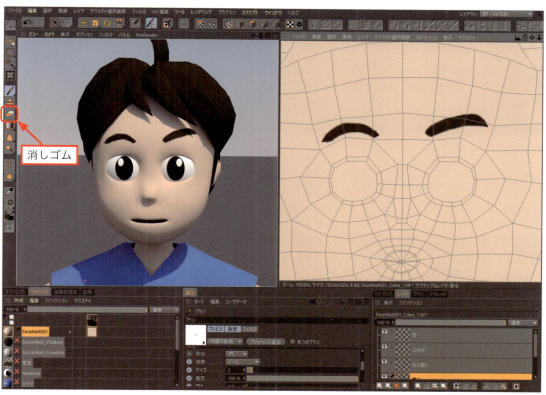

加筆と修正

顔のUV編集とテクスチャ作成

● 選択中の UV ポリゴンの塗りつぶし　　03 ▶ 3-2-4

　口の中はポリゴンできちんと分かれていますので、口の中の部分を選択し、その部分だけを一発で塗りつぶすことができます。「UV ポリゴン編集モード」にして、口の中の UV ポリゴンを選択しましょう。

　描画色を「H=2°」「S=50%」「V=95%」に設定しましょう。やや赤っぽいピンク色になります。

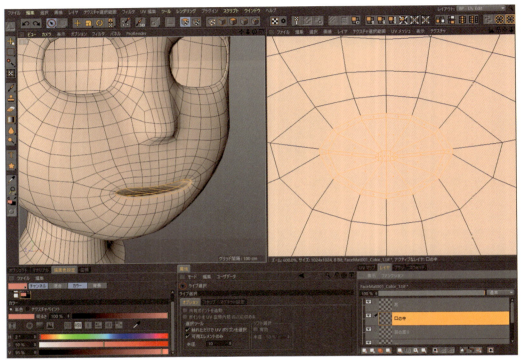

ポリゴンの選択と描画色設定

　「口の中」レイヤを選択していることを確認して、[テクスチャビューのメニュー]の[レイヤ]→[ポリゴンを塗りつぶす]をクリックすれば、選択中のポリゴン部分が塗りつぶされます。

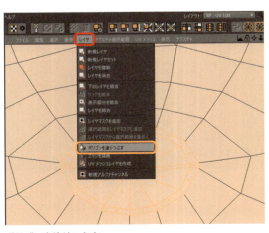
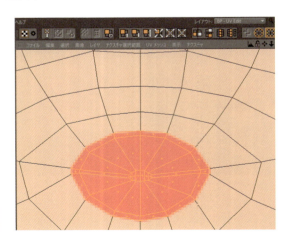

ポリゴンを塗りつぶす

▶ UV メッシュレイヤの作成と外部ソフトでの作業　03 ▶ 3-2-5

次は目の周りを描画しますが、その作業を Photoshop など外部の画像編集ソフトで行ってみましょう。

外部ソフトによる作業の拠り所にするために「UV メッシュレイヤ」を作成しましょう。［テクスチャビューのメニュー］の［レイヤ］→［UV メッシュレイヤを作成］をクリックします。

UV メッシュレイヤを作成する

すると、新しくレイヤが作られ、現在の「描画色」で UV のメッシュ（網状になったエッジの集合体）が描画されます。テクスチャを保存してください。

UV メッシュレイヤが作成された

マテリアル「FaceMat001」の「カラー」チャンネルを開き、テクスチャファイル名が表示されている細長いボタンをクリックします。

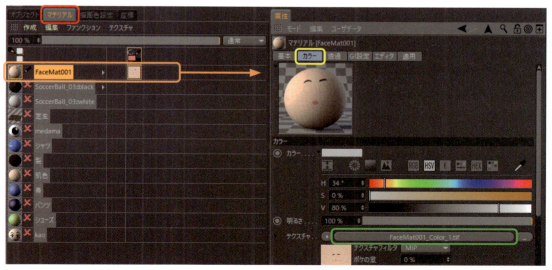

マテリアルのカラーチャンネルを開く

顔の UV 編集とテクスチャ作成　129

画面が切り替わります。［基本］タブの中の［画像を編集］ボタンをクリックします。すると、画像形式に関連付けられたアプリによってこの画像が開かれます。TIFFファイルもPhotoshopに関連付けておけば、Photoshopを使って開かれます。

ファイルとアプリの関連付け方法の詳細はOSによって異なります。ネットなどで調べてください。

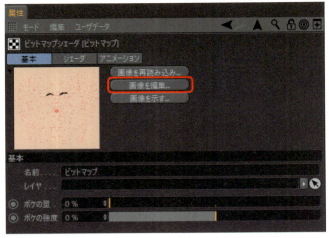

［画像を編集］ボタンを押す

面倒でなければ、画像編集ソフト側からテクスチャファイルを直接開いても良いでしょう。ここで紹介したのは、その手間を省くための機能です。

無事Photoshop CS6で開かれました。使い慣れた画像編集ソフトで作業することもできます。

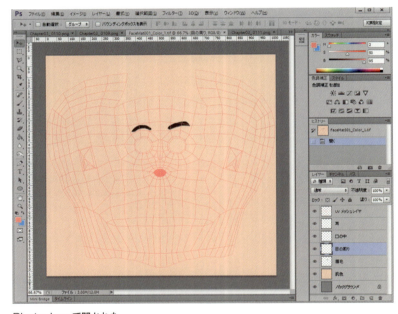

Photoshopで開かれた

Photoshopで目の周りを少し描きました。これで二重まぶたのように見えるはずです。作業後は必ず保存しましょう。上書き保存です。

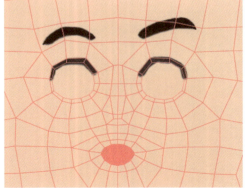

Photoshopで目の周りを描いた

作業内容を Cinema 4D 側に反映するために［画像を再読み込み］ボタンをクリックします。すると、「テクスチャを保存しているバージョンに復帰しますか？」と表示された小さなウインドウが開きますので、［はい］をクリックします。

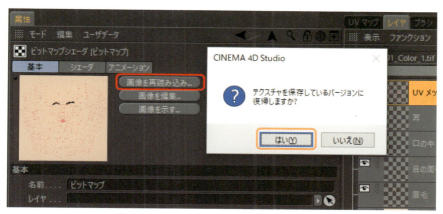

画像を再度読み込む

UV メッシュレイヤを非表示にして、テストレンダリングしてみましょう。レイヤ名の左の「目」のアイコンをクリックしてレイヤを非表示にして Ctrl + R です。どうですか？

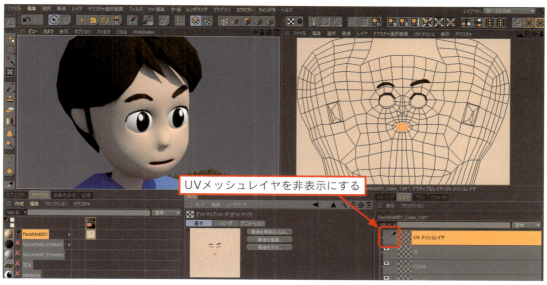

テストレンダリング

▶ レイヤの不透明度の変更　　03 ▶ 3-2-5

最後は耳の穴の凹んだ部分の作業です。ブラシの色を眉毛の色と同じような色に設定しましょう。スポイトツールで色を拾うと楽です。

色が決まったら、「耳」レイヤに描きます。少し濃すぎるので、レイヤの不透明度を下げます。100％ が完全に不透明な状態なので、50％ くらいでしょうか。テストレンダリングして調整してみてください……もうちょっと書き込んでも良いかな。

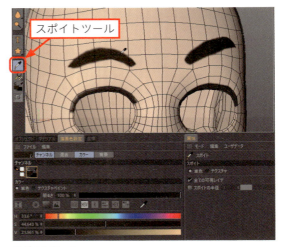

スポイトツール

これで UV とテクスチャ作りは完了です。完成したテクスチャファイルは FaceMat001_Color_3.tif です。必要に応じて読み込んでください。

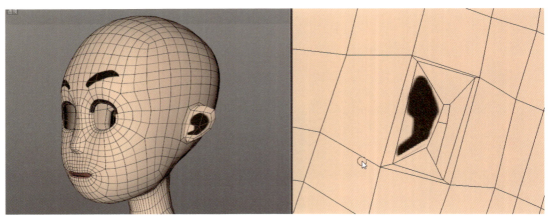

耳の穴の描画

レイヤの不透明度

レンダリング結果

SECTION 03 顔の表情のセットアップ

頭部の外観は一応完成しました。次は「ポーズモーフ」を使って顔の表情（目の瞬きと口の動き）を作りましょう。

▶「ポーズモーフ」タグの適用　　　03 ▶ 3-3-1

ポーズモーフはとても強力なツールです。ポイント位置やジョイントの角度などをポーズとして記録して、いつでもスライダーでコントロールできます。複数のポーズをミックスして新しいポーズとして記録することも可能です。

サンプル 03-03-01.c4d

ではさっそく始めましょう。レイアウトは「初期」または「Standard」にしましょう。オブジェクトマネージャで「kao」を選択して、［オブジェクトマネージャのメニュー］の［タグ］→［キャラクタタグ］→［ポーズモーフ］をクリックします。

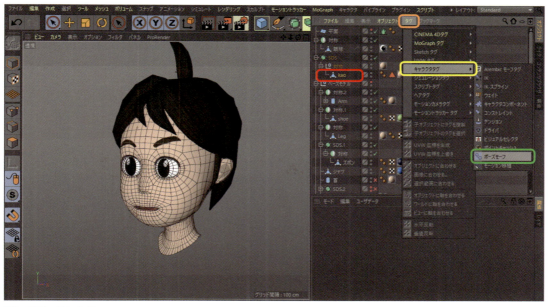

「ポーズモーフ」タグ

作られた「ポーズモーフ」タグをクリックして、属性マネージャの表示を見ましょう。[合成]の欄を見てください。位置、スケール、角度、ポイント、ユーザデータ、UV など、いろいろな要素の変化を記録できることがわかります。今回はポイントを使用しますので、チェックを入れてください。

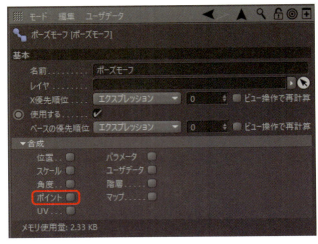

コントロール可能な項目

[タグ]というタブが表示されます。ここに作ったポーズが保管されます。

ポーズモーフには 2 つのモードが存在します。ポーズを作って記録する「編集」と、作ったポーズを活用する「アニメート」です。

ポーズの記録ですが、たとえば口の表情を記録する場合、あるポーズに口が大きく開けられた状態を記録し、別のポーズに口がすぼめられた状態を記録するといった流れで作業をします。基本ポーズには、作業前のポリゴンの状態を使用すれば良いでしょう。どのポーズにも無理なく変形できるような、ニュートラルな状態が好ましいです。

ポーズモーフの編集モード

まず「口を大きく開ける」ポーズを作ってみましょう。「ポーズ.0」をダブルクリックして名前を変更します。

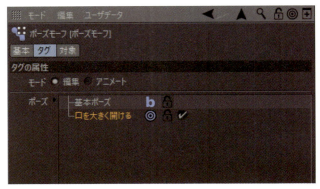

「ポーズ.0」の名前を変えた

ポイントを「移動」ツールで動かして、口の形を変えていきましょう。「わーい！」と喜んでいるような雰囲気が出ているでしょうか？　鏡の前で自分で表情を作ってみて研究してください。唇だけが動くのか、顎も連動するのか、ほっぺたは盛り上がるのか、などを意識して作り込みましょう。

ちなみに、下の画像の状態であれば本来は歯が見えるはずなのですが、今回は省略します。また、ポイントを選択する際は［可視エレメントのみ選択］を忘れないようにしましょう。後頭部の余計なポイントまで選択してしまわないように注意してください。

口を大きく開けるポーズ

ポーズの編集が完了したら、ポーズの右側にある錠前のアイコンをクリックしてロックを掛けておきましょう。モードが「編集」状態のときは、ポイントを動かすとポーズとして記録されてしまいます。ロックを掛けておけば記録されることはありません。同様に「基本ポーズ」にもロックを掛けたほうが良いでしょう。

作業完了後は「アニメート」にモードを切り替えておきましょう。

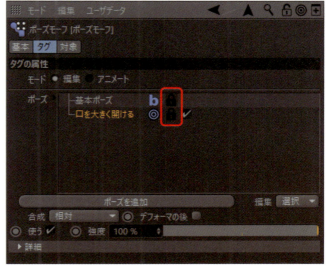

編集が完了したらロックする

顔の表情のセットアップ

● ポーズの追加〜スマイルの口

03 ▶ 3-3-1

さらにポーズを増やしましょう。今度は口を閉じて口角を左右に広げ、上に持ち上げます。モードを「編集」に切り替えて、[ポーズを追加]ボタンをクリックし、今度は名前を「スマイルの口」にします。

「口を大きく開ける」のポーズを作ったときと同様に、ポイントを動かして表情を作りましょう。

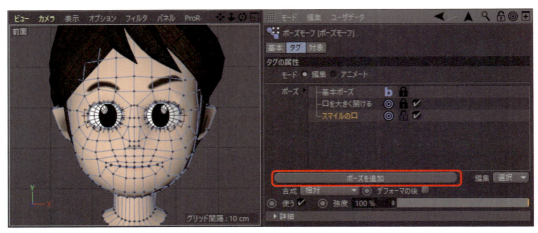

ポーズの追加(スマイル)

● ポーズの追加〜まぶたを閉じる動き

03 ▶ 3-3-1

次はまぶたを閉じる動きを作りましょう。これは、左右で別々に作ります。

単純にまぶたのポイントを上下させるのでは、眼球にめり込んでしまいます。上のまぶたの場合、眼球の曲面に沿って閉じるように少し前方に出しつつ下げなくてはなりません。さらに、眉毛の辺りも多少連動します。よく観察して作業しましょう。結構難しいです。

うまくできたら右のまぶたも同様に作りましょう。

サンプル 03-03-02.c4d

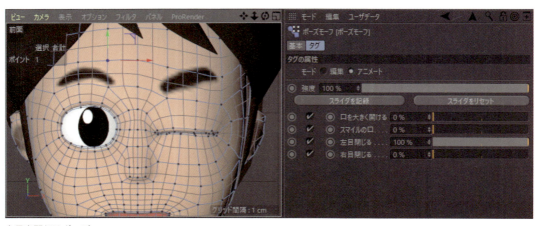

左目を閉じるポーズ

▶ 複数のポーズをミックス　　03 ▶ 3-3-2

　複数のポーズをミックスして、新しいポーズとして記録できます。アニメートモードで複数のポーズをコントロールしていると、ミックスされて良い感じの表情ができます。下の画像の例だと、「口を大きく開ける」が60％、「スマイルの口」が100％のときです。この口の形を新たなポーズとして保存しましょう。

2つのポーズがミックスされている

　モードを「編集」に切り替えます。そうすると、「アニメート」モードのときはミックスされていたポーズがまた別々表示されるようになります。これは「編集」モード（下の画像参照）が「選択」になっているからです[注3]。選択したポーズだけが表示されます。これを「合成」に変更すると、アニメートモードのときのように、複数のポーズをミックスして表示できます。

「合成」で2つのポーズをミックスして表示

注3) タグの属性の画面には「編集」という項目が2つありますので、混同しないように気を付けましょう。

合成したい 2 つのポーズを選択します。先にどちらかをクリックして選択し、Shift を押しながらもう 1 つのポーズをクリックすれば、2 つのポーズを同時に選択可能です。

この状態で Shift を押しながら［ポーズを追加］ボタンをクリックすると、2 つのポーズが合成された新しいポーズが作られます。

2 つのポーズを合成する新しいポーズを作る

なんだか望んだ表情とは違いますが、これは「合成」モードなため、2 つのポーズと新しく作られたポーズがさらに足されてしまっているからです。「編集」を「選択」に戻すと、正しく表示されます。

ポーズに名前を付けましょう。

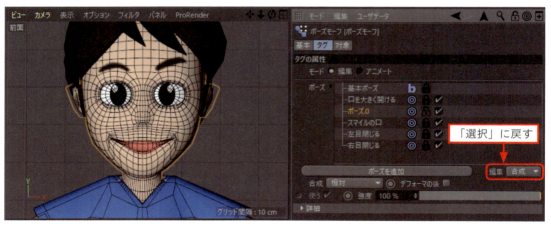

「合成」から「選択」に戻す必要がある

他にもいろいろな表情を作ってみてください。ポーズモーフは、指を動かすときにも大活躍します。たくさん触って慣れておきましょう。

次の節では、眼球の動きをコントロールするしくみを作ります。

サンプル 03-03-03.c4d

SECTION 04 眼球のコントロール

第3章の最後に、「コンストレイント」を使って目の動きを表現できるようにします。どこを見ているのか、というのは、キャラクターアニメーションを作るうえで非常に重要な要素です。

▶ 左右独立した眼球の作成　　03 ▶ 3-4-1

サンプル 03-04-01.c4d

ではさっそく始めましょう。現状では左の眼球はオブジェクトですが、右の眼球は「対称」オブジェクトで作っています。「対称」を使うのをやめて、コピー＆ペーストで右の眼球を作る必要があります。

オブジェクトマネージャで「眼球」を「対称」から出します。そして名前を「眼球_L」に変更します。座標マネージャで「眼球_L」の位置のXの値を見ると「6.24cm」です。「眼球_L」をコピー＆ペーストして、名前を「眼球_R」に変えます。座標マネージャで位置のXの値を「-6.24cm」にします。座標マネージャ上で「眼球_R」をドラッグして「眼球_L」の下に位置させましょう（子にするという意味ではありません）。

今まで「眼球」が入っていた「対称」オブジェクトは削除してOKです。

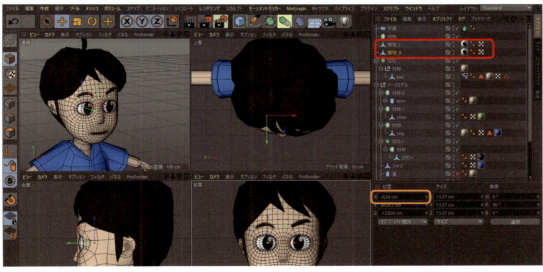

コピー＆ペーストで眼球を増やす

● コンストレイントタグの追加

03 ▶ 3-4-1

左右の眼球それぞれにコンストレイントタグを追加します。オブジェクトを選択した状態で、[オブジェクトマネージャのメニュー] の [タグ] → [キャラクタタグ] → [コンストレイント] をクリックします。

サンプル 03-04-02.c4d

コンストレイントタグを追加

● ターゲットオブジェクトの作成

03 ▶ 3-4-1

眼球の向きを決めるため、目標となるオブジェクトを作ります。「ヌル」オブジェクトを作って、名前を「眼球ターゲット」に変更し、顔の前方 3m くらいの場所に移動しましょう。

ヌルオブジェクトを作成するには、[メインメニュー] の [作成] → [オブジェクト] → [ヌル] と操作します。ヌルには形状がありません。3D ビュー上で探しやすくするため、[表示] を「菱形」に、[半径] を「20cm」にしています。

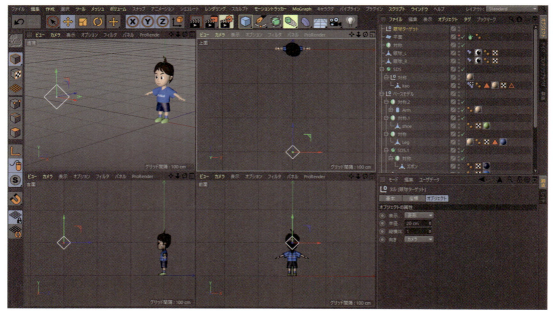

ターゲット用のヌルとその表示

▶ 軸の向きを変更（眼球）　　　　　　　　　　03 ▶ 3-4-1

　眼球の軸の向きを調整しましょう。上方向がY＋、前方がZ＋になるようにします。
　「眼球_L」を選択し、「軸モード」で軸を回転させて調整しましょう。[軸モード]のコマンドアイコンをクリックし、軸モードに切り替えます（背景が水色に変わります）。Shiftキーを押しながら回転ツールで回転させると、「量子化」機能が働いて切りの良い数字で回転してくれます。
　終わったら[軸モード]のコマンドアイコンをクリックし、軸モードを解除してください。

　眼球の軸の向きが、右の画像のようになっていればOKです。青色のZ軸の指す方向が視線の方向になります。

　ただし、軸の向きとしてはこれで良いのですが、座標マネージャにはHが-180°と表示されています。何かトラブルが起きた際に、元の標準的な向きにすぐに戻すには全ての回転の値が0°になっていることが望ましいので、[座標変換を固定]の[角度を固定]によって、すでに付いてしまっている角度を隠します。これは、属性マネージャの[座標]タブで行いますので、下の画像を参照してください。

眼球の軸の向きを修正した

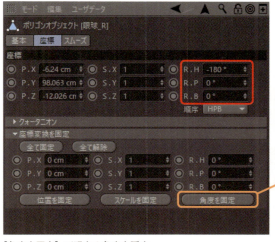
[角度を固定]で現在の角度を隠す

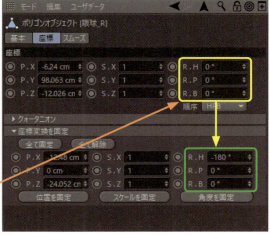

　この[座標変換を固定]は、キャラクターの骨格（ジョイント）をセットアップするときにも多用します。非常に重要な機能です。

　サンプル　03-04-03.c4d

▶ コンストレイントのセットアップ

03 ▶ 3-4-1

準備が終わりましたので、コンストレイントのセットアップに移りましょう。

「眼球_L」のコンストレイントタグをクリックすると、属性マネージャに情報が表示されます。[基本]タブの内容を見てください。コンストレイントにはいろいろな種類があることがわかります。この中からまず[照準]をチェックします。

すると、いきなり眼球の向きが変わってびっくりしますが、タグはとりあえず機能しています。

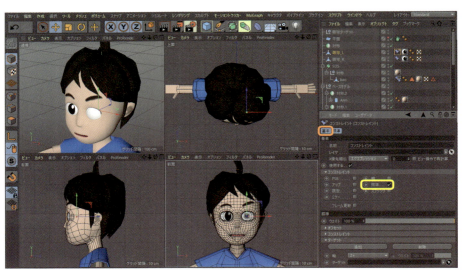

照準コンストレイントが動作

[照準]タブが追加されています。タブをクリックして開きましょう。オブジェクトマネージャで[眼球ターゲット]をドラッグ＆ドロップし、[ターゲット]の右の入力欄に入れてください。続いて、[軸]を「Z+」にセットしてください。眼球がターゲットのほうに向きましたが、まだ傾きが変です。

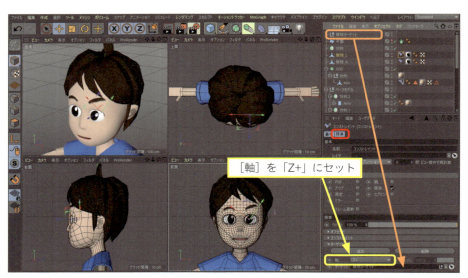

瞳の向きはOK

［基本］タブで［アップ］にチェックを入れてください。［アップベクター］タブが追加されます。［アップベクター］を「Y+」にセットし、［軸］を「Z+」にセットします。これでとりあえず正しい方向を向きました。アップベクターで上方向を指定することで、オブジェクトの傾きを制御できます。

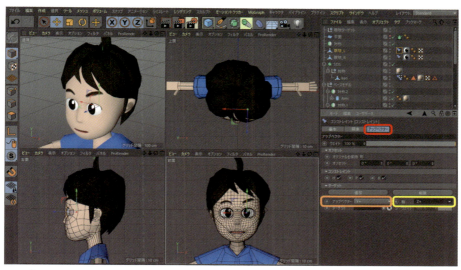

アップベクターの設定

「眼球ターゲット」オブジェクトを3Dビュー上で動かしてみましょう。左目がちゃんと動いているでしょうか。同様に右目でも作業してみてください。

　サンプル　03-04-04.c4d

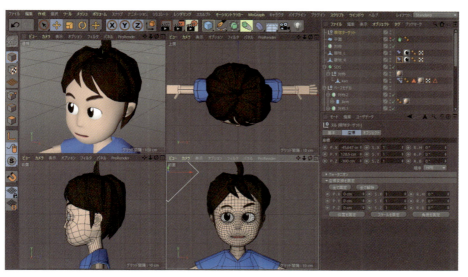

ターゲットを目で追うようになった

COLUMN　ProRenderとサードパーティー製GPUレンダラー

　Cinema 4Dには、R19からProRenderというGPUレンダラーが追加されました。このレンダラーはAMDが開発して提供しているようで、まだCinema 4D標準のレンダラーと比べて機能的に不足している部分がいろいろあります。しかし、Cinema 4Dに標準で搭載されているということもあり、サードパーティー製GPUレンダラーと比べると、独自のマテリアルやライトなどを用意する必要がないというメリットがあります。何より無料で使えるのが素敵です。そこで、簡単なシーンを作ってCinema 4DのフィジカルレンダラーとProRender、そして他社製のGPUレンダラーであるRedshiftを比較してみました。レンダリングサイズは800×600ピクセルで、CPUはRyzen7 1700、GPUはGeForce RTX 2070です。

　結果は下のようになりましたが、他のシーンなどでいろいろ試していると、同じような品質でフィジカルレンダラーよりもProRenderのほうが短時間でレンダリングが終了するケースもありました。さらなる機能向上と最適化が望まれます。今後に期待しましょう！

■ フィジカルレンダラー（CPU）

　レンダリング時間60秒。さまざまなな設定項目があるものの、慣れているだけあって、かなり自由に画質をコントロールできるので有利。しっとり滑らかな絵ができた。ProRenderはそもそも設定項目自体が少ない。小細工なしでGPUパワーで圧倒するのがGPUレンダラーの基本的なスタンスなのだろう。よく知らんけど。

■ ProRender（GPU）

レンダリング時間3分0秒。画面のざらざらしたノイズを消すためにレンダリングの繰り返し数を増やす必要があり、時間がかかってしまう。マテリアルの設定はフィジカルと共通でOKだが、ライトの強度はフィジカルと同じ設定だと暗くなってしまうので、強度を175%にまで上げている。グラフィックカードをもう1枚追加したい気持ちにさせてくれる律儀なレンダラーだ。

■ Redshift（GPU、体験版）

レンダリング時間1分37秒。レンダリングはProRenderに比べるとかなり速い。しかし独自のマテリアルやライトを用意する必要があり、ちょっと不便。なお、設定がまだよくわからない。購入してじっくり使い込んでみたいレンダラーではある。

Chapter 4

キャラクターのモデリング③ 〜各部のモデリング

Chapter4 キャラクターのモデリング③〜各部のモデリング

SECTION 01 手と腕のモデリング

第2章で作成した3Dベースモデルは、手の指も手のひらも腕もバラバラの状態でした。指は曲げることもできませんでした。きちんと作って指と手のひらと腕を一体化し、関節で曲げられるようにしましょう。

▶ 手のモデリング計画

　ベースモデルの手の各オブジェクトを元にポイントを増やして、指と手の部分が接続できるように整えていきます。

　指については、1本作ればそれをコピー＆ペーストして、スケール、回転、位置合わせをすれば比較的簡単に完成しそうです。親指部分は、押し出しオブジェクトで作り、ポリゴンオブジェクトに変換して形を整え、手の甲に接続できるようにします。

　手首のポイントは、腕のポイントと接合できるようにエッジを束ねてポイント数を調節して位置を合わせます。使うのは、ループ / パスカット、スライド、ポリゴンペン、移動といったいつものツール群です。今回はデフォルメキャラということで爪は作りません。かわいい手になるように意識して作業していきましょう。

サンプル 04-01-01.c4d

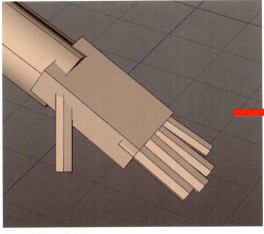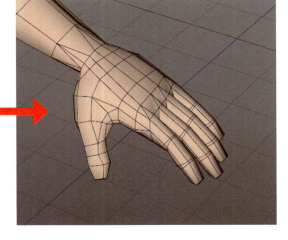

手のモデリング計画

▶ 手の甲のモデリング　　　　　04 ▶ 4-1-1

　まず、手の甲を作っている立方体を、[編集可能にする]でポリゴンオブジェクトに変換します。そして、ポイントを移動して手の甲の形に近づけていきましょう。指の付け根にあたる部分のうち、上側のポイントをスライドで手首方向に移動します。斜面を作るイメージです。

　「ループ/パスカット」を使ってポリゴンを増やし、さらに形を整えていきましょう。

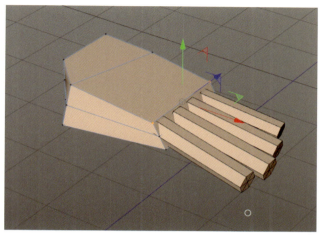

手の形状を作っていく

▶ 親指の原型の作成　　　　　04 ▶ 4-1-1

　親指の部分をよく観察すると、痩せたヒョウタンのような形に見えます。スプラインで形状を描いて、「押し出し」で立体化しましょう。そして移動、スケール、回転ツールを駆使して位置を合わせます。

サンプル　04-01-02.c4d

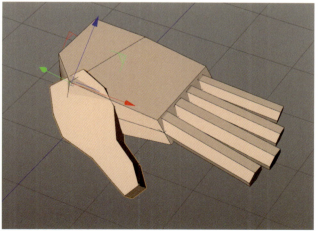

親指

親指をポリゴンオブジェクトに変換します。その前に属性マネージャで［キャップ］タブを見てください。［シングルオブジェクトで生成］という項目がありますので、チェックを入れます。この項目にチェックが入っていない場合、［編集可能にする］でポリゴン化した際に「キャップが分離された状態」でポリゴン化されてしまいます。

キャップというのは、円柱でいえば上下の丸い部分のことです。押し出しオブジェクトの場合、筒状の本体部分ではなく、蓋の部分になります。［シングルオブジェクトで生成］にチェックを入れておけば一体化された状態でポリゴン化され便利です。

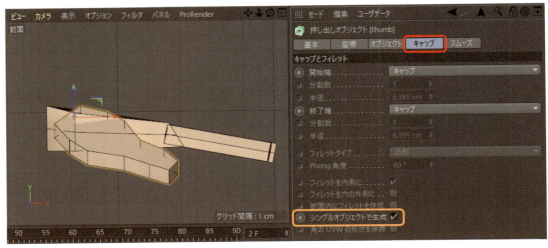

シングルオブジェクトで生成にチェックを入れてポリゴン化する

ポリゴンオブジェクトに変換できたら、ポリゴンペンでエッジを追加しましょう。

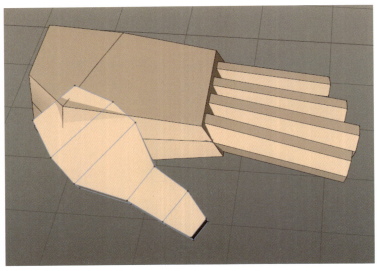

エッジを追加

▶ 指の作成

 04 ▶ 4-1-1、4-1-2

　中指を先に作ってしまい、コピー&ペーストして他の指として使いまわします。人差し指と薬指と小指はいきなり消さずに、オブジェクトブラウザで非表示にしておきます。中指の名前は「middle_finger」にしています。古い指は、新しい指が揃った段階で削除すればOKです。

中指以外を非表示にする

　「ソロビュー」で選択しているオブジェクト以外を隠すと作業効率が上がります。オブジェクトマネージャで「middle_finger」を選択した状態で、画面右側のモードパレット上の［ソロビューをオフ］のコマンドアイコンを長押しして開き、［ソロビューシングル］をクリックしましょう。他のオブジェクトが全て非表示になります。ソロビューは「単独表示」のことですね。

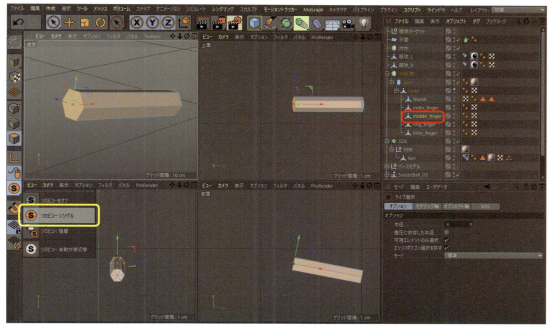

ソロビューで他を隠す

指の付け根側の蓋になっている部分の、6Pチーズのような形状のポリゴン群を削除します。この部分は、どうせ手と一体化して手の内部になるので不要なのです。

不要なポリゴンを削除する

関節部分にエッジを追加し、指先を膨らませ、軽く曲げましょう。「ループ / パスカット」や「スライド」など、いつものツールでできる簡単な作業です。

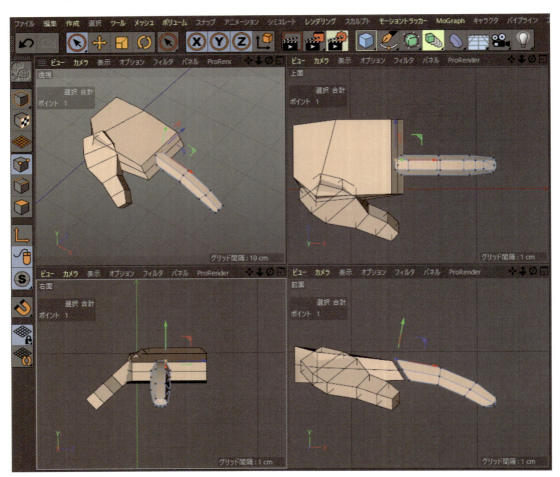

エッジを追加して軽く曲げる

たとえば、指先のポイント群を「長方形選択」で選択し、回転ツールで回転させて指を曲げる場合、[モデリング軸]を使って、回転の中心をその選択されたポイント群が分布する範囲内のどこにするのかを簡単に変更できます。

下の画像の例では、指の第2関節から先を曲げようとしています。デフォルト状態ではポイント群の中心が第1関節付近になり、意図と異なる曲がり方になるため、修正の手間が増えます。[オブジェクト軸]を使って回転の中心をずらせば、意図通りに回転させることができるでしょう。

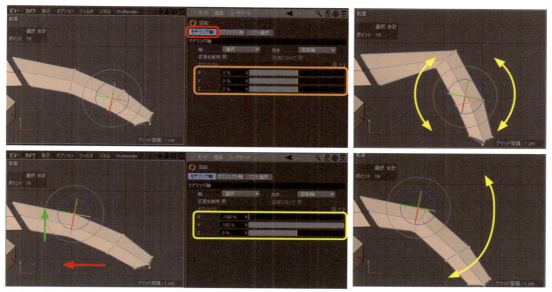

オブジェクト軸を活用する

関節部分にさらにエッジを追加します。これで中指は一応完成です。指の腹側のエッジ間隔は、関節の回転による変形を考慮して広げています。

サンプル 04-01-03.c4d

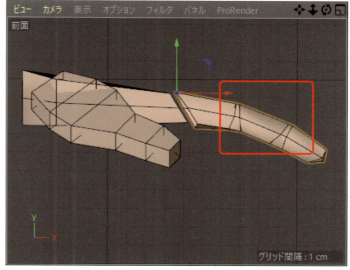

関節部分のエッジ

指が生える部分のポリゴンに傾きを与えます。薬指や小指の生える場所（指の付け根）は手首側に寄っています。指を付ける前に修正しておきましょう。そのためには、手のオブジェクトにさらにエッジを増やす必要があります。

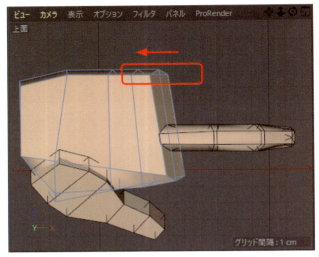

指の接続部分を加工する①

手のオブジェクトに、指を接続するためのエッジを追加します。指の断面は6角形なので、手のほうも指の断面形状に合わせましょう。ある程度できたらポリゴンを削除して穴を開けます。指4本分加工しましょう。

穴の形は大体で良いです。最終的には3Dスナップで正確に合わせて一体化します。

サンプル 04-01-04.c4d

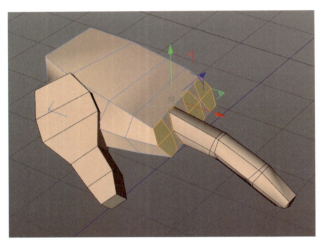

指の接続部分を加工する②

中指をコピー＆ペーストして人差し指（index_finger）、薬指（ring_finger）、小指（little_finger）とし、それぞれの場所に移動、大きさと角度を調節しましょう。第2章で作った鉛筆のような古い指は削除しておきます。

各指と手の接続箇所のポイントは、3Dスナップを使ってきっちり合わせましょう。

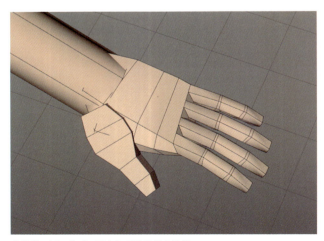

中指をコピー＆ペーストして他の指を作る

第3章では、ポリゴンをターゲットにした3Dスナップで顔面のポリゴンを作っていきました。今回は手のポイント（頂点）をターゲットにして、指のポイントをピタッとくっつけます（または、逆に指のポイントをターゲットにして手のポイントを動かす）。

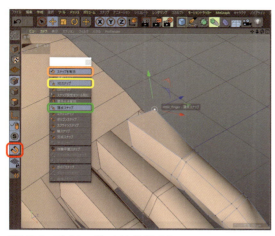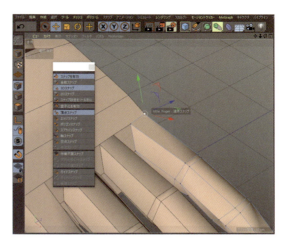

3Dスナップ（ターゲットはポイント）

　親指も少しずつ形を整えていきましょう。

（サンプル）04-01-05.c4d

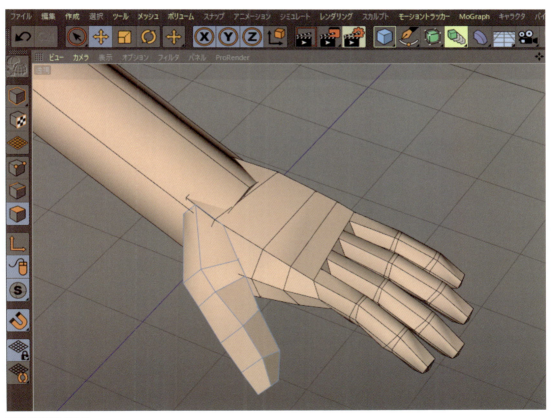

親指の形状を整える

手のひらと、手の甲にエッジを追加していきましょう。親指も手のひらに接続できるように、双方でポイントの位置を調整してください。

 サンプル 04-01-06.c4d

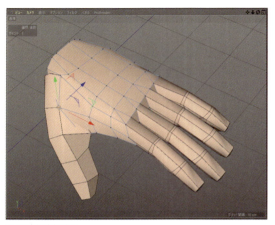
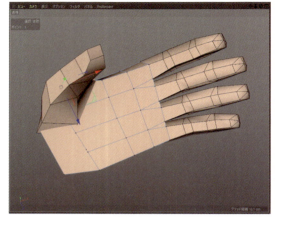

エッジを追加する

▶手と指の一体化

 ▶ 04 ▶ 4-1-3

手と指を一体化する準備が整ったら、一体化します。2つのオブジェクトを同時に選択し、［メインメニュー］の［メッシュ］→［変換］→［オブジェクトを一体化＋消去］をクリックしましょう。一体化＋消去ですから、一体化前の個々のオブジェクトは消去されます。

ただし、1つのオブジェクトになっただけですので、せっかく3Dスナップでくっつけたポイントはまだ結合されていません。2つのポイントのままです。これを1つに結合します。オブジェクトを選択して最適化を実行しましょう。［メインメニュー］の［メッシュ］→［コマンド］をクリックし、［最適化］の右側にある歯車マークをクリックします[注1]。

［重なったポイント］にチェックを入れ、［OK］ボタンをクリックして実行します。

 サンプル 04-01-07.c4d

注1) 歯車マークは、オプションがあることを示しています。

オプション付きで最適化を実行する

［重なったポイント］にチェックを入れる

親指と手も同様に一体化しましょう。テストレンダリングしてみると、離れて見る限りは結構良い感じになってきています。

次は腕との接続と、腕のモデリングを行います。

テストレンダリング結果

▶ 腕のモデリング　　04 ▶ 4-1-4

　腕のモデリングは簡単なのですぐに終わります。腕はまだプリミティブオブジェクトのままですので、属性マネージャで設定後にポリゴンオブジェクトに変換します。

　オブジェクトブラウザで「Arm」をクリックして選択します。属性マネージャの［オブジェクト］タブをクリックして開き、［高さ方向の分割数］を「6」にします。次に［キャップ］タブをクリックして開き、［キャップ］のチェックを外してください。できたら［編集可能にする］でポリゴン化しましょう。

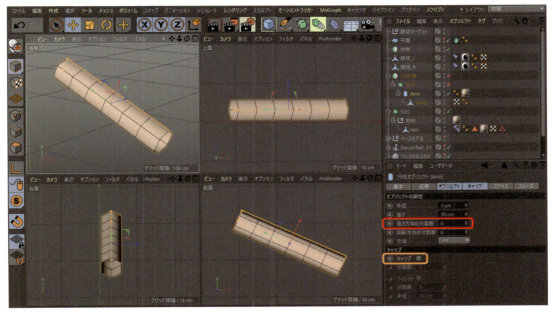

腕のオブジェクトを調整する

腕のポイントを動かして形状を整えていきます。手首に向かうにつれて細くなっていくようにします。また、手首部分の断面は丸ではなく、上下に潰されたような楕円形になります。手のポリゴンとうまく接続できるように調整しましょう。

サンプル 04-01-08.c4d

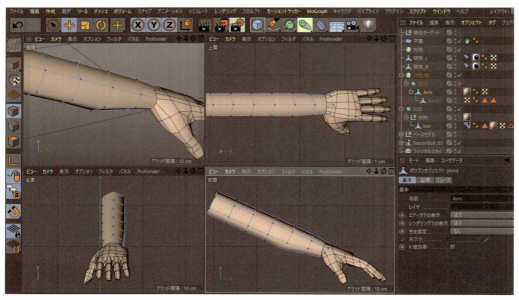

腕のモデリング①

▶ 手と腕の一体化

▶ 04 ▶ 4-1-4

　指と手を一体化したときと同様に、今度は腕と手を一体化しましょう。2つのオブジェクトを選択し、「一体化＋消去」を実行します。手と腕で接合部分のポイント数が違うため、「ポリゴンペン」でエッジを追加して3角形ポリゴンか4角形ポリゴンになるようにしましょう。

　接合後は、さらに各部のポイントを微調整して完成度を上げていきましょう。シャツに隠れる部分はモデリングしませんので、手と腕のモデリングは一応終了です。

サンプル 04-01-09.c4d

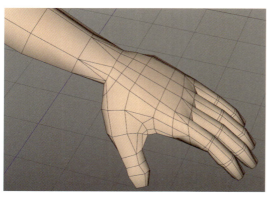 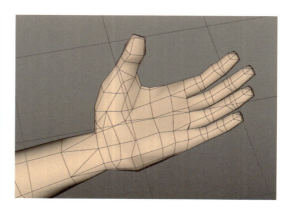

腕のモデリング②

テストレンダリングしてみました。箱と棒を並べただけの状態から格段に見栄えが良くなりました。次の節では、サッカーシューズのモデルとテクスチャをさらに作り込みます。

テストレンダリング結果

MEMO　芝生の生やし方

　Cinema 4Dには髪の毛の1本1本をレンダリングできる「ヘア」という機能があります。それを簡略化したのが芝生です。「平面」などのオブジェクトを選択状態にして、［メインメニュー］の［作成］→［環境］→［芝生を生成］です。オブジェクトに「建築用芝生マテリアル」タグが追加されます。「芝生」マテリアルも作られますので、色や長さなどを変更することができます（「レンダリング設定」の「ヘアレンダー」にチェックが入っているとレンダリングされます）。

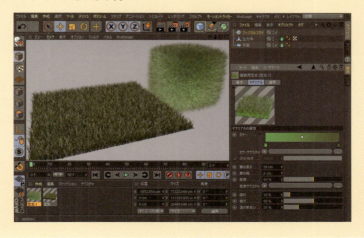

SECTION 02 その他のモデリング

各部分のモデリングが進みましたので、サッカーシューズにもそれらに見合うディティールを与える必要があります。とくに今回はサッカー少年のモデルですから、シューズは非常に重要な要素になります。既存のモデルをベースに多少モデリング作業をし、テクスチャを作り込んで見栄えを良くしてあげましょう。他にも、脚やシャツ、ズボンなどもアニメーションさせられるよう作り込みます。

▶ サッカーシューズのモデリング計画

基本的な形状は現状のモデルで OK なのですが、もう少し靴らしいディティールを加えます。ジョイントによる変形にも対応するように、指のあたりを曲げるためのエッジを追加します。

靴紐を編み上げている箇所はテクスチャで表現します。靴のロゴ、飾りのグラフィックなどもテクスチャで処理します。蝶結びにしている紐部分はモデリングして、コンストレイントで固定します。

サンプル 04-02-01.c4d

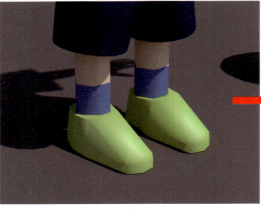 

サッカーシューズのモデリング計画

▶ サッカーシューズのモデリング　　04 ▶ 4-2-1

現状のサッカーシューズの形状は、足の甲の部分が一直線になっていて、ぼってりとした印象を与えます。現実の靴のように、足首から指の付け根に向かって急に下がり、指の付け根で折れてつま先に向かうラインに変えていきます。

まず、［メインメニュー］の［メッシュ］→［作成ツール］→［ループ/パスカット］（M～Lキー）で、足の甲と指の付け根付近にループ状のエッジを追加しましょう。

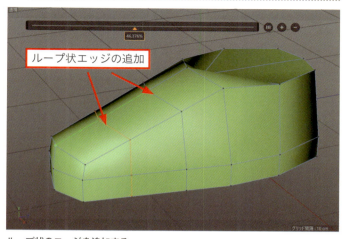

ループ状のエッジを追加する

足の甲部分のポイントを選択して、位置を調節します。つま先から足首に向かって、徐々に傾斜がきつくなるようにしてください。これだけでも靴らしく見えるようになりますね。

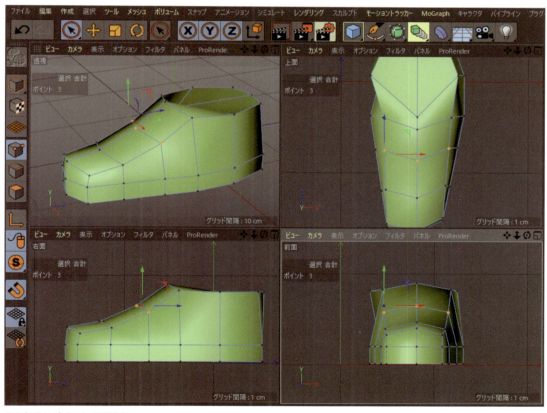

甲の部分のポイントを調節する

かかとの後ろの膨らみを表現するために、さらにループ状のエッジを追加します。

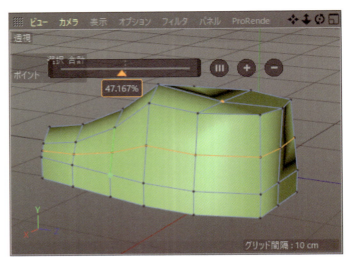

水平方向のループ状エッジを追加する

かかとの後ろ部分を膨らませるようにポイントを移動しましょう。

くるぶしの左右のポイントを下に移動します。サッカーシューズらしくするには、オンラインショップなどで商品画像をいろいろと見て、研究すると良いでしょう。

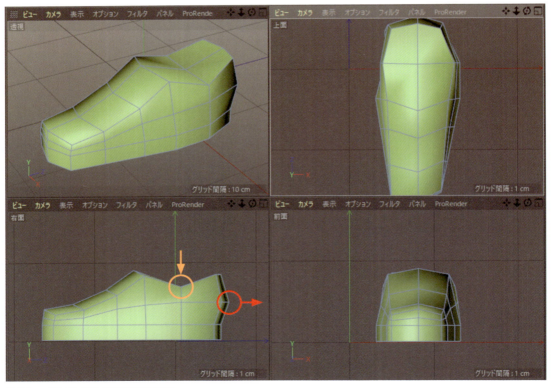

かかと・くるぶし部分の形状を調整する

ポリゴンモードで靴の履き口（足を入れる穴）部分の4つのポリゴンをライブ選択で選択し、「面内に押し出し」を実行します。サブディビジョンサーフェイスで再分割するので、あまり丸まってほしくない箇所にはエッジを増やす必要があります。操作手順は［メインメニュー］の［メッシュ］→［作成ツール］→［面内に押し出し］です。ポリゴンを選択した状態で、右クリックメニューを開くとその中にもあります。

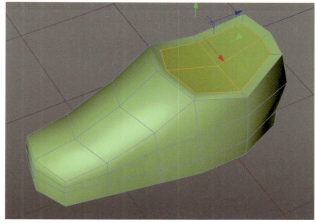

履き口部分のポリゴンを面内に押し出す

爪先部分をジョイントできれいに曲げるには、つま先の部分にさらに「ループ/パスカット」を使ってエッジを追加しておきましょう。

サンプル 04-02-02.c4d

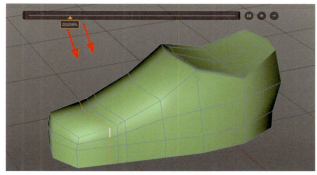

つま先を曲げるためのエッジを追加する

最後に、つま先に丸みをつける、足裏の形状を考慮して土踏まずの部分を内側に凹ませるなど、全体的なシルエットを調整しましょう。サブディビジョンサーフェスで再分割するので、ポリゴンを増やす必要はありません。

サンプル 04-02-03.c4d

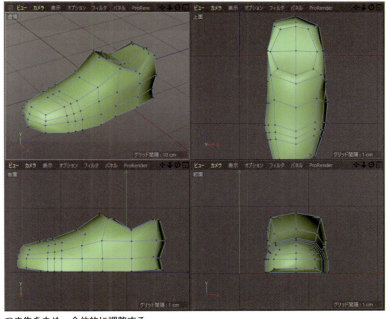

つま先を丸め、全体的に調整する

▶ スイープオブジェクトによる蝶々結びの作成　　📼 04 ▶ 4-2-2

　靴紐を「スイープ」オブジェクトで作ります。蝶々結びの形はスプラインで描き、断面は［スプラインプリミティブ］の「四辺形」を使います。

　では、「ペン」ツールで上面ビューに一筆書きで蝶々結びの線を描きます。ポチポチとクリックしながら描いていきましょう。描き終わったら、「ライブ選択」など別のツールに切り替えてツールを終了してください。

　真ん中の交差する部分では、ポイントがスナップしてくっつかないように注意しましょう。属性マネージャで描画するスプラインのタイプを［線形］にして描きましょう。描画したスプラインは、始点側が白、終点側が青で表示されます。始点から終点へ至るポイントの方向を入れ替えることが時々ありますので、どっちの色が始点側なのか覚えておきましょう。

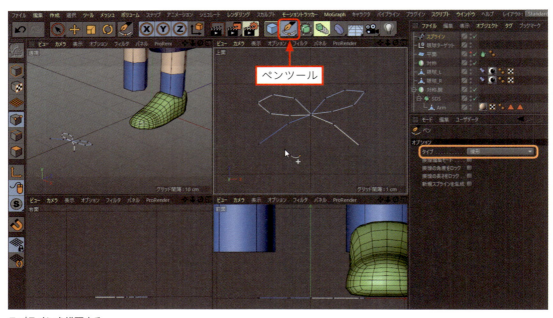

スプラインを描画する

　輪の部分の両端のポイントだけコーナーを丸くしたいので、ライブ選択ツールでポイントをクリックして選択し、右クリックメニューを開いて［ソフト補完］をクリックします。

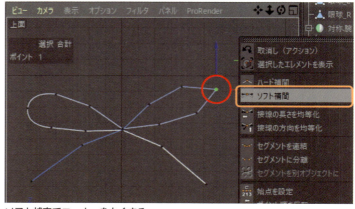

ソフト補完でコーナーを丸くする

ソフト補完にすると、カーブをコントロールする接線ハンドルが表示されますので、移動ツールで先端の黒丸をドラッグしてカーブの丸みをふっくらとした形に調整してください。

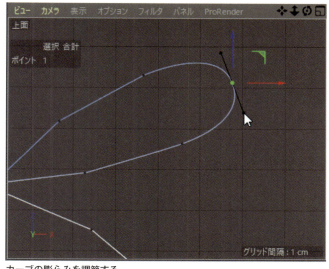

カーブの膨らみを調節する

　スイープ用のスプラインは一応できました。次に断面形状用のスプラインを作ります。[スプラインプリミティブ]の「四辺形」を1つ作ります。「ペン」ツールのコマンドアイコンを長押ししてコマンドグループを展開し、[四辺形]をクリックしてください[注2]。

スプラインプリミティブ・四辺形

注2）　断面は、「四辺形」ではなく「長方形」を使うのももちろんOKです。

　四辺形をオブジェクトマネージャでクリックして選択し、属性マネージャで設定を変更します。[オブジェクト]タブをクリックして開き、[タイプ]を「菱形」、[a]を「0.5cm」、[b]を「0.2cm」にしましょう。なお、[a]は幅、[b]は高さです。

四辺形を設定する

次にスイープオブジェクトを作ります。[SDS（サブディビジョンサーフェイス）]のコマンドアイコンを長押ししてコマンドグループを展開し、[スイープ]をクリックします。

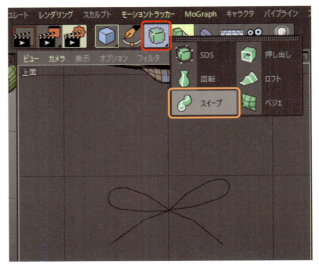

スイープ

スイープオブジェクトは原点に作られていますので、Z軸を使って移動ツールでスプラインの場所まで動かしましょう。後々動かすので、このほうが都合が良いです。

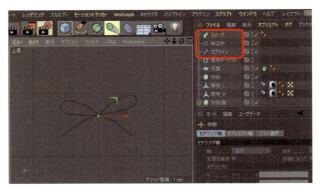

スイープをスプラインの場所に移動する

「四辺形」と「スプライン」を「スイープ」の子にします。断面である「四辺形」が上、「スプライン」が下になるようにしてください。間違えたらすぐにわかるので、落ち着いて順番を入れ替えましょう。下の画像を見ると、うまくできているように見えますが、厚みがまったくありません。

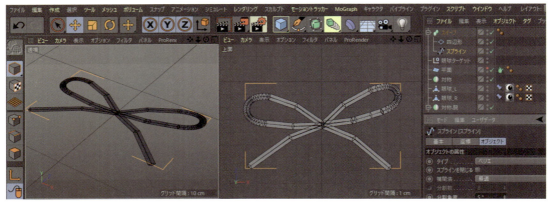

「四辺形」と「スプライン」を「スイープ」の子にする

これは「四辺形」の向きを変えると簡単に解決します。オブジェクトマネージャで［四辺形］をクリックして選択し、属性マネージャで［オブジェクト］タブをクリックして開いたら、［平面］を「XY」に変更します。これで断面の向きが変わって、ちゃんとオブジェクトに厚みが出ました[注3]。

注3） 下の画像では厚みを強調するため、［b］を 0.5cm にしています。

サンプル 04-02-04.c4d

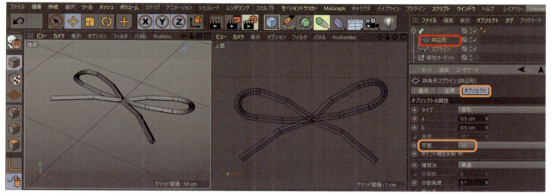

四辺形の向きを変える

スイープオブジェクトの設定は右の画像のようになっています。［オブジェクト］タブの設定はデフォルトのままです。［キャップ］タブの設定では、後々ポリゴンオブジェクトに変換する可能性も考慮して［シングルオブジェクトで生成］にチェックを入れています。

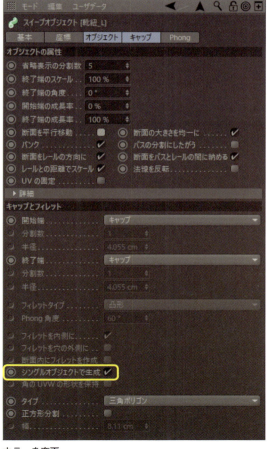

カラーを変更

その他のモデリング 165

スイープオブジェクトの名前を「靴紐_L」に変えましょう。そしてマテリアルを適用します。すでに「靴紐Mat」というマテリアルを作ってありますので、それを適用してください。

カラーは「H=84°、S=44%、V=36%」に設定しています。そして、「靴紐_L」を靴の紐を結ぶあたりに移動して角度とスケールも調整してください。

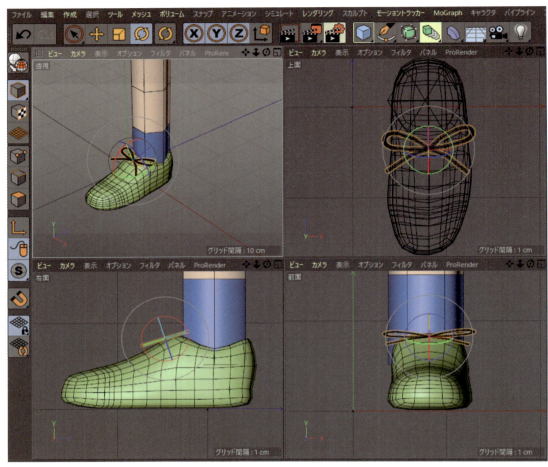

位置、角度、大きさを調節する

靴紐にも重力がかかっています。軽い靴紐でも多少は垂れ下がります。スプラインの各部ポイントを動かして垂れ下がって見えるようにしましょう。見えにくいので、スイープオブジェクトを一時オフにする（オブジェクトマネージャで緑のチェックマークをクリックし、赤の×にする）と、スプラインだけが表示できて作業しやすいです。

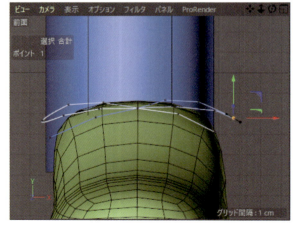

靴紐のスプラインを調整して垂れさせる

靴紐の端部は、靴の穴に通しやすくするため熱収縮チューブが付けられ、固く細くなっています。そのように見せるための準備として、端部のそれぞれにポイントを2つずつ追加します。スプラインを選択し、「ペン」ツールで Ctrl キーを押しながらスプライン上の任意の場所をクリックすると、ナイフモードになりポイントが追加されます。

　もう1つ設定箇所があります。属性マネージャで［スプライン］の情報を見てください。［オブジェクト］タブに［分割角度］という項目があります。デフォルトでは「5°」になっています。これは、スプラインが5°曲がると、表示のためのポリゴンが生成されることを示しています。ポリゴンが多数生成され非常になめらかな曲面ができますが、このケースでは細かすぎて無駄ですので、この値を「20°」に変更してください。結構ポリゴン数が少なくなりますが、これでも十分です。

　下の画像では、スプラインとスイープオブジェクトを同時に見るために、ビューの表示を「線」と「ワイヤーフレーム」に設定しています。操作手順は、［ビューのメニュー］の［表示］→［線］（［ワイヤーフレーム］）です。

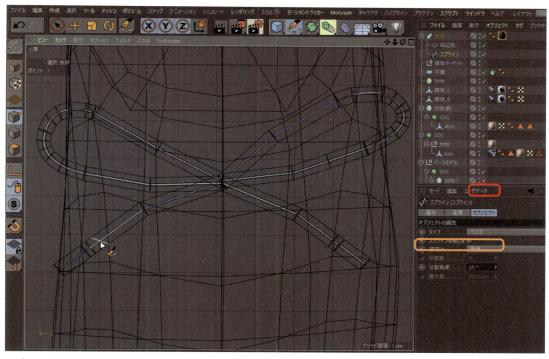

スプラインにポイントを追加し、分割角度を設定する

最後に靴紐の端部の処理をしましょう。スイープオブジェクトの設定を調整すると、下の画像のようにできます。「靴紐_L」をクリックして選択してください。属性マネージャの［オブジェクト］タブの中に［詳細］という項目があります。［詳細］の左の小さな三角形のアイコンをクリックすると、畳まれていた中身が表示されます。

グラフが小さくて見にくいですが、スプラインの始点と終点付近だけ、本来の断面オブジェクトのサイズに対し40％の大きさでポリゴンを生成し、少し進むと本来のサイズ（100％）でポリゴンを生成するということを表しています。

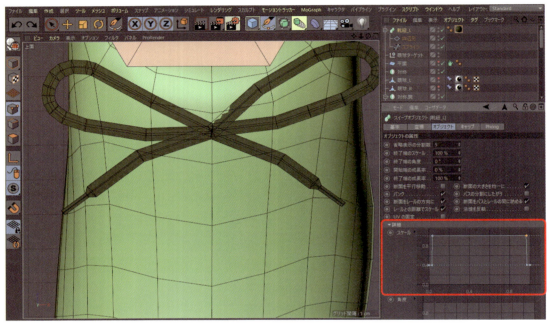

靴紐の端部の処理

非常に細かい作業になりますので、数値を入力して実施します。上の画像で［スケール］の右の黒の三角アイコンをクリックすると詳細設定が表示されます。

デフォルトでは、グラフの一番上（Y=1）の両端にポイントが表示されています。断面のスプラインのサイズそのままという意味になります。

両端のポイント間を結ぶ線があります。[Ctrl]キーを押しながら、線の上を4回クリックしてポイントを4個追加します。場所は適当でかまいません。後で適切な位置に動かします。

完了したら、［別ウインドウで表示］ボタンをクリックしてください。

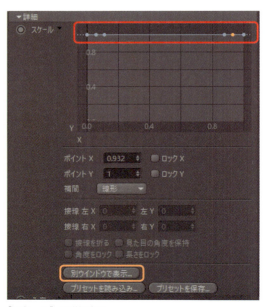

［スケール］の詳細表示

「スプライン」ウインドウが開きます。ウインドウの端をドラッグしてさらに幅を広げることができます。グラフは縦方向がY、横方向がXです。X方向がスプライン上の位置でY方向がスケールになります。

この靴紐のスプラインの場合、3Dビュー上の表示では始点が右側で、終点が左側になっていますが、あまり気にしないで進めましょう。

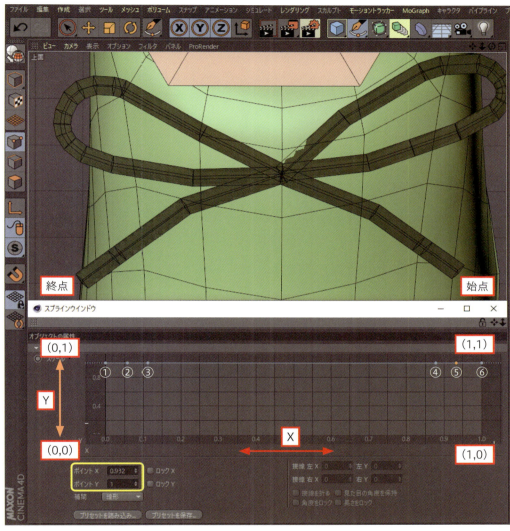

スプラインウインドウの表示

上の画像の各ポイントに①〜⑥の番号を振っています。これらの各ポイントのXとYの値を、ウインドウ左下の数値入力欄で変更していきます。下記のサンプルファイルの場合、「① X=0,Y=0.4」「② X=0.034,Y=0.4」「③ X=0.035,Y=1」「④ X=0.967,Y=1」「⑤ X=0.972,Y=0.4」「⑥ X=1,Y=0.4」に設定しました。これで靴紐らしくなるはずです。

スプライン上のポイントの位置によってはうまくいかない場合があります。②、③、④、⑤のXの適切な値を慎重に探し出してください。

サンプル 04-02-05.c4d

▶ サッカーシューズのUV編集とテクスチャ作成 📺 04 ▶ 4-2-3

　まず、対称オブジェクトで作っている右側の靴をオブジェクト化します。「shoe」を含む対称オブジェクトをオブジェクトマネージャでクリックして選択し、[編集可能にする]をクリックします。対称オブジェクトは、単なるヌルオブジェクトに変化します。

サンプル 04-02-06.c4d

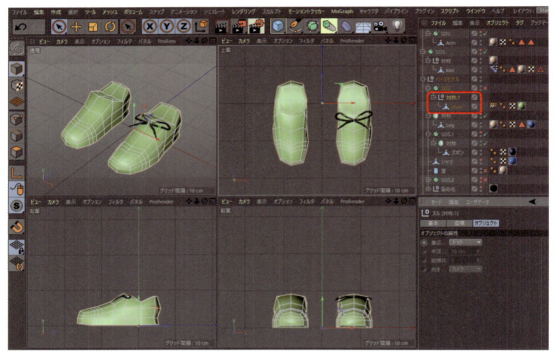

UV編集の準備

　例によって、UV編集より先にテクスチャファイルを作って適用しておきましょう。「shoe」に適用されているマテリアル「シューズ」をダブルクリックして、「マテリアル編集」ウインドウを開きます。

　[カラー]チャンネルの[テクスチャ]の右にある小さな三角形アイコンをクリックしてメニューを開き、[新規テクスチャを作成]をクリックします。

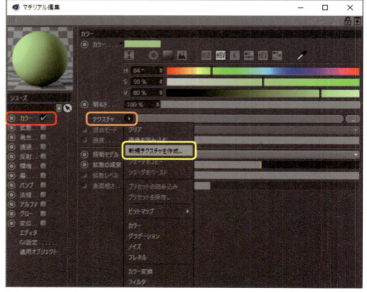

新規テクスチャを作成する

「新規テクスチャ」ウインドウが開いたら、幅と高さを決めて（1024 × 1024）、名前を付けましょう。ここでは「サッカーシューズ_Color_1」にしました。[OK] ボタンをクリックしてください。

幅と高さと名前を設定する

「マテリアル編集」ウインドウの細長いボタンに、今作ったファイル名が表示されています。ですが、ファイルはまだどこにも保存されていない状態です。この細長いボタンをクリックしてください。

ファイル名が表示された

読み込んでいる画像ファイルに関する画面に変わります。[シェーダ] タブの中の [画像を編集] ボタンをクリックして、ファイルを「tex」フォルダに保存しましょう[注4]。

注4）ウインドウ上部に左向きの矢印アイコンがあります。これをクリックすると元の画面に戻ります。

[画像を編集] ボタンを押す

繰り返しになりますが、ファイルフォーマットは自分の作業環境にマッチしたものを選べばOKです。本書ではレイヤーが使えて汎用性のあるTIFF形式を使っています。フォーマットを決めたら［OK］ボタンを押します。

保存場所と名前を決めるウィンドウが開きますが、省略します。ファイルを保存する場所は、現在作業中のファイルが保存されている場所にある「tex」フォルダの中です。

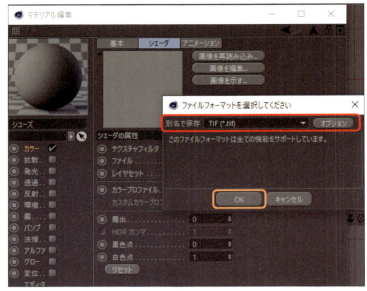

ファイルフォーマットを決定する

レイアウトを「BP-UV Edit」に切り替え、［ペイントセットアップウィザード］のコマンドアイコンをクリックし、ウィザードを起動します。まず［全て選択を解除］ボタンをクリックし、階層の中から「shoe」を探してクリックして選択します。［次 >>］ボタンをクリックします。

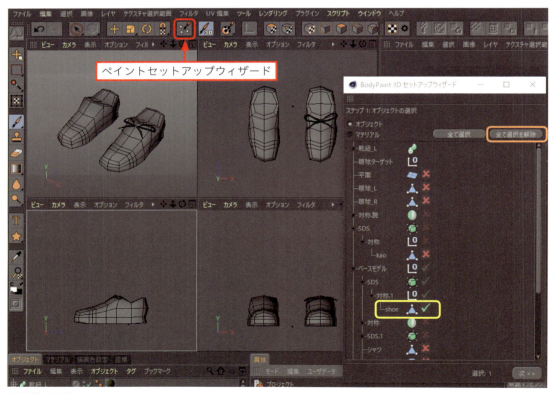

UV編集の準備

［立方体マッピングの最適化］をチェックして、［次 >>］ボタンをクリックします。

立方体マッピングを選ぶ

このあたりの作業は、顔の UV を編集した際とほとんど同じです。［カラー］チャンネルのみにチェックを入れ、サイズは［最小］［最大］とも 1024 ピクセルで OK です。完了したら［終了 >>］ボタンを押します。

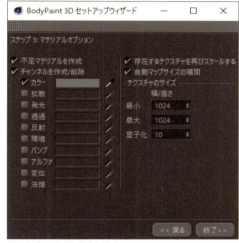
チャンネルとサイズを設定

上下左右前後から投影された UV メッシュができました。今回はこの UV 配置をそのまま使用します。不具合があれば部分的に修正します。

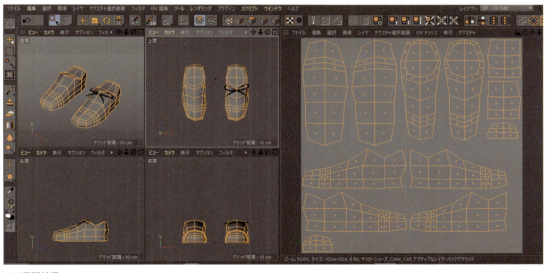
UV 展開結果

その他のモデリング

さて、せっかくテクスチャファイルを作ったのですが、ページ数の余裕がないので、すでに完成したテクスチャ画像を読み込みましょう。「マテリアル編集」ウインドウで、すでに読み込んでいる画像名が表示されてる細長いボタンの横の［…］ボタンをクリックします。

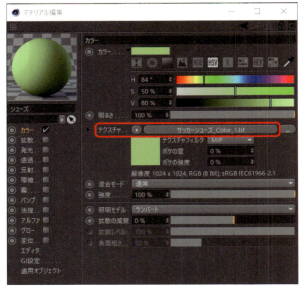

別の画像を読み込む

完成済みのテクスチャファイル「シューズ_Color_02.tif」をクリックして選択し、［開く］ボタンをクリックします。ファイルの場所は、「04」フォルダの「tex」フォルダ内です。

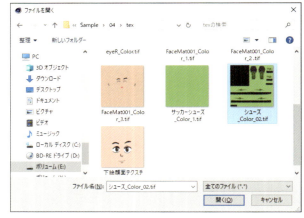

シューズ_Color_02.tif を読み込む

テクスチャには、見えない稲妻であるDark Lightning（ダーク・ライトニング）と頭文字のDLが描かれています。稲妻のように超スピードでボールをコントロールするサッカー選手を目指す少年が憧れるデザインのシューズです（妄想）。

Dark Lightning ブランドのシューズ

無事読み込まれました。テクスチャビューでもテクスチャを開いて確認しましょう。

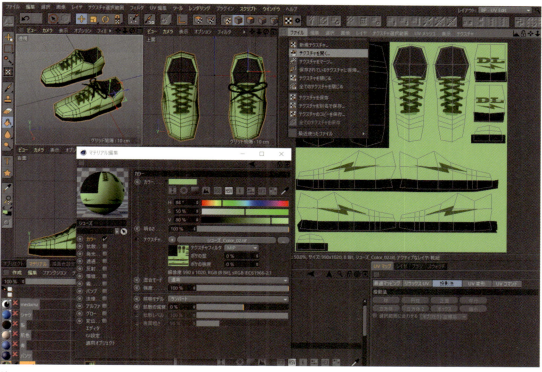

読み込まれた

今回自動で作られた UV の配置には少し問題があり、テクスチャ画像に対して歪んでいたり、ずれたりしている箇所があります。UV メッシュのポイントを微調整して歪みを取り除きます。

「UV ポイント編集」モードに切り替えて、テクスチャビューで UV のポイントをライブ選択などを使って選択し、「移動」ツールで動かします。左右のポイントと直線的に並ぶように動かしましょう。

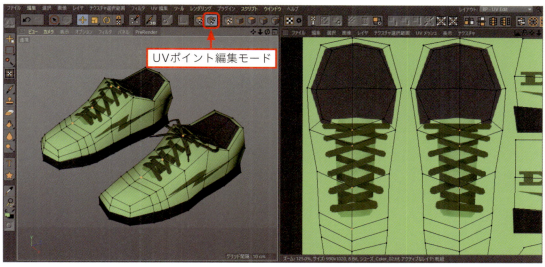

UV ポイント編集モード

UVポイントの位置がうまく調整できて、3Dビューでもテクスチャの歪みが解消されてきれいに表示されるようになりました。他にもおかしい箇所を見つけたら調整してみてください。

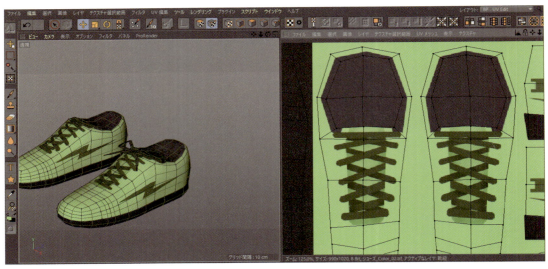

UV編集後

UVのメッシュを変形する以外の方法があるのかというと、平行四辺形だった靴紐部分のポリゴンの形状を長方形に近づけて、歪みを取り除くことが挙げられます。下の画像は、右足だけポイントを編集した状態です。つま先部分をジョイントで変形することを考慮すると、UV編集で対応するよりもモデルのポリゴンを整えておくほうが良いでしょう。

サンプル 04-02-07.c4d

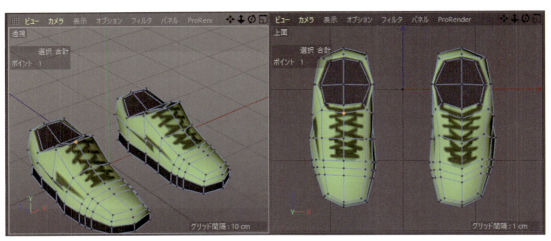

モデルのポイントを調整する

▶ 脚の修正　　　04 ▶ 4-2-4

脚の修正も行いましょう。既存のオブジェクトを微調整する程度ですのですぐ終わります。

行う作業は、上下のキャップ部分のポリゴン削除、膝関節部分にループ状エッジを2つ追加、足首部分を細くする（靴からはみ出さないようにするため）、「対称」をやめて反対側の脚もオブジェクト化するなどです。

サンプル　04-02-08.c4d

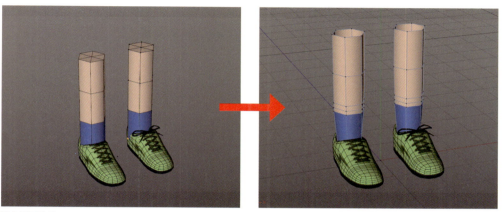

脚を修正する

▶ シャツの修正　　　04 ▶ 4-2-5

シャツの形状は基本的にOKなのですが、かなり大きめに作っているので、たとえば130cmの子が150cmサイズを着用しているようなブカブカ感があります。とくに肘の先まで袖が伸びており、これは後々の作業が難しくなりますから、袖を短め＆袖口を細めに修正しましょう。

2章で顔のモデルを作ったときと同様に、左右のポイントを同時に選択してスケールや移動で修正してください。

サンプル　04-02-09.c4d

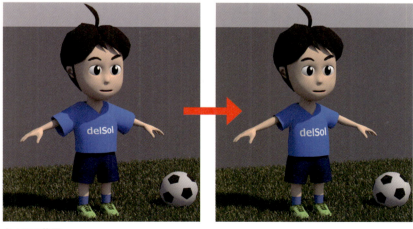

シャツの修正

▶ ズボンの修正

🎬 04 ▶ 4-2-6

　まず、軸の調整をしましょう。このズボンは「円柱」オブジェクトを変形して作っています。その名残で軸が変な場所にあります。これを中心に移動して、角度も修正しておきましょう。

　[軸モード]アイコンをクリックして軸の位置角度を修正できる状態にし、[座標マネージャ]の位置の[X]に「0」、角度の[B]欄に「0」を入力し、[適用]ボタンをクリックします。修正が終わったら。[軸モード]アイコンを再度クリックして軸モードを解除しましょう。他のオブジェクトでも、気づいたらやっておきましょう。

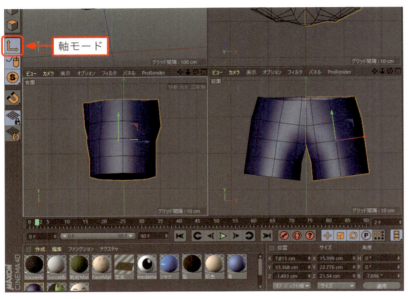

軸モード

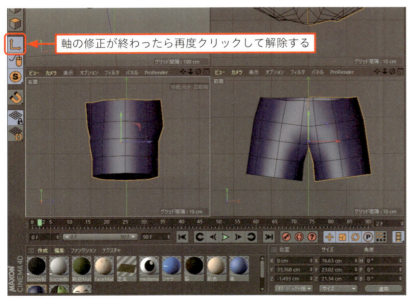

軸の位置・角度が修正できた

ズボンは現状のモデルでは、裾の部分が蓋状にふさがっています。中身が見えなくて良いのですが、膝を上げたときなど不自然に見えますので、修正します。具体的には、裾の部分のエッジを「ループ選択」で選択し、筒状に押し出して、蓋の部分を目立たなくします。

ループ選択は［メインメニュー］の［選択］→［ループ選択］です。

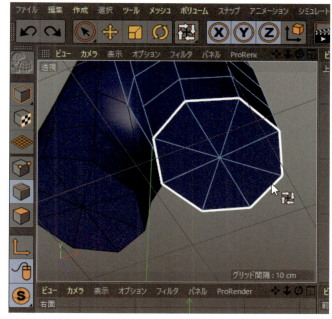

ズボンの裾を「ループ選択」で選択する

「押し出し」ツールでエッジを押し出しましょう。［属性マネージャ］で［オプション］タブを開き、［押し出し角度］を「90°」にしましょう。これで下の画像のように押し出せます。いろいろな角度から見て形状を評価し、各ポイントの位置を微調整しておきましょう。

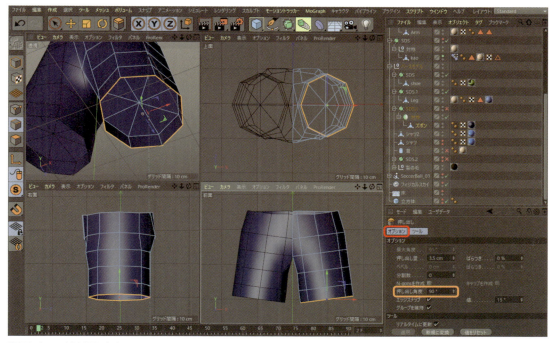

選択したエッジを押し出す

その他のモデリング

シャツの袖を細く短く修正し、ズボンの裾を押し出した影響で、相対的にズボンが大きく見えるようになってしまっています。ズボンを全体的にスケールしてシャツのサイズ感と合わせましょう。最後にズボンを含む「対称」オブジェクトに［編集可能にする］を実行し、ズボンは完成です。

サンプル 04-02-10.c4d

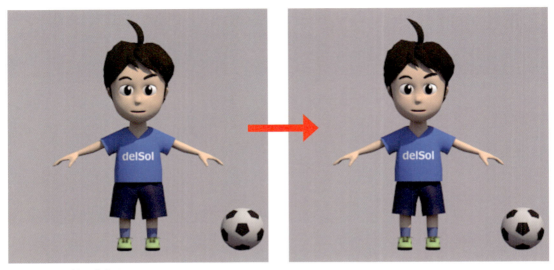

ズボンのサイズを調整する

　テストレンダリングしてみました。次章ではアニメーションさせるための準備を行います。

モデリング完了

Chapter 5

リグのセットアップ

SECTION 01 リグについて

　前章までに、モデリングとテクスチャの作成はほぼ終わりました。キャラクターを生き生きと動かすには、まず多数のジョイントを作って関節の位置に合わせて配置し、ポリゴンオブジェクトと関連付け、さらに各ジョイントを直感的に選択し、正しく簡単に制御するための仕掛けを組み込む必要があります。キャラクターを効率よく動かすために仕掛けのことを「リグ」と呼びます。帆船の、風向きと船の向きに合わせてマストを動かしたり、帆の張り具合を調節したりする仕組みのことリグといい、それに由来しています。もう少し近い例でいうなら、マリオネット（糸操り人形）の人形を吊っている糸と木の板です。

▶ リグ構築の手順

　まず、ジョイントを関節の位置に合わせて複数配置し、骨格とします。そして、オブジェクトに関連付けます。これを「バインド」といいます。

　バインドしたらジョイントを回転させ、うまくできているか確認します。不具合があれば、オブジェクトの各ポイントとジョイントの関連性を調節します。肘や膝などの関節付近のポイントは複数のジョイントの影響を受けます。どのジョイントから何％の影響を受けているのかを示す値が「ウエイト」で、この値を調節することで関節部分の変形を改善します。この作業を「ウエイト調整」と呼びます。たとえば人差し指を曲げると中指のポイントもつられて動いてしまう、右脚を動かすと左脚の内側のポイントもつられて動いてしまう、腕を上げると脇の下や肋骨付近のポイントもつられて動いてしまう、といった不具合は、このウエイト調整で解決していきます。

　バインドではなく、コンストレイントでジョイントに固定するケースもあります。代表的な例は

眼球です。位置はジョイントに対して固定されますが、回転は自由に行えるようにします。

　手首や足首などは、IK（インバース・キネマティクス）を使って、末端側のジョイント（手首や足首など）の動きから中間部分の関節（肘や膝）の回転角を作ります。

　指の各ジョイントは、開いた状態や握った状態などを「ポーズモーフ」で記録して、スライダーでコントロールできるようにします。

　「XPresso（エクスプレッソ）」を使って、複数のコントローラーをひとまとめにして制御する場合もあります。

　このように、いろいろな手法でリグの各部をセットアップしますので、そのコントローラーはあちこちに散らばってしまって直感的に選択することが困難になります。そのため、「ビジュアルセレクタ」を使って各種のコントローラーへのアクセスを簡単にします。文章にすると大変そうですが、1つ1つ確実に自分のものにしていきましょう。

アニメーション可能になったモデルとコントロール系

MEMO　XPresso（エクスプレッソ）とは

　XPressoとは、プログラミング言語の式（expression）をもじった、キーフレームを使わずにアニメーションを作るための開発環境です。たとえば、ボールの移動に対応する回転角度を作るといったことも簡単にできます。このケースでは、ボールの位置の値をボールの回転角度に変換するために、いくつかのノード（XPressoの部品）を組み合わせます。

SECTION 02 ジョイントシステムの概要

ジョイントを作って配置しましょう。腕や脚は、片側だけ作って反対側は「ミラーツール」で作ります。回転軸が1つの関節の場合、基本的に「P軸」で回転させます。ジョイントを配置した後には、軸の方向を揃えたり、ジョイントの回転角度を見かけ上「0°」にしたりと、やるべきことがたくさんあります。1つずつ見ていきましょう。

▶ ジョイントの作成手順　　　　　　　　　05 ▶ 5-2-1

　ジョイントは「ジョイントツール」で作ります。[メインメニュー]の[キャラクタ]→[ジョイントツール]をクリックし、Ctrlを押しながら3Dビュー上をクリックして追加します。
　Ctrlを押しながらクリックしていくと、ジョイントが数珠つなぎ状にたくさん作られます。これは後に作られたジョイントが直前に作られたジョイントの子になるからです。オブジェクトマネージャを使い、あるジョイントを別のジョイントの子にすると、2つのジョイントの間にボーンが表示され、ジョイントチェーンになります[注1]。子になったジョイントが末端になります。

注1）ボーンは、ジョイント同士がどう繋がっているのかを示すだけのもので、それ以外の役割はありません。

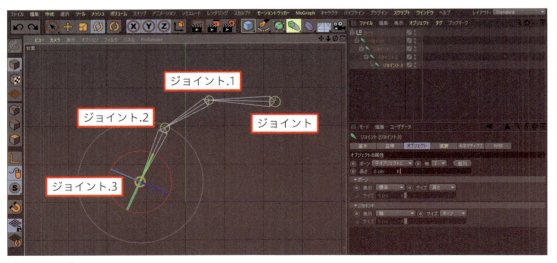

ジョイントの描画

▶ ジョイントツールの機能

05 ▶ 5-2-1

ジョイントツールはジョイントを作成するだけではなく、ジョイントの移動もできます。移動ツールを使ってもジョイントの移動はできるのですが、結果がかなり異なります。

ジョイントツールを使ってジョイントを動かした場合、そのジョイントだけが動き、他のジョイントには影響がありません。

移動ツールを使って動かした場合、当該ジョイントの子以下のジョイント群も一緒に動きます。どちらのツールで動かすのかはケースバイケースになります。

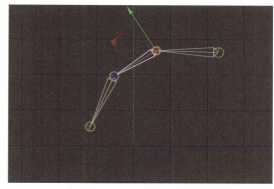

ジョイントを動かす前の状態

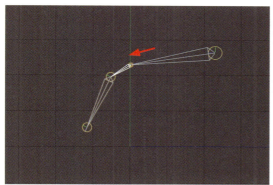

ジョイントツールによる移動

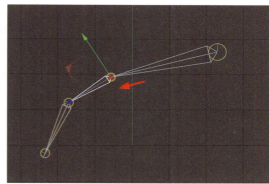

移動ツールによる移動

ジョイントツールで [Shift] を押しながらボーンをクリックすると、その位置にジョイントが追加されることによりボーンが分割されます。

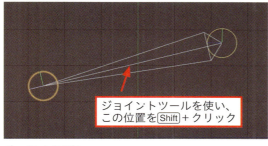

ジョイントの分割

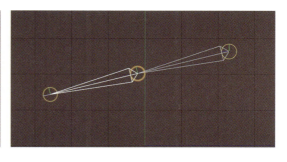

▶ ジョイントの整列

▶ 05 ▶ 5-2-1

　ジョイントを描画すると、ジョイントのZ軸はその下のレベル（子）のジョイントの方向を向いています。ジョイントを動かすと、軸の向きが変わってしまいます。ジョイントの軸の向きは、Z軸が子のジョイントのほうを向いているべきです。そうでないと正しく回転できません。

　そこで、ジョイントを選択し、属性マネージャで［オブジェクト］タブをクリックして開きます。揃えたい軸を選んで（たいていはZ軸になります）、［整列］ボタンをクリックすると、軸の向きが正しくセットされます。

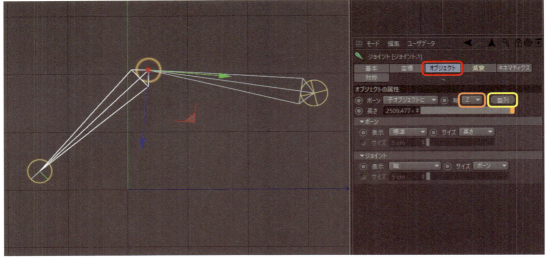

ジョイントの整列

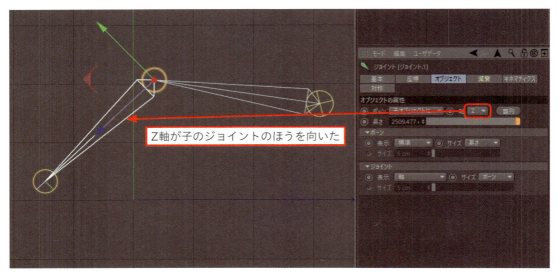

整列後

▶ 座標変換の固定

▶ 05 ▶ 5-2-1

　オブジェクトの膝や肘などの関節の部分にジョイントの位置を決め、軸の方向も OK となったら、そのジョイントチェーンの状態がいわゆる初期値、「デフォルト」のポーズになります。デフォルトのポーズから「肘を 45°曲げるぞ！」といったときに、その肘関節のジョイントの角度が「132.495°」などになっていると、132.495°+45°＝177.495°といったように計算が非常に面倒です[注2]。

注2）　Cinema 4D の場合、座標マネージャを使って座標値の欄に「既存の値 +45」と入力すれば OK なのですが、時間が経てば初期値がいくつだったかなんて忘れてしまうでしょう。

　そこで使うのが［座標変換を固定］です。初期状態が決まったら、ジョイントの角度がいくつであろうと関係なく「0°」にしてしまえるのです。［座標］タブの［角度を固定］ボタンをクリックします。

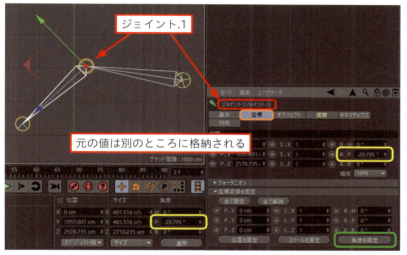

［座標］タブの［角度を固定］ボタンをクリック

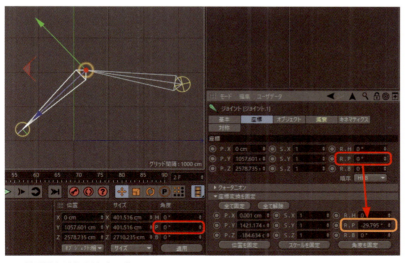

P の値は見かけ上 0°になった

▶ ジョイントとボーンとインバースキネマティクス（IK）

▶ 05 ▶ 5-2-2

　ジョイントとボーン、IK のゴールなどを下の画像に示します。黄色の丸がジョイントです。ジョイントとジョイントの間に白い棒のようなものがありますが、これはボーンです。細いほうがジョイントの末端側になります。「ジョイント」が根元側、「ジョイント.3」が末端です。

　オブジェクトマネージャを見て確認してください。「ジョイント.1」と「ジョイント.3」の間にIK が設定されています。IK が設定されているジョイント間には緑色の線が引かれます。これは「ハンドルライン」といい、ゴム紐のように伸び縮みします。

　「ジョイント.3」と同じ位置に白い星型がありますが、これは IK のゴールの役割を持たされているヌルオブジェクトです。ただのヌルなので、本来であれば 3D ビュー上ではよく見えないのですが、ここでは設定を変えて大きく見えやすくしています。

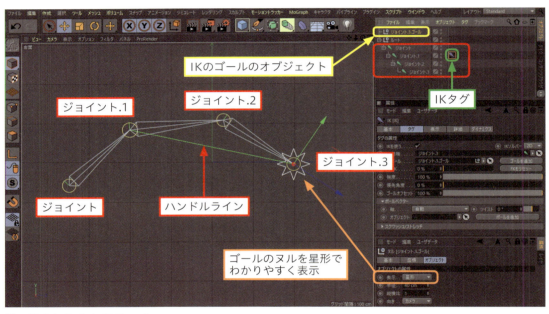

ジョイントとボーンと IK チェーン

　「IK エクスプレッション」タグ（IK タグ）をクリックして、属性マネージャを見てみましょう。IK チェーンの終端のジョイントがどれなのか、ゴールオブジェクトはどれなのか、といった情報が表示されます。これ以外にもさまざまな情報が表示されます。

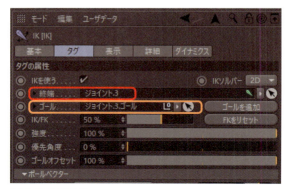

IK タグの情報表示

IKチェーンの末端にある「ジョイント.3.ゴール」をドラッグして動かすと、ハンドルラインの長さが変化します。連動して各ボーンの長さが変わらないように中間のジョイントの角度が計算されます。下の画像の例では、ハンドルラインの長さが短くなったことにより、「ジョイント.2」の角度が変化しました。

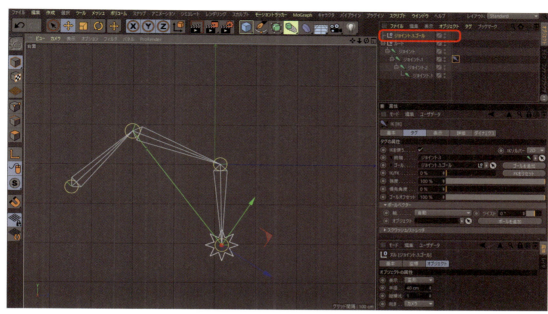

IKによるジョイント角度の変化

　各ジョイントを回転させてポーズを作ることを、「FK（フォワード・キネマティクス）」といいます。IKよりも基本的な方法といえます。

　IKとFKでどちらが優れているということはなく、目的によって使い分けることが重要です。FKではジョイントの根本（ルート）に近いほうから角度を設定し、キャラクターのポーズを作っていきます。ただ、この方法では、「指先でスイッチを押す」といった、他のオブジェクトに対してきっちり位置を合わせる必要がある場合に苦労します。そういうときに作業が楽になるのがIKの利点です。

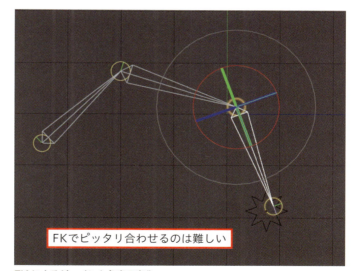

FKによるジョイント角度の変化

ジョイントシステムの概要　　189

IKを設定していると、IKチェーンに含まれるジョイントの角度をFKで変えようとしても動きません。こういう場合は、IKタグをクリックして開き、[タグ]タブでFKとIKのバランスを変えるか、IKを一時停止するとFKが使えるようになります。下の画像の例では、[IK/FK]のスライダーを100％に変更しました。デフォルトは0％です。

　0％だと完全にIKの支配下になりますが、値を上げていくと徐々にIKの効果が弱まります。元の位置、つまりFKで設定されていた角度による本来の位置に戻っていきます。

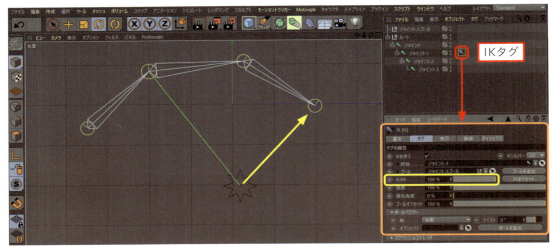

IKとFKのバランスを変化させる

▶ ジョイントの配置について

　本書で作っているサッカー少年のモデルでは、下の画像のような骨格をジョイントで作ります。具体的な作業は次の節から解説しますので、ここでは作業の流れについて簡単に予習しておきましょう。

　手は 5 本の指それぞれにジョイントを入れます。手を開いた状態と握った状態をポーズモーフで作り、スライダーでコントロールできるようにします。手首の回転は P と H は手首のジョイントで表現しますが、ねじる動きは手首の手前に設けたねじり専用の関節を使って実現します。

　肩と大腿骨のジョイントからはジョイントが枝分かれしています。これは、シャツの袖とズボンの裾の動きをコントロールするための専用のジョイントです。

　中心となる骨盤から頭までを作ったら、左腕左手のジョイントを作り、各ジョイントに固有の名前を付けます。体の左側のジョイントには名前の後に「_L」と付けます。いちいち「_L」と付けていくのは大変なので、「名称ツール」を使って簡単に済ませます。「ミラーツール」で右側も簡単に作ることができます。ミラーコピーする際に、「_L」を自動的に「_R」に書き換えるように設定することが可能です。

　初心者用のリグとしてはかなり複雑だとは思いますが、部分的な作業の繰り返しになりますので、次第に慣れていくはずです。

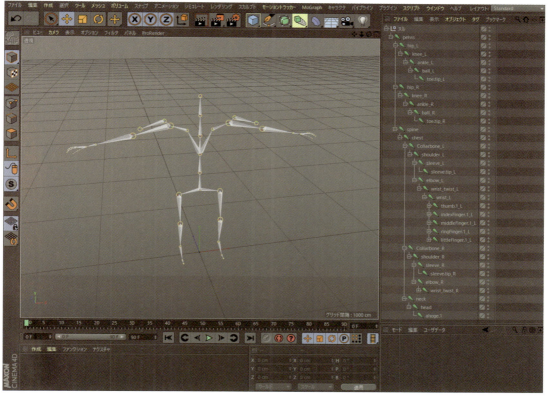

これから作るジョイントの構造

Chapter5　リグのセットアップ

SECTION 03　リグの構築

ジョイントや IK、各種ツールの概要がわかったところで、さっそく作業を開始していきます。少しずつ進めていくので、しっかり覚えながら作業しましょう。

▶ オブジェクトの整理　　　　　　　　　　　　　　　　　05 ▶ 5-3-1

　モデリングを 2 段階に分けたことやその他の事情で、オブジェクトマネージャの中身がぐちゃぐちゃになっています。ここで整理しましょう。

サンプル 05-03-01.c4d

　各オブジェクトはそれぞれ「SDS」の子になっていますが、再分割を個々に行うのは面倒ですし、場所も使うので 1 つの SDS の子にします。複数のオブジェクトを SDS で再分割するには、まず「ヌル」オブジェクトを SDS の子にして、複数のオブジェクトはヌルの子にします。

　下の画像のように、複数のオブジェクトを普通に SDS の子にすると、一番上に位置するオブジェクトしか再分割されません（これは Cinema 4D の仕様で、「対称」などでもそうなります）。

すっきり整理されたオブジェクトと SDS オブジェクト

下の画像の例では、「Arm」や「Leg」などを「Object」という名前のヌルオブジェクトの子にしたところです。これで全部のパーツにSDSの効果が現れました。しかしよく見ると、今度はArmだけ再分割されていません。

どうしてこうなっているのかというと、Armには「くさび」タグを適用しているからです。「くさび」タグをクリックして属性マネージャを見ると、[ジェネレータの働きをここで切る]にチェックが入っています。くさびタグを適用したオブジェクトの子以下の階層でジェネレータ（この例ではSDS）の効果が断ち切られています。headやLegは、階層のレベルがArmと同レベルなので、くさびタグの効果は現れません。

くさびタグでジェネレータ（SDS）の影響を受けていない状態

SDSで個々のオブジェクトの再分割を管理しても良いのですが、オブジェクトマネージャの行数をそれなりに消費しますので、くさびタグを使った管理方法を紹介しました。くさびタグは、オブジェクトを選択した状態で［オブジェクトマネージャのメニュー］の［タグ］→［CINEMA 4D タグ］→［くさび］をクリックして適用します。右クリックメニューからも適用できます。

右クリックメニューからタグを適用する

●体幹のジョイントの配置

▶ 05 ▶ 5-3-2

さて、いよいよジョイントを作って並べていきます。まず、骨盤から頭までを作ります。

右面ビューで作業します。画面のレイアウトは「初期」または「Standard」で大丈夫です。ビューの表示をワイヤーフレームに変えます。［右面ビューのメニュー］の［表示］→［線］をクリックです。また、髪の毛はビューの表示上邪魔なので、オブジェクトマネージャで非表示にしておきましょう。

サンプル 05-03-02.c4d

［メインメニュー］の［キャラクタ］→［ジョイントツール］をクリックしてジョイントツールにします。Ctrl を押しながら腰のあたりをクリックし、続けて上に向かって5回クリックします。下から順に骨盤、背骨、胸、首、頭、アホ毛になります。

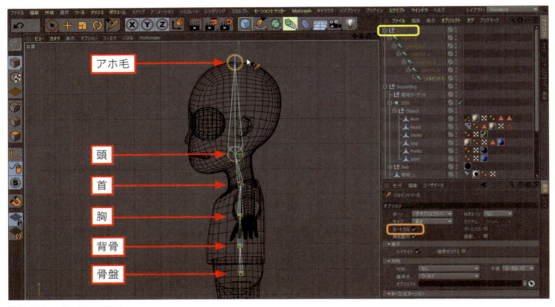

体幹のジョイント群を描画

オブジェクトマネージャを見ると、6つの階層化されたジョイントは「ルート」という名前のヌルオブジェクトの子になっています。これはジョイントツールのオプションの［ルートヌル］にチェックが入っているからです。これ以降で作る腕や脚はヌルの子にしておく必要がないため、［ルートヌル］のチェックを外しておいてください。

ジョイントに名前を付けましょう。骨盤は「pelvis」、背骨は「spine」、胸は「chest」、首は「neck」、頭は「head」、アホ毛は「ahoge」にします。別に日本語でも良いですよ。

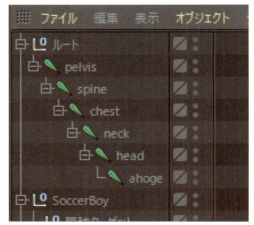

体幹のジョイント群の名前

次はジョイントの向きをチェックします。前にかがんだとき、回転の P の値が + 側に増えるようにしたいです。3D ビューを 4 面表示にして、ジョイントの 1 つ、たとえば「chest」をオブジェクトマネージャでクリックして選択し、「回転」ツールに切り替え、軸バンドの赤（P）をドラッグして前かがみになるように少し回転させてみましょう。

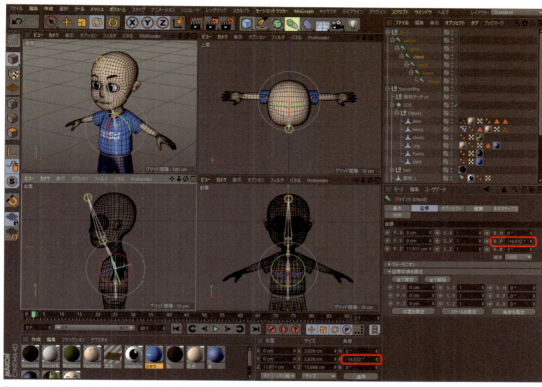

「chest」ジョイントを前傾するように回転させた

　その結果は上の図の通り、マイナス方向に回転してしまいました。

　次に属性マネージャで「pelvis」をクリックし、座標マネージャまたは属性マネージャの［座標］タブを見てください。［H］が「-180°」になっていますので、「0°」に修正します。ついでに［P］は「90°」に修正します。曲げた胸以降のジョイントが変な方向に行ってしまいましたが、これは後で修正しましょう。

　「pelvis」の角度は、H、P、B がそれぞれ「0°」「90°」「0°」ときれいな角度になりました。入力欄に数値を入れて [Enter] を押すと反映されます。

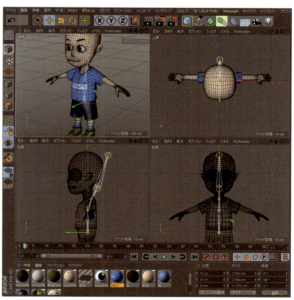

「pelvis」の角度をきれいにする

次は「spine」の角度をチェックしましょう。[H]が「-360°」になっています。「0」を入力して Enter または Tab を押せば、回転角が修正できます。

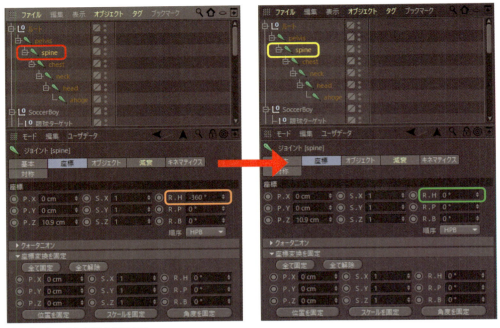

ジョイントの変な角度を修正する

同様に次は「chest」の角度を調べ、[H][P][B]を全て「0°」にしましょう。

「neck」も同様に、まず[H][P][B]を全て「0°」にし、Pを回転させて前傾させ、最初に描画したときのようにしましょう。

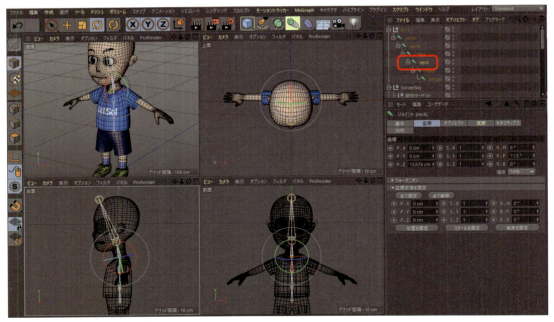

各ジョイントの角度をきれいにする

首のジョイントの角度を「11.5°」にすると、ちょうど首に収まるようになって良いと思えたので設定しました。そして、現在の角度の状態をこのジョイントの初期値にしたいので、［座標変換を固定］でジョイントの回転角度を表示上「0°」にしてしまいます。［角度を固定］ボタンをクリックしてください。

　一連の作業は面倒ですが、バインドを実行した後にこういうことを行うとさらに面倒なことになりますので、先にやっておくのが得策です。

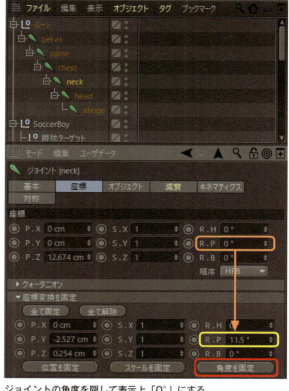

ジョイントの角度を隠して表示上「0°」にする

　頭のジョイントの角度は、首の［P］の「11.5°」を相殺する形で［P］を「-11.5°」にしましょう。これでまたジョイントが垂直になりますね。

　なお実際には、背骨はたくさんの腰椎や脊椎などが微妙な角度で繋がって弓なりのカーブを描いていますが、それを再現しようとすると、体をひねるときなどに苦労しそうなので垂直でOKです。

　作業が済んだら、［角度を固定］ボタンをクリックしてください。

サンプル 05-03-03.c4d

「head」ジョイントの作業

▶ 腕のジョイントの配置

▶ 05 ▶ 5-3-3

次は腕のジョイントの配置です。「①鎖骨」、「②肩」、「③肘」、「④手首のツイスト（ねじり）用」、「⑤手首」までを作ります。

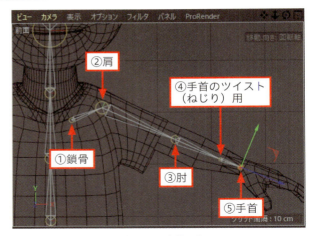

鎖骨から手首まで5つのジョイントを描画する

前面ビュー、上面ビュー、右面ビューのどれで作業すれば良いでしょうか。よくわからないし、迷っていても仕方ないので、作業しやすい前面ビューでチャレンジしてみました。ルートのヌルは不要なので、ジョイントツールのオプションで［ルートヌル］のチェックを外しておきます。そして前面ビューで、関節の位置を意識しながら5回クリックします。

ジョイントに名前を付けましょう。鎖骨は「clavicle」、肩は「shoulder」、肘は「elbow」、手首のツイストは「wrist_twist」、手首は「wrist」とします。

このジョイント群は左腕ですので、名前の後に左半身のパーツであることを示す「_L」を付けましょう。これは「名称ツール」で簡単に行えます。

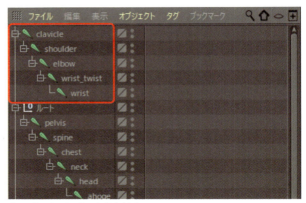

腕のジョイント群に名前を付ける

「clavicle」から「wrist」までを全部選択します。オブジェクトマネージャで「clavicle」をクリックして選択した後、[Shift]を押しながら「wrist」をクリックすると、間にある「elbow」なども一緒に全部選択できます。あるいはオブジェクトマネージャ上で「長方形選択」することもできます。

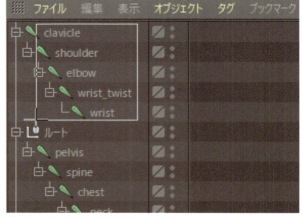

腕のジョイント群を長方形選択で全部選ぶ

▶ 名称ツールによる名前の置換

▶ 05 ▶ 5-3-3

名称ツールは［メインメニュー］の［ツール］→［名称ツール］にあります。［後ろに追加］の右の入力欄に「_L」と入力して、［名前を置換］ボタンをクリックします。

名称ツールの画面

うまくできました。筆者は、名称ツールの存在を知らなかったころ'は、1つ1つ名称を変更していたのですが、名称ツールの便利さを知ったらもう後戻りはできません。

名前の後に「_L」が付いた

📖 MEMO　ビューの表示方法のいろいろ

　ビューの表示方法は、シェーディングの有無、エッジの描画の有無、ワイヤーフレーム、ワイヤーフレームで手前側だけを表示する「隠線」などいろいろあります。目的に応じて、作業しやすい方式に随時切り替えて作業しましょう。軸バンドの色に集中するために、ここの作業では「隠線」で作業しています。

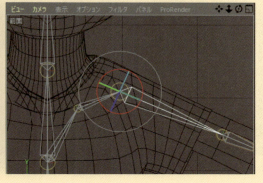

リグの構築　199

▶ 腕のジョイント群の確認　　　　　05 ▶ 5-3-3

　オブジェクトマネージャで「clavicle」を「chest」にドラッグし、「chest」の子にします。「chest」から「clavicle」に向けてボーンが描画されるので、体幹のジョイント群に組み込まれたことが確認できます。

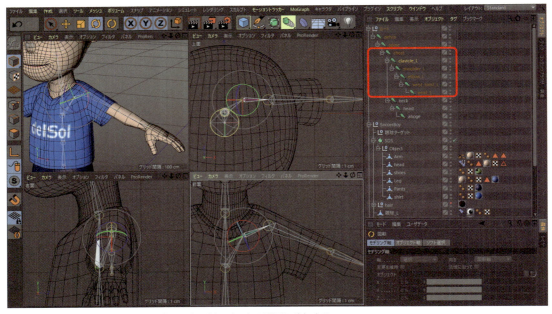

「clavicle_L」を「chest」の子にすることでジョイントの階層に追加する

　背骨で作業したときと同様に、関節の角度を確認して修正しましょう。この作業は必ず体幹に近いほうのジョイントから始め、末端に向かって1つ1つ行います。
　まず、「clavicle_L」をクリックして選択します。鎖骨の上げ下げが回転のPなのでこのままでOKでしょう。忘れずに［座標］タブで［角度を固定］ボタンを押しておきましょう。

「clavicle_L」をチェックし、角度を固定する

次は肩のジョイントをチェックします。オブジェクトマネージャで「shoulder_L」をクリックして選択し、「回転ツール」に切り替えましょう。腕の上げ下げが回転の P です。腕を上げるとさらにマイナス側に振れるようですが、このままで良いです。あまりこだわっても仕方ありません。忘れずに［角度を固定］ボタンをクリックし、きれいな角度にしておきましょう。

「clavicle_L」をチェックし、角度を固定する

次は肘のジョイントをチェックします。オブジェクトマネージャで「elbow_L」をクリックして選択し、「回転ツール」に切り替えましょう。肘を前方向に回転するときに使う回転軸は H になるようです。とくに問題ないですが、肘ジョイント付近の腕のエッジが少し足りないようです。追加の作業が必要になるでしょうが、とりあえず後回しにします。

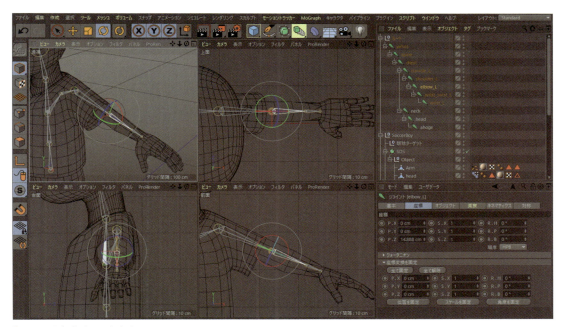

「elbow_L」をチェックする

次は手首のツイスト用のジョイントをチェックします。オブジェクトマネージャで「wrist_twist_L」をクリックして選択し、「回転ツール」に切り替えましょう。手首のツイスト（ねじり）には回転のBを使います。青の軸バンドです。とくに問題なく、このままでOKでした。

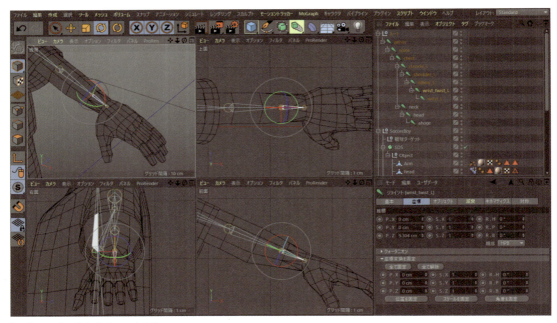

「wrist_twist_L」をチェックする

最後は手首のジョイントをチェックします。オブジェクトマネージャで「wrist_L」をクリックして選択し、「回転ツール」に切り替えましょう。手首の動きは手招きをする動きを回転のP、手を振る動きを回転のHで行います。Bは使用しません（そのために「wrist_twist」を用意しています）。

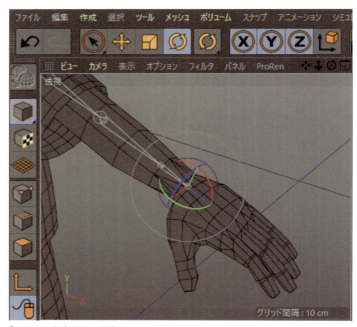

「wrist_L」をチェックする

最後に、「shoulder_L」から「wrist_L」までの各ジョイントが腕のポリゴンの中にきちんと収まっているか確認しましょう。ずれていたら、「shoulder_L」を移動ツールで前後に動かして微調整してください。

サンプル 05-03-04.c4d

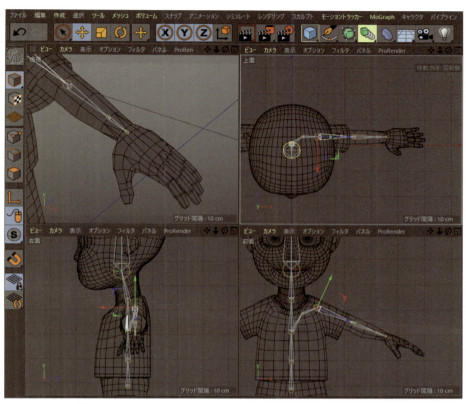

腕のジョイント群が腕のポリゴンに収まっているかチェックする

● 指のジョイントの配置

05 ▶ 5-3-4

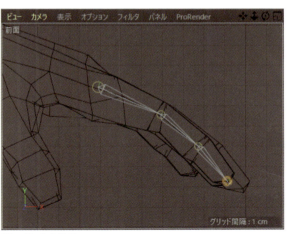

　次は指のジョイントを作って配置していきます。まずは人差し指のジョイントを作ります。コピー＆ペーストで他の指用に使いまわしましょう。

　ジョイントツールのオプションで［ルートヌル］のチェックを外した状態で、前面ビューを使い Ctrl を押しながら4回クリックしましょう。

ジョイントを作る

「名称ツール」を使ってジョイントの名前を変更しましょう。[置換前]に「ジョイント」と入力し、[置換後]に「IndexFinger」と入力したら[名前を置換]ボタンをクリックします。このジョイント群を中指用にコピー&ペーストして、また名称ツールで「Index」を「Middle」に置き換えます。薬指は「Ring」、小指は「Little」に置き換えればOKですね。

ジョイントに固有の名前を与える

コピー&ペーストすると、最初のジョイントの名前に区別のため「.1」が付けられますが、これは削除してください。

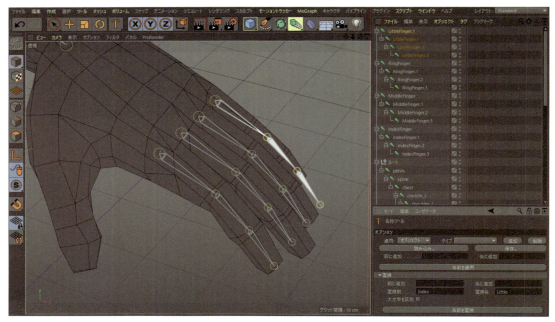

各指用にコピー&ペースト

指はそれぞれ大きさも向きも違いますので、指ごとに微調整をする必要があります。まず、向きと根元側のジョイントの位置を合わせましょう。自分の手を観察して、どこに関節があるのかよく研究してください。指の根元の関節（MP関節）は手首側の奥まった場所に位置しています。

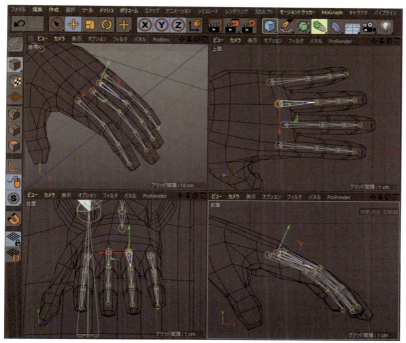

根元の関節の位置角度を合わせる

上の図の「前面ビュー」を見るとわかりますが、中指や薬指などはジョイントの正確な置きどころがわかりません。仕方ないので、各指にポリゴン選択範囲を作って選択範囲以外を非表示にし、位置合わせをしましょう。

オブジェクトマネージャで「Arm」を選択し、ポリゴンモードに切り替えて中指のポリゴンを選択し、選択範囲を記録します。[メインメニュー]の[選択]→[選択範囲を記録]をクリックです。「中指選択範囲」など、区別が付くよう名前を付けましょう。

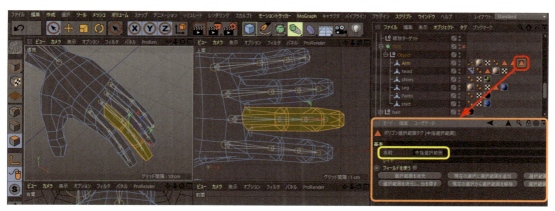

中指のポリゴンの選択範囲を記録する

リグの構築　205

選択範囲タグをクリックし、属性マネージャが開いたら、［選択範囲を復元し他を隠す］ボタンをクリックしてください。中指のポリゴン以外が非表示になります。または［メインメニュー］の［選択］→［選択エレメント以外を隠す］も同じ機能です[注3]。

注3）非表示になっているだけで、削除してしまったわけではありませんので心配はいりません。再び全体を表示するには、［メインメニュー］の［選択］→［全て表示］をクリックすれば良いのです。

人差し指や薬指などのジョイントも、オブジェクトマネージャで非表示にしています。

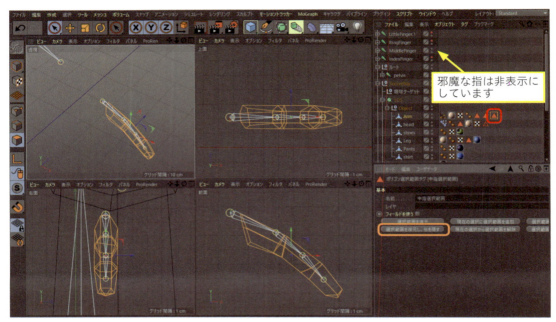

中指以外を非表示にできた

さて、関係ないポリゴンやジョイントを隠したので中指の作業に集中しましょう。ジョイントツールや移動ツールなどを駆使してジョイントの位置を修正します。

ジョイントツールを使ってジョイントの位置を動かすと、軸の角度がずれますので、属性マネージャの［オブジェクト］タブで［整列］ボタンをクリックし、軸が子ジョイントのほうを向くようにしましょう。そして、腕や背骨の作業したときと同様に［角度を固定］を実行して、ジョイントの角度をきれいな数値にします。

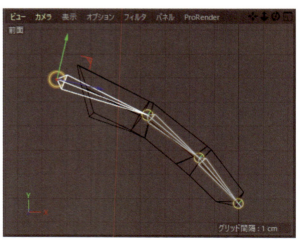

ジョイントの位置を修正

サンプル 05-03-05.c4d

ある指の作業が終了し、選択範囲だけを表示している状態から元の全てを表示する状態に戻すときに一番てっとり早いのは、選択範囲タグをダブルクリックすることです。そうすれば［全て表示］がすぐに実行できます。ジョイントをいじっているときは当然、ポリゴンモードではなく「モデルモード」での作業になりますが、その状態では［選択］メニューの多くが実行不可の状態になっています。まず、「Arm」を選択し、ポリゴンモードに切り替えてから［選択］メニュー内の［全て表示］を実行するよりも、タグをダブルクリックするほうが簡単です。同じ操作にも複数のやり方があります。

　同様にして、親指以外の指についても作業を行いましょう。

サンプル 05-03-06.c4d

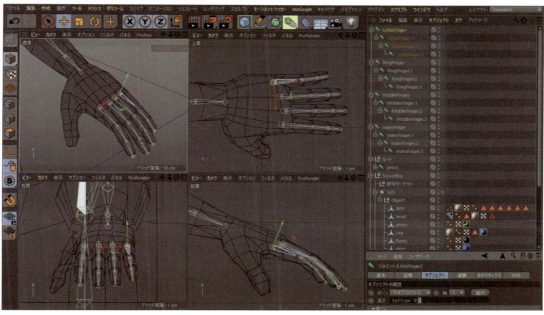

親指以外の作業が完了したところ

　次は親指のジョイントを作りましょう。親指の関節の曲がり方は他の指とは違います。ねじれています。とりあえず人差し指をコピー＆ペーストして、名称ツールで「thumb」に変更します。

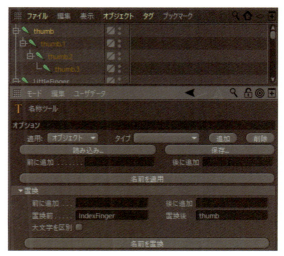

名前を「thumb」に変える

親指の関節はどこにあるのか、どういう曲がり方をするのか、などをよく観察してジョイントを配置しましょう。

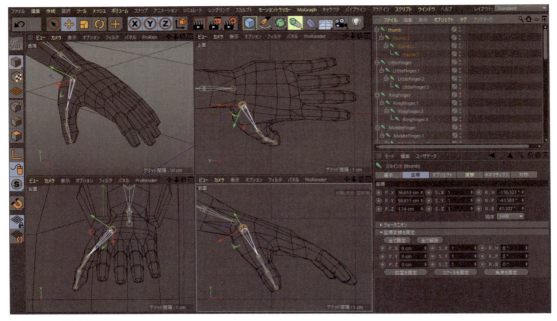

親指のジョイントを配置する

指のジョイント群も揃ったので、これらを「手首」の子にしましょう。オブジェクトマネージャで各指のジョイントを「wrist_L」にドラッグ＆ドロップします。

サンプル 05-03-07.c4d

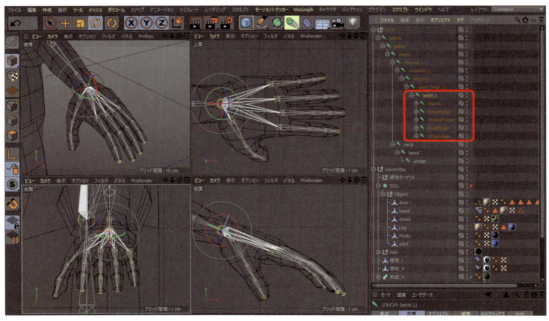

指のジョイントを「wrist_L」の子にする

▶ 腕と手のポリゴンとジョイントのバインド　　▶ 05 ▶ 5-3-4b

　腕、手と一気に作業してきましたが、ポリゴンオブジェクトにバインドしてうまく機能するのか試してみましょう。

　モデリング段階では「うまくできたなー」と思っていても、バインドして実際に関節部分を曲げてみると、「あれ？ おかしいぞ」と思う箇所がいくつも出てきます。その不具合は、ポリゴンの形状の問題だったり、エッジが不足していたり、ジョイントの位置が良くなかったり、バインド実行時に自動で割り当てられたウエイトが不適当だったり、さまざまです。

　バインドの方法は、バインドしたいポリゴンオブジェクトとジョイントをオブジェクトマネージャで選択します。つまり、「shoulder_L」をクリックし、Shiftを押しながら「LittleFinger.3」をクリックし、さらにCtrlを押しながら「Arm」をクリックしてください。その状態で、[メインメニュー]の[キャラクタ]→[コマンド]→[バインド]をクリックします。

ジョイントとオブジェクトを選択する

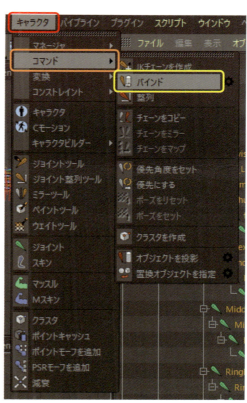
バインドを実行する

　ジョイントとポリゴンオブジェクトは、オブジェクトマネージャ上では離れた場所に位置していると思います。ジョイントを全部選択した後で、次にポリゴンオブジェクトを選択するときに、「追加で選択だから……」などとShiftを押しながらポリゴンオブジェクトをクリックすると、間にある関係ないものまで選択されてしまいます。正解は「Ctrlを押しながら離れた場所にあるポリゴンオブジェクトをクリックする」です。ちなみに、すでに選択中のオブジェクトをCtrlを押しながらクリックすると、そのオブジェクトだけ選択が解除されます。

注意点としては、関係するジョイントを全部選択する必要があるということです。指にはたくさんジョイントがあり、全てを表示すると場所を使ってしまい邪魔なので、オブジェクトマネージャでは畳んでいる場合もあるでしょう。このとき、畳んだ一番上のジョイントだけを選択しても、その下位のジョイントは選択されていません。ジョイントの階層も全部開いて選択する必要があります。

階層を開くと中のオブジェクトは選択されていなかった

　ジョイント「elbow_L」をクリックして選択し、回転ツールで緑の軸バンド（H）をドラッグして回転させると、下の画像のような曲がり方になりました。エッジが足りてない状態です。

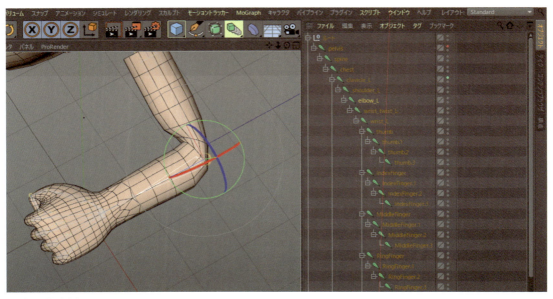

肘関節の曲がり方

手首のねじりも確認します。「wrist_twist_L」をオブジェクトマネージャでクリックして選択し、回転ツールで青の軸バンド（B）をドラッグして回転させます。手首付近だけでねじってる印象を受けます、肘付近まで使って、なだらかに滑らかにねじれるようにしたいところです。これは、肘付近に追加予定のエッジとウエイト調整である程度対処できます。

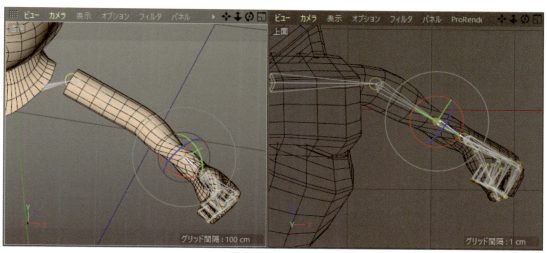

手首のねじり

　各指を曲げて、じゃんけんの「グー」のように握ってみました。中指が短くて、小指が長いようです。そして、指を曲げた際に内側が変な形に潰れています。

　指の長さについては、ポリゴンを編集し、ジョイント位置を調整します。その後、ウエイト調整します。

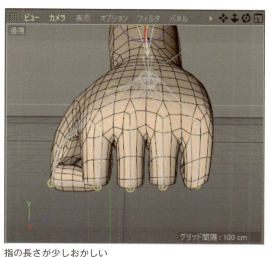

指の長さが少しおかしい

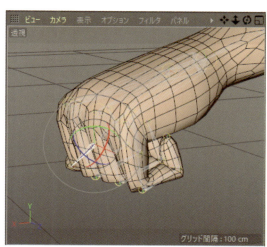

指を曲げた際の潰れ

　指を曲げたり伸ばしたりを何度も行うのは大変なので、ポーズモーフで「グー」のポーズを先に作ってしまいましょう。

サンプル 05-03-08.c4d

▶ バインドポーズのリセット

▶ 05 ▶ 5-3-5

　バインドしたときの状態に各ジョイントの角度を戻します。オブジェクトマネージャを見てください。「Arm」に「ウエイトエクスプレッション」タグ（略してウエイトタグ）が付いています。これをクリックして、属性マネージャの［タグ］タブをクリックして開くと、［バインドポーズをリセット］というボタンがあります。これをクリックすると、バインドしたときのポーズに戻すことができます。

バインドポーズをリセット

　右手の指の長さを調整する方法を考えます。

　バインドした際に、「Arm」オブジェクトには「ウエイト」タグが付けられ、「スキン」オブジェクトが作られ、「Arm」の子になっています。この2つが働いて、ジョイントを動かしたり回転させたりすると、ポリゴンオブジェクトが追従して変形します。

　この「ウエイト」タグと「スキン」オブジェクトを削除すると、バインド前の状態に戻ります。そしてポリゴンを編集したり、ジョイントの位置を調整したりして、再度バインドを行うのです。

　実はバインドした状態で、ジョイントの位置をポリゴンに影響を与えずに微調

ウエイトタグとスキンオブジェクト

整する方法もあるのですが、手順が非常にややこしいので初心者向けとはいえません。P.217のMEMOに手順を紹介しますので、余力があったらチャレンジしてみてください。

▶ ポーズモーフによる手の動きの作成　　📹 05 ▶ 5-3-6

ウエイトの評価などでは、頻繁に指先のジョイントを回転させたり戻したりします。これでは大変なので、先にポーズモーフで手首のツイストや回転、指のポーズ（グーの形）を作ってしまいます。

まず、「wrist_twist_L」にポーズモーフタグを付けます。「wrist_twist_L」をクリックして選択し、［オブジェクトマネージャのメニュー］の［タグ］→［キャラクタタグ］→［ポーズモーフ］をクリックします。

「ポーズモーフ」タグが付けられたら、属性マネージャで［基本］タブを開き、［合成］の左の三角形をクリックして中身を表示します。［角度］と［階層］にチェックを入れてください。ここでは、ジョイントの角度を記録するので［角度］を使います。また、「wrist_twist」の子や、さらに下位レベル（つまり階層が下）のジョイント群の角度を記録するため、［階層］にチェックを入れる必要があります。

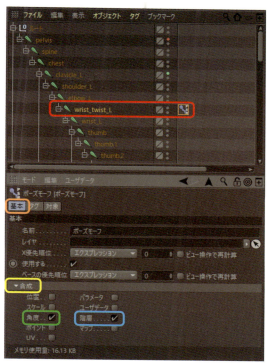

ポーズモーフタグと［基本］タブの設定

［タグ］タブでモードを「編集」にして、「ポーズ.0」の名前を「グー」に変え、ジョイントの角度を変えていきます。モードが「編集」のときは、ジョイントの角度は逐一記録されていきます。

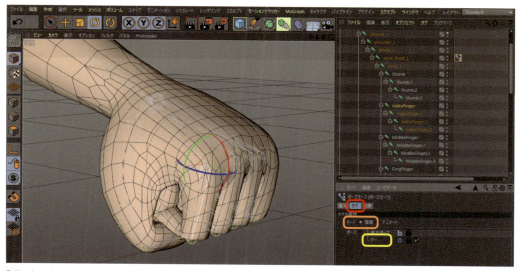

「グー」に各ジョイントの角度を記録していく

作業が終了したら、ポーズ名の右側の錠前アイコンをクリックしてロック状態にし、保護します。下の画像では、ポーズ「グー」の強度を40％まで下げています。基本ポーズに戻っていく途中の状態です。

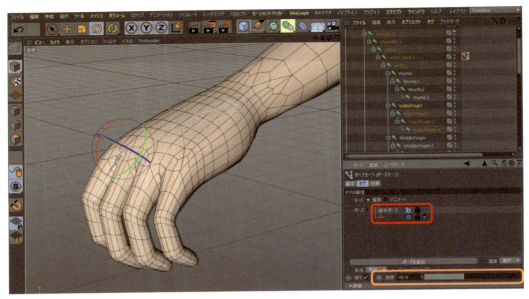

作ったポーズをロックして保護する

　次は、手首のジョイント「wrist_L」の回転（PとH）を記録します。
　まずPからです。[ポーズを追加]ボタンをクリックして、できた新規ポーズの名前を「手首.P」とします。オブジェクトマネージャで「wrist_L」をクリックして選択し、回転ツールで赤い軸バンド（P）をドラッグして手首を回転させます。角度は-50°程にしました。

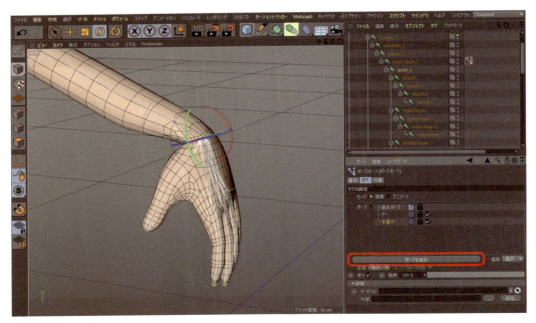

手首をP方向に回転する

下に曲げる動きを作ったら、別のポーズを作ります。今度は手首を反らすポーズも作るのかというと、そうしても良いのですが、実はもうできています。

［強度］の数値入力欄は、何も知らないと「0%～100%」しか使えなさそうに思うかもしれませんが、実はマイナスの値も使えます。数値入力ボックスに「-100」と入力して [Enter] を押すと反対側に反ってくれます。

スライダーで反対側に振ることができないのは不便ですが、最終的にはこれに XPresso で一工夫加えてマイナス側の値も操作できるようにしますので、今はこのままにします。

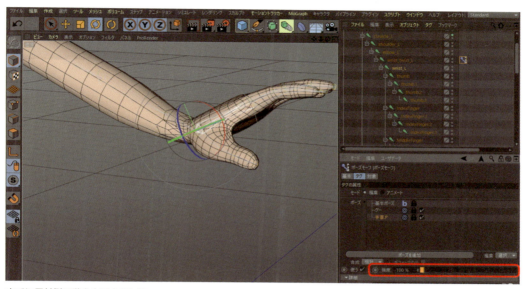

すでに反対側の動きもできている

同様に手首の回転 H のポーズも作りましょう。手を振るときの動作になりますね。緑の軸バンドでポーズを作りましょう。自分の手で確認すればわかりますが、この方向へはあまり曲がりません。角度は 30° 程にしています。

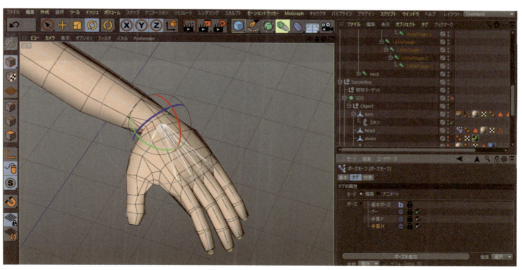

手首を H 方向に回転する

次は手首のツイスト（ねじり）のポーズを作りましょう。例によって片側にねじるポーズだけ作ります。

新たにポーズを追加して、名前を「手首ツイスト」とします。ジョイント「wrist_twist_L」を選択し、回転ツールで青の軸バンド（B）をドラッグしてねじります。-70°程まで回転させました。作業が終了したら、モードを「アニメート」に切り替えておきましょう。

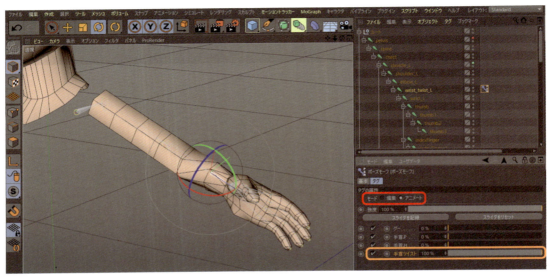

手首をねじるポーズ

● ポリゴン再編集の準備　　　　　　　　▶ 05 ▶ 5-3-7

すでにバインドをしていますが、肘の部分にエッジを追加することになりました。いったんウエイトタグとスキンオブジェクトを削除して、肘部分にエッジを追加し、再度バインドすることにします。

ウエイトタグとスキンオブジェクトを削除したら、「Arm」の右腕側のポリゴンも全部削除します。修正後にコピーで再度作ります。

「Arm」オブジェクトの軸が変な位置にあるので、正面から見て中心に動

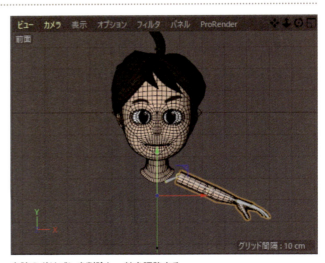

右腕のポリゴンを削除し、軸を調整する

かします。軸モードにして、X 座標に「0」と入力し、Enter を押せば OK です。作業が終わったら軸モードを解除してください。

サンプル　05-03-09.c4d

▶ エッジの追加

05 ▶ 5-3-7

「ループ / パスカット」で肘の部分にエッジを追加しましょう。既存のエッジを挟む形で2本、ループ状のエッジを追加します[注4]。

注4）何らかの理由で「ループ / パスカット」が機能しない場合は、ポリゴンペンを使って作業してください。

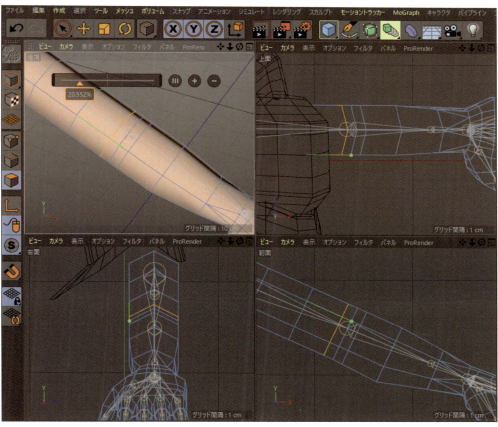

肘部分にエッジを追加する

📖 MEMO　バインド済みオブジェクトのジョイント位置を調整する方法

以下の方法で、バインド済みのオブジェクトのジョイント位置を調整します。

① IKゴールを使用している場合は、IKタグの［IK/FK］を100％にして、IKを一時的に無効化しておく
② ウエイトエクスプレッションタグをクリックし、属性マネージャで［バインドポーズをリセット］ボタンを押してバインドしたときの状態に戻す
③「スキン」オブジェクトを一時的に無効にする（緑の✓をクリックして赤の×にする）
④ ジョイントツールでジョイント位置を調整する
⑤ ウエイトエクスプレッションタグで［バインドポーズをセット］ボタンを押してジョイントの状態を更新する
⑥「スキン」オブジェクトを有効にする（赤の×をクリックして緑の✓にする）
⑦ IKゴールを使用している場合は、IKタグの［IK/FK］を0％に戻す

　手順③は省略できますが、スキンを無効にしたほうがジョイントの位置を掴みやすいでしょう。

▶ 指の長さの調整

05 ▶ 5-3-8

　ここでは中指を長くし、小指を短くするのですが、先にジョイントの位置を調整して、そのジョイント位置に合わせる形でポリゴンを調整しましょう。

　まず、中指の長さを調整しましょう。前面ビューで作業しますので、他の指が表示されていると見えにくいです。中指以外のジョイントはオブジェクトマネージャで非表示にしましょう。「Arm」オブジェクトの中指の選択範囲タグをダブルクリックして選択し、さらに［メインメニュー］の［選択］→［選択エレメント以外を隠す］をクリックして中指以外を隠します。すでに1回やったので覚えていますよね？

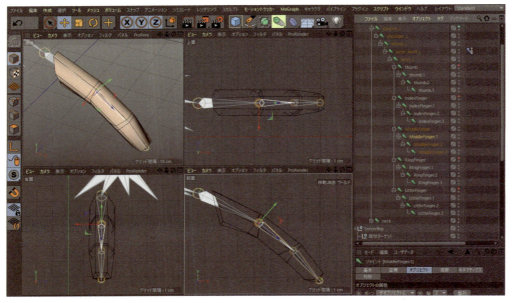

邪魔なジョイントなどを非表示にする

▶ ジョイントの位置の変更

05 ▶ 5-3-8

　「移動ツール」でジョイントを動かしましょう。移動ツールなので、その先のほうも同じだけ動いています。「ジョイントツール」だと他のジョイントは動かず、ボーンの長さが変わってしまうので注意が必要です。目的に応じて使い分けましょう。

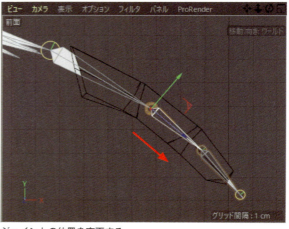

ジョイントの位置を変更する

「Arm」オブジェクトを選択し、ポイントモードで動かすポイント群を選択して、ジョイントの位置に合わせましょう。

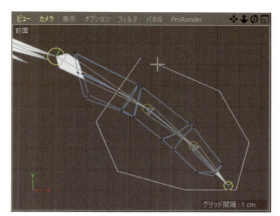
ポイントを「多角形選択」で囲む

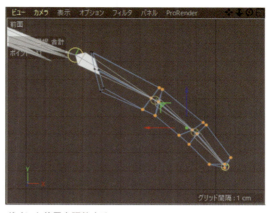
ポイント位置を調整する

同様に、今度は小指の長さを調整してください。気になっていたのですが、小指が外側に曲がってしまっています。ちょうど良いチャンスなので修正しましょう。

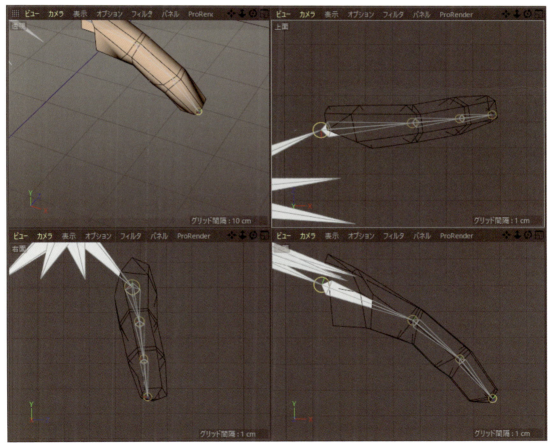
小指だけを表示する

リグの構築

小指の編集ジョイントの位置を調整して、ポリゴンの形状も修正しました。念のため、ジョイントの角度を確認しておきましょう。必要なら［角度を固定］を実行してください。

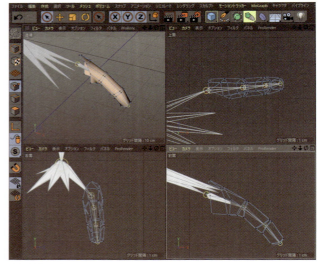

小指を修正する

　もう一度バインドして、指を曲げてみました。まあ、良いんじゃないかな、という印象です。小指のポリゴンがぐちゃぐちゃになっていますが、ウエイト調整でどうにか……なるでしょうか（笑）。

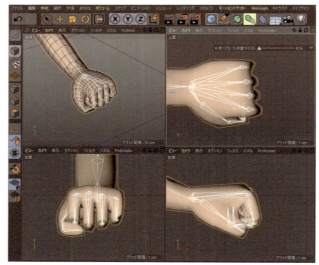

再度バインドして指を曲げてみた

　肘を曲げてみましょう。追加したエッジの効果で、良い感じで曲がってくれるようになりました。もう少し肘の角が尖ってほしいなーという場合は、肘のジョイントの位置を工夫すると改善されます。

サンプル 05-03-10.c4d

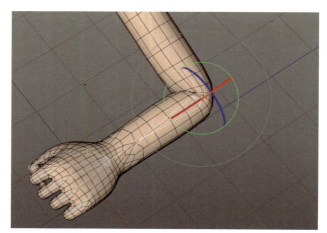

再度バインドして肘を曲げてみた

▶ 腕のウエイトの調整

▶ 05 ▶ 5-3-9

　まず、手首と肘の間のウエイトを調整します。画面レイアウトを「Rigging」に切り替えてください。「Arm」のウエイトを調整可能にするには、「SDS」をオフにする必要があります。Armが親のSDSをオブジェクトマネージャで探して、緑色のチェックマークをクリックして赤色の×に変えます。

　または、「Arm」に付けた「くさび」タグを操作してください。そうすると、下の画像のような選択中のジョイントごとに異なる色で塗り分けられた状態になります。オブジェクトマネージャで選択したジョイントが画面真ん中の列の［ウエイトマネージャ］にリスト表示されます。

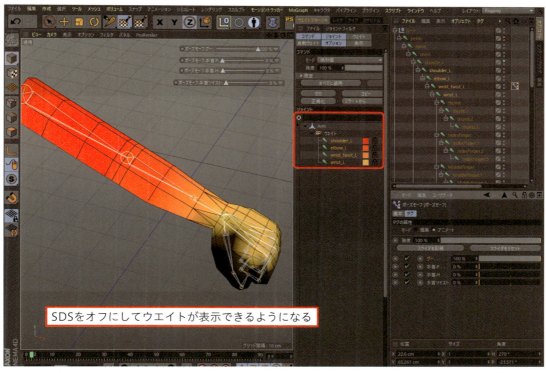

Rigging レイアウト

　上の画像では複数のジョイントの情報が表示されていますが、リストで1つだけ選択することもできます。色の濃さがウエイトの値を表しています（濃いほど値が高い）。右の画像では、あるポイントがどのジョイントとどのジョイントから何%ずつ影響を受けているか調べています。

　見えにくいですが「elbow_L」が99.71%、「shoulder_L」が0.29%だそうです。これを「elbow_L」を50%、「wrist_twist」を50%にしてみたいと思います。

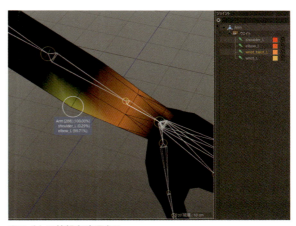

ウエイトの情報を確認する

まず、すでに調べた通り、肘より先のポイントが肩のジョイント「shoulder_L」のウエイトを持っていることがおかしいので、初期化というべきかクリーニングというべきか、「wrist_twist_L」の与えるウエイトが100%の状態にしてしまいます。

ウエイトツール

［ウエイトツール］のコマンドアイコンをクリックして属性マネージャを開き、［オプション］タブ内の設定を変更します。［モード］を「絶対値」にし、［自動正規化］にチェックが入っているか確認します。［強度］を「100％」に、［半径］は状況に応じて作業しやすいサイズに変更しましょう。ここでは「20」にしています。［可視エレメントのみ］にもチェックが入っているかも確認してください。

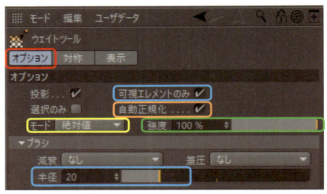

ウエイトツールの設定

下の画像で黄色い線で囲んだポイント群（もちろん裏側も）に対し、「wrist_twist_L」ジョイントから100％のウエイトを与えます。絶対値で100％なので、他のジョイントからの影響を受けていようといまいと、強制的に単独で100％が与えられます。

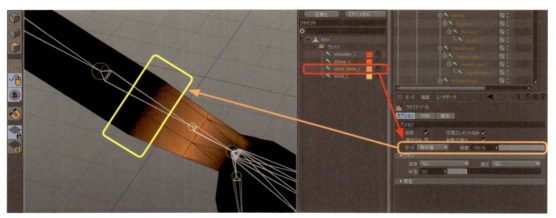

「wrist_twist_L」ジョイントから100％のウエイトを与える

［モード］は他にも「加算」「減算」などいろいろあるのですが、絶対値は決め打ちなので最もわかりやすいと思います。

ウエイトのペイントの第一段階が完了しました。前のページの画像と見比べてください。

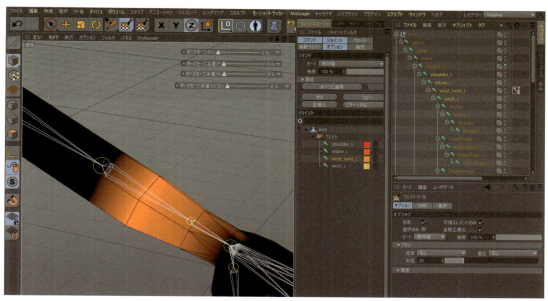

第一段階が完了した

　次にウエイト値を変更するジョイントは「elbow_L」です。下の画像のように「elbow_L」をクリックして選択し、[強度]を「50%」に変更します。先ほどと同じポイント群をなぞってウエイトを与えます。「wrist_twist_L」がすでに100%の影響を与えているポイントに対し、「elbow_L」が50の設定でウエイトを与えると、50%を強制的に与えることができます。「自動正規化」（合計が100%になるように調整する）の働きで「wrist_twist_L」のウエイトは50%に減らされます。

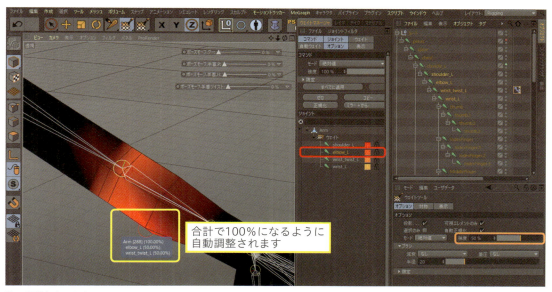

第二段階も完了した

手首をねじってみるとどうでしょうか？ いちおう、以前より改善されましたが、ねじるにしたがって痩せていくのが気になります。なお、いちいちポーズモーフタグをクリックして開くのは面倒なので、スライダーを 3D ビュー上にドラッグ＆ドロップして HUD 化しています。

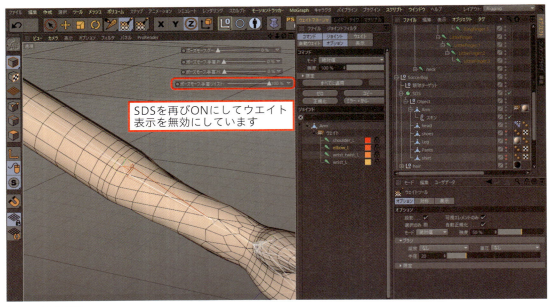

ねじってみた結果

ねじると痩せてしまうのを改善するために、スキンオブジェクトの［タイプ］を「球体」に変更しましょう。これでいくらかマシになりました。

サンプル 05-03-11.c4d

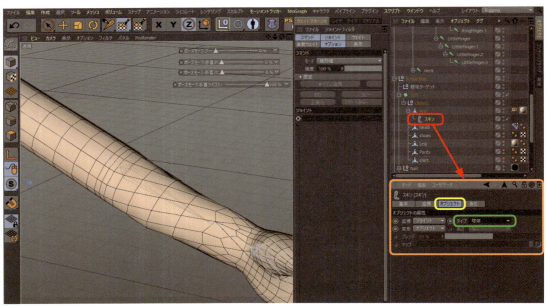

スキンオブジェクトの［タイプ］を「球体」に変更する

▶ 指のウエイトの調整

▶ 05 ▶ 5-3-10

　最後に指のウエイトを調整しましょう。基本的に 1 つのポイントに最大で 2 つのジョイントが影響を与えるようにします。ジョイント付近のポイントは、下の図のようにウエイトを分け合います。たすき掛けのようなイメージです。90％と 10％ではなくて 80％と 20％などの組み合わせも考えられます。本書では、この図の方針で進めたいと思います。

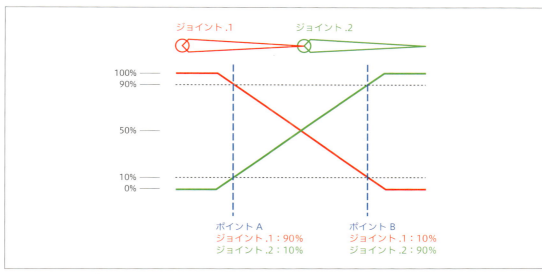

ウエイト配分の概念グラフ

　実際の作業では下の画像のようになります。イメージが掴めますでしょうか？

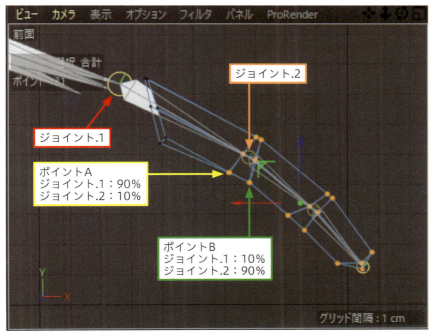

ウエイト配分の例

リグの構築　225

中指の状態を見てみると、下の画像のように指のポイントなのに手首（wrist_L）の影響を受けていて、一番近くにあるジョイント「MiddleFinger.1」の影響（ウエイト値）を全く受けていません。指が変な曲がり方をする原因はおそらくこれでしょう[注5]。

注5） 他の指やポイントは非表示にしています。

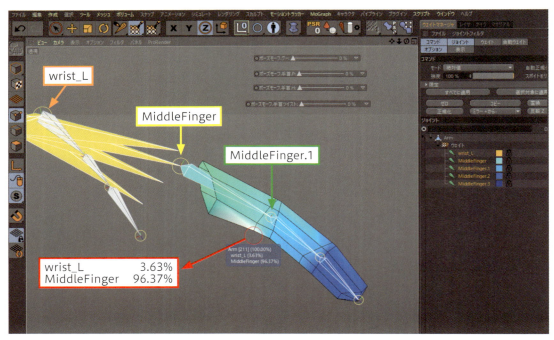

指のウエイト値を検証する

前ページの図と画像をよく思い出しながら作業しましょう。ジョイント位置を境に、根元側と先端側でウエイトを分け合うのです。最初はどちらも100％でペイントしてしまい、次に10％ずつ渡すイメージです。ジョイントのどちら側のどのポイントに、どのジョイントのウエイトを何％渡すのかを常に意識して作業しましょう。すぐに慣れると思いますし、慣れれば機械的に進められます。

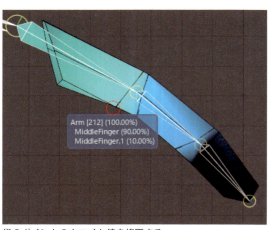
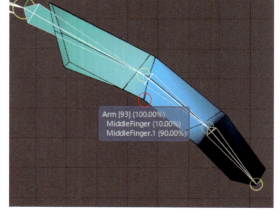

指のポイントのウエイト値を修正する

中指の指先のジョイント周りも同様に作業して、指を曲げてみました。右の画像がそうですが、きれいに曲がっています。隙間が空きすぎですが……。

サンプル 05-03-12.c4d

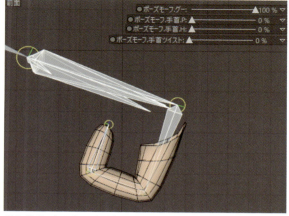
指のポイントのウエイト値を修正する

他の指も同様に作業します。親指の曲がり具合を検証しましょう。右の画像の赤丸で囲んだあたりが違和感ある曲がり方をします。ウエイト値を見ると「wrist_L」の影響を受けています。代わりに「thumb.1」のウエイトを与えるべきです。自分でやってみてください。

サンプル 05-03-13.c4d

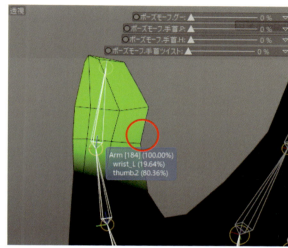
親指のウエイト値を検証する

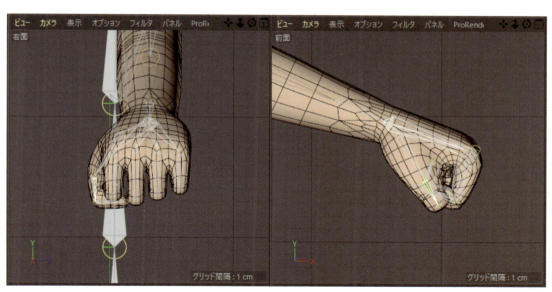
他の指もきれいに曲がるようになった

● 左腕と左手のジョイントとポリゴンのミラーコピー ▶ 05 ▶ 5-3-11

ウエイトの作業はいったん終了ですので、ここでレイアウトを「初期」あるいは「Standard」に戻します。

左腕と左手はできましたので、反対側にコピーしましょう。

まずジョイントを選択します。「clavicle_L」（鎖骨）から「LittleFinger.3」までの全てのジョイントを選択します。そして Ctrl を押しながら「Arm」をクリックします。バインドするときとほぼ一緒のジョイントを選択するわけですが、「clavicle_L」から選ぶ点が異なります。

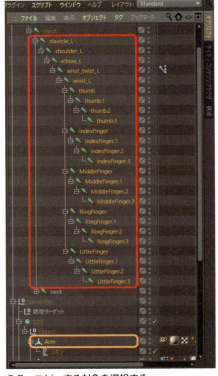

ミラーコピーする対象を選択する

［メインメニュー］の［キャラクタ］→［ミラーツール］をクリックして属性マネージャで各種設定をしていきます。ミラーツールの設定は難解ですので、がんばって理解してください。失敗してもやり直せば良いのですが、さらに作業を進めた後に不具合に気づくと大変です。

［方向］タブでは、［基準点］を「親」、［軸］を「X(YZ)」、［座標］を「ワールド」にしています。

［軸］の「X(YZ)」は、モデルの左右がX方向であることと関係します。［基準点］の「親」は、このモデルの場合、「clavicle_L」の親である「chest」ジョイントを反転の基準にするということです。また、このモデルの場合、chestの位置はX=0（ワールド座標系）になっていますので、［座標］はローカルでもワールドでもかまいません。

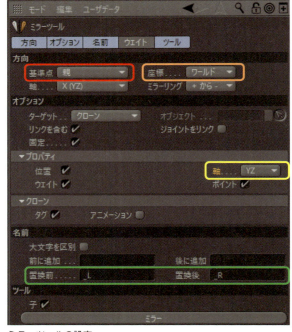

ミラーツールの設定

［オプション］タブでは、［軸］を「YZ」にします。この項目では、コピーされたジョイントの軸の向きが決められます。非常に重要です。このモデルの場合、「YZ」以外にすると、ポーズモーフで「グー」のスライダーを動かしたときに、指の各ジョイントが逆方向に回転するなどして悲惨なことになりました。

［名前］タブでは、［置換前］に「_L」を、［置換後］に「_R」を入力します。名称ツールと同様です。設定が完了したら［ツール］タブの［ミラー］をクリックします。

サンプル 05-03-14.c4d

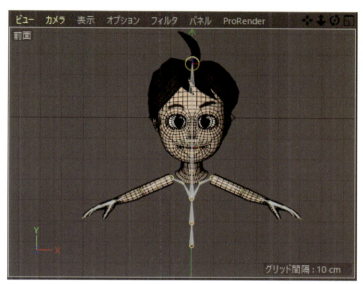

うまくミラーコピーできた

テストレンダリング

次は下半身のジョイント群を作っていきます。もうかなり経験を積みましたので、スピードアップしていきましょう。

▶ 左脚と左足のジョイントの作成　　🎬 05 ▶ 5-3-12

　上半身と腕のジョイントを作ったときと同様に作業しましょう。まず、右面ビューでジョイントを5個作ります。上から順に「①大腿骨の付け根（hip_L）」、「②膝（knee_L）」、「③足首（ankle_L）」、「④母指球（親指の付け根）（ball_L）」、「⑤爪先（toe_L）」になります。名前も付けておきましょう。

　膝はIKの設定をするので、少し曲がるようにジョイントを配置しています。終わったら例によって［整列］で軸の向きを整え、［角度を固定］を実行しておきましょう。

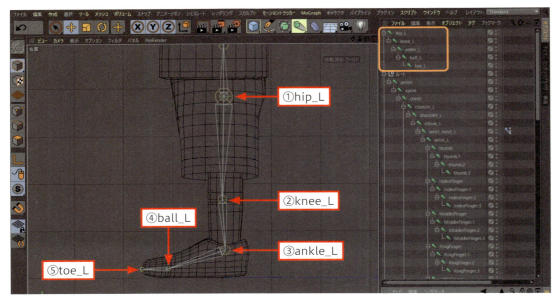

左脚のジョイントを作成する

　前面ビューで右脚に収まるようにジョイントを移動します。まだ「pelvis」の子にはしていませんので、ボーンは描画されていません。

　オブジェクトマネージャで「hip_L」を「pelvis」にドラッグ＆ドロップしてください。

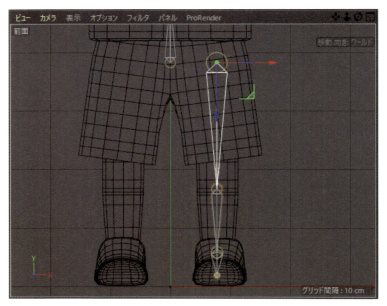

ジョイントが脚に収まるように移動させる

▶ IK チェーンの作成

▶ 05 ▶ 5-3-12

　脚は IK（インバース・キネマティクス）と FK（フォワード・キネマティクス）を併用する予定なので、この段階で IK チェーンを作成しておきます。

　スタートとなるジョイントが「hip_L」、ゴールになるジョイントが「ankle_L」です。この 2 つのジョイントをオブジェクトマネージャで選択しましょう。そしてその状態で［メインメニュー］の［キャラクタ］→［コマンド］→［IK チェーンを作成］をクリックして IK チェーンを作ります。「hip_L」に IK エクスプレッションタグ（以下 IK タグ）が付けられ、「ankle_L. ゴール」という名前のヌルオブジェクトが作られます。この「ankle_L. ゴール」を移動すると足首が動き、その位置に応じて膝の角度が自動的に計算されます。

　右の画像の例では、「hip_L」と「ankle_L」の間の「knee_L」も選択されていますが、これでも問題ありません。IK の両端のジョイントがわかれば OK です。末端側のジョイントがゴール側になります。

IK の両端になるジョイントを選択する

　［メインメニュー］の［キャラクタ］→［コマンド］→［IK チェーンを作成］をクリックします。

IK チェーンを作成する

うまくできたようです。

IKチェーンが作成された

次は「hip_L」以下をドラッグ＆ドロップで「pelvis」の子にしましょう。

「hip_L」から「toe_L」までを選択し、ミラーツールで右側にコピーします。設定は左腕をミラーコピーしたときと同じです。IKのゴールは選択しなかったのですが、自動的にコピーされていました。これは、ミラーツールの属性マネージャ項目で、［オプション］タブの［リンクを含む］にチェックが入っているからです。

右脚のジョイントも作成された

IKでジョイントがきちんと動くのか確認しました。どうやらちゃんと動作するようです。次はズボン、脚、シューズにバインドします。

サンプル 05-03-15.c4d

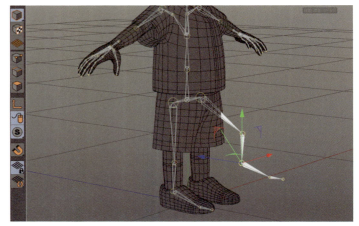
IKも動いた

▶ 下半身のパーツのバインド

📹 05 ▶ 5-3-12

　ズボン、脚、シューズを同時に左右の脚のジョイントにバインドしましょう。「pelvis」から両足の「toe_L」、「toe_R」まで全てのジョイントと「shoes」、「Leg」、「pants」を選択してバインドを実行してください。

サンプル 05-03-16.c4d

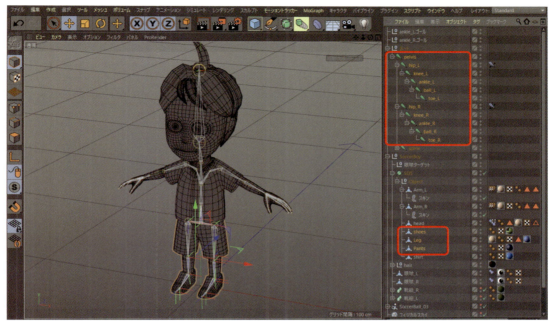

下半身のパーツと両脚のジョイントをバインドする

　テストレンダリングしてみました。次はかかと部分のウエイト調整をします。

テストレンダリングの結果

リグの構築　233

▶ シューズのウエイト調整　　▶ 05 ▶ 5-3-13

　かかとのジョイント「ankle_L」を回転させると、靴のかかと部分の変形に問題があります。「ankle_L」ではなく膝の「knee_L」の影響が強すぎるようです。

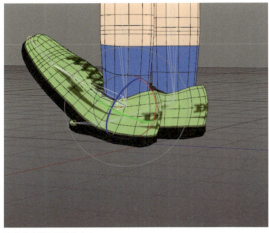
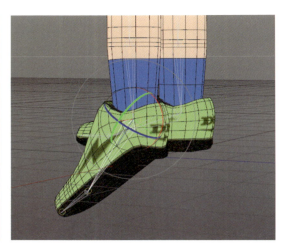

かかと付近が動かない

　左脚のウエイトを確認しましょう。黄色が「knee_L」の影響が強い箇所で、黄緑が「ankle_L」の影響が強い箇所です。靴のかかと付近はもう少し黄緑にしなくてはなりません。

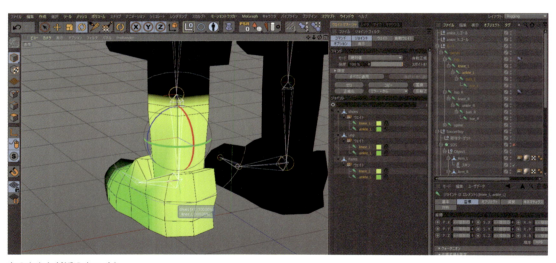

左のかかと付近のウエイト

▶ 下半身のパーツのバインド

05 ▶ 5-3-12

　ズボン、脚、シューズを同時に左右の脚のジョイントにバインドしましょう。「pelvis」から両足の「toe_L」、「toe_R」まで全てのジョイントと「shoes」、「Leg」、「pants」を選択してバインドを実行してください。

サンプル 05-03-16.c4d

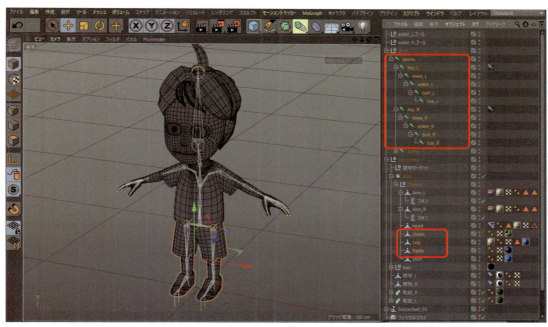

下半身のパーツと両脚のジョイントをバインドする

　テストレンダリングしてみました。次はかかと部分のウエイト調整をします。

テストレンダリングの結果

リグの構築　233

▶ シューズのウエイト調整

▶ 05 ▶ 5-3-13

かかとのジョイント「ankle_L」を回転させると、靴のかかと部分の変形に問題があります。「ankle_L」ではなく膝の「knee_L」の影響が強すぎるようです。

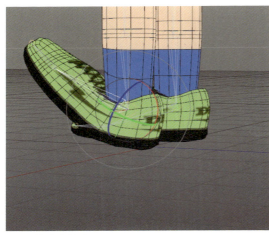
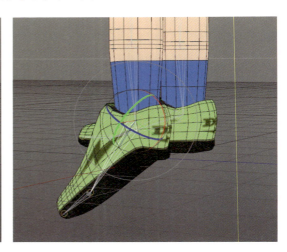

かかと付近が動かない

左脚のウエイトを確認しましょう。黄色が「knee_L」の影響が強い箇所で、黄緑が「ankle_L」の影響が強い箇所です。靴のかかと付近はもう少し黄緑にしなくてはなりません。

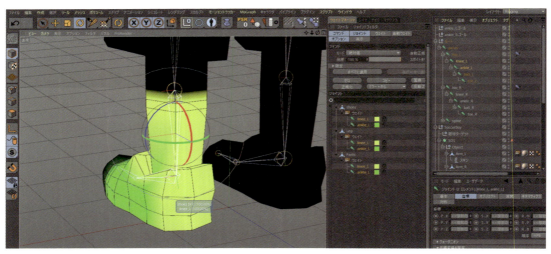

左のかかと付近のウエイト

かかと付近は「ankle_L」のウエイト100％で問題ないかというと、実際はそうでもありません。必要に応じて「knee_L」のウエイトも分配すると良いでしょう。

　靴紐のオブジェクトはコンストレイントでシューズの表面に固定しますので、その付近のウエイトは「ankle_L」に100％影響されるようにする必要があります。そうしないと、足首を回転したときにシューズと靴紐がずれることになります。

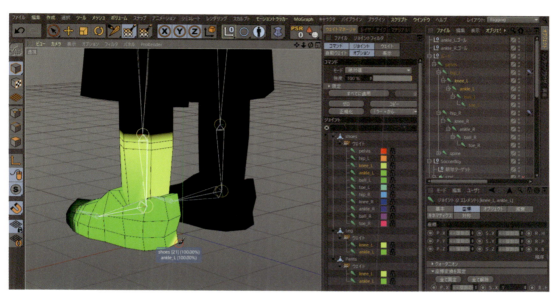

ウエイトを調整する

　より自然な動きで足首を回転できるようになりました。

サンプル 05-03-17.c4d

自然な動きになった

▶ シャツ用の補助ジョイントとバインド

　シャツの袖は、腕の動きに追従するときもあれば、追従しないときもあります。シャツの袖口が小さくて腕にほぼフィットしているようなケースではあまり問題になりませんが、袖口が広いと、状況によっては不自然に感じることがあります。そこで、腕のジョイントに補助的なジョイントを追加して、腕とシャツの袖を状況に応じて別々に動かせるようにしてみましょう。

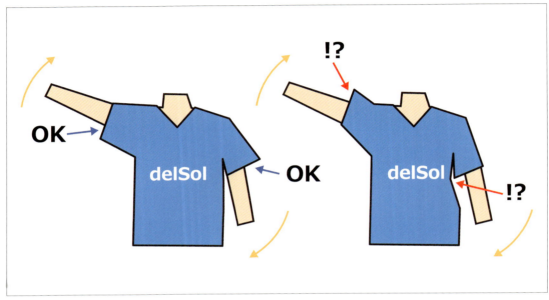

腕の上げ下げと袖の開口部

　下の2つの画像を見てください。左側の画像は腕を上げた分以上にシャツの袖も上がっています。シャツが勝手に動いているようで不自然です。右側の画像では腕を上げた結果、袖も上がっているように見せることができています。

袖は腕と完全には連動しない

▶ 袖用のジョイントの追加　　　　　　　　　　　　▶ 05 ▶ 5-3-14

右袖用のジョイントは、肩のジョイント「shoulder_L」の子にします。

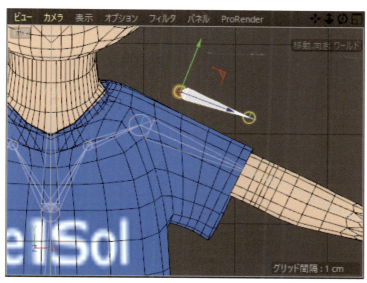
袖用ジョイントを追加する

　ジョイントの名前を「sleeve_L」、「sleeve.1_L」と変更し、「shoulder_L」の子にします。そして腕のジョイントと同軸（Z軸が重なる）になるように位置、角度を合わせました。なお、同軸であることにこだわる必要はとくにないと思いますが、脇の下付近には位置させないほうが良いでしょう。

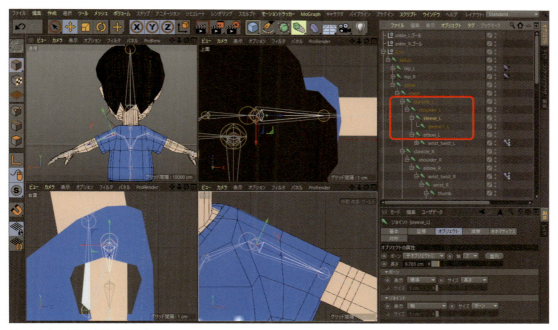
ジョイントの位置、角度を調整する

「ミラーツール」で「sleeve_L」と「sleeve.1_L」を右腕側にコピーします。下の画像では、左肩から右肩への変なボーンが表示されていますが、属性マネージャで右腕の階層の正しい位置（shoulder_R）の子にすれば解決します。

コピーツールの［方向］オプションで、［基準点］を「ワールド」にしています。

サンプル 05-03-18.c4d

袖用のジョイントをミラーコピーする

シャツとジョイントをバインドします。

まず、オブジェクトマネージャでジョイントの「pelvis」をクリックし、さらにCtrlを押しながら「spine」、「chest」、「clavicle_L」、「sleeve_L」、「sleeve.1_L」、「clavicle_R」、「sleeve_R」、「sleeve.1_R」、「neck」、そしてシャツのオブジェクトである「shirt」をクリックして選択します。余計なジョイントを選んでしまわないように注意深く作業しましょう。

間違いなく選択できたらバインドを実行してください。［メインメニュー］の［キャラクタ］→［コマンド］→［バインド］をクリックです。

サンプル 05-03-19.c4d

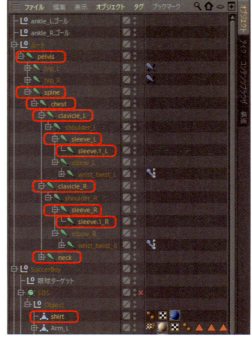

シャツをバインドする

▶ シャツのウエイト調整

　　　　　　　　　　　　　　　　　　　　　　🎬 05 ▶ 5-3-15

　レイアウトを「Rigging」に切り替えて、シャツをクリックすると、シャツのどの部分がどのジョイントからの影響を受けているのかわかります[注6]。

注6）SDSで再分割されているとウエイトが表示されません。SDSをオフにするか、くさびタグを使いましょう。

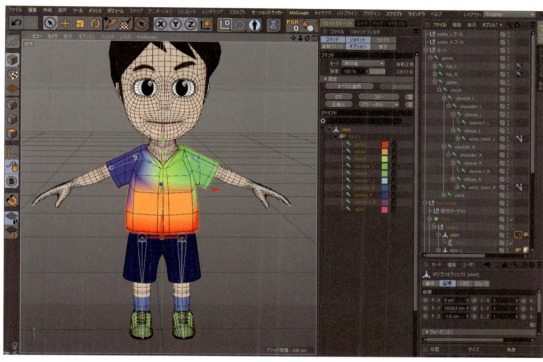

バインド直後の状況

　「clavicle_L」と「shoulder_L」を回転させて左腕を上げてみました。シャツの襟が首にめり込んでいます。襟の部分のウエイトは「neck」ジョイントにより多く割り当てるべきでしょう。脇の下部分は腕と一緒に動きすぎています。この部分のウエイトは、「chest」ジョイントの割合を多くすべきです。

　他のジョイントも回転させてみて、ウエイトの割り当てをどう調整するか考えましょう。

左腕を上げた状態

シャツの袖の付け根、脇の下部分に「chest」ジョイントのウエイトを割り当てます。「sleeve_L」が100％割り当てられていたポイントに、「chest」のウエイトを50％割り当てました。これで、伸びすぎていたシャツの生地が胴体側に戻りました。

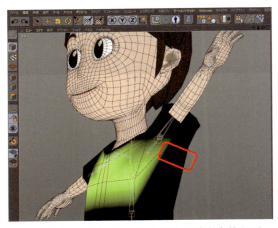
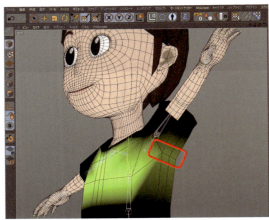

シャツのポイントが袖のジョイントに引っ張られすぎている

袖の先の下側にあるポイントにも、「chest」ジョイントのウエイトを10％程割り当てました。生地が伸びずに引っ張られている感じが出ると思います。

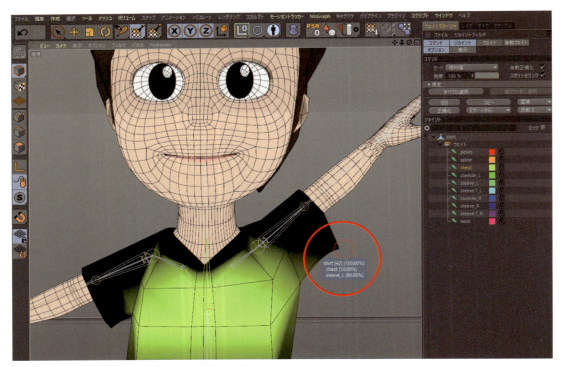

袖の先端の下側にも「chest」のウエイトを割り当てる

うまくできたら、右腕側も同様に作業しておきましょう。

腕を下げるとどうなるかというと、袖が腕よりも先に胴体にめり込んでいきます。こうならないために、「sleeve_L」の角度を調節しましょう。アニメーションさせる際は、まず腕の角度を決めて、それに応じて袖の角度を決めることになります。

サンプル 05-03-20.c4d

腕のジョイントの角度に応じて袖のジョイントの角度を調節する

▶ 首～頭のバインド

05 ▶ 5-3-16

首から上のオブジェクトは、頭のポリゴン（首を含む）、髪の毛、眼球なのですが、ジョイントにバインドするのは頭のポリゴンだけです。髪の毛と眼球は、バインドではなく、ジョイントへのコンストレイントにします。

ジョイントの「neck」、「head」、「ahoge」とポリゴンオブジェクトの「head」をオブジェクトマネージャで選択し、バインドを実行してください。

バインドが完了したらすぐに眼球と髪の毛のコンストレイントの作業に移行しましょう。うかつにジョイントを回転させると、眼球が飛び出したりして気持ち悪いです（笑）。

ジョイントとポリゴンを選択する

割り当てられたウエイトを確認してみると、「neck」の影響があごのあたりまで及んでいます。これは修正する必要があります。まず、首と頭の境まで「head」のウエイトが100％になるようにしましょう。頭を回転させると変形具合がすごいことになっています。これはこれでおもしろいですが……。

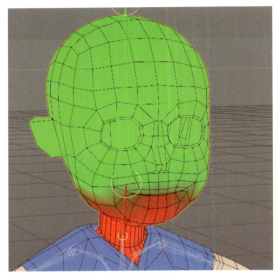
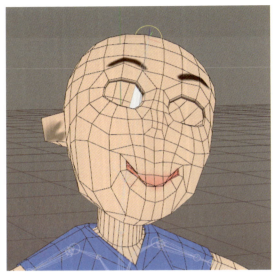

あごの部分が「neck」ジョイントの影響を受けすぎている

　首と頭の境界部分のポイント1周分は、「head」を20％、「neck」を80％の割合にして唐突な変形を起こさないように配慮しました。

サンプル 05-03-21.c4d

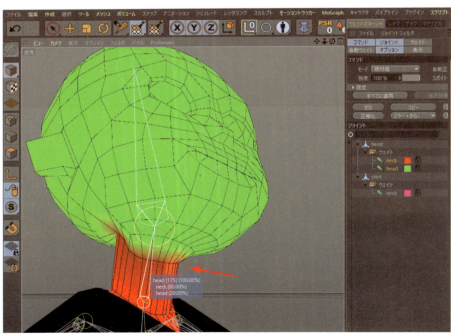

ウエイトを調整する

▶ オブジェクトのジョイントへのコンストレイント　▶ 05 ▶ 5-3-17

眼球、髪の毛、そして靴紐は、バインドではなくコンストレイントでジョイントに固定します。まず、簡単な髪の毛からやってみましょう。

「hair」を選択し、[オブジェクトマネージャのメニュー]の[タグ]→[キャラクタタグ]→[コンストレイント]をクリックします。「hair」は複数の髪の毛のオブジェクトを含むヌルオブジェクトですが、問題ありません。

「hair」にコンストレイントタグを適用する

コンストレイントタグをクリックして属性マネージャを開き、設定を行いましょう。[基本]タブの[コンストレイント]で、種類として[親]にチェックを入れてください。

[親]タブが表示されますのでクリックして開き、[ターゲット]を設定しましょう。「head」ジョイントを親にします。

[ターゲット]右の入力欄に、オブジェクトマネージャから「head」をドラッグ＆ドロップして入れるか、入力欄の右の矢印アイコンをクリックして選択モードにし、オブジェクトマネージャで「head」ジョイントをクリックします。どちらのやり方でもOKです。

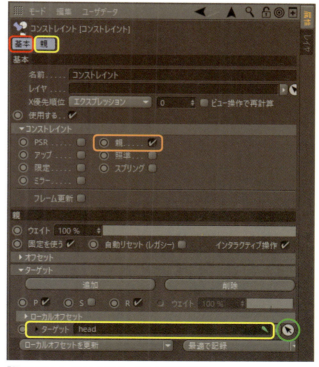

「親コンストレイント」のターゲットを設定する

頭のジョイント「head」を回転させてみました。髪の毛も一緒に回転しています。成功です。<mark>次の作業に備えて頭のジョイントの角度を元に戻しておきましょう。</mark>このように、オブジェクトマネージャでの階層構造上の「親」と「子」の関係でなくても、同様の効果を実現するのが「親」コンストレイントです。

サンプル 05-03-22.c4d

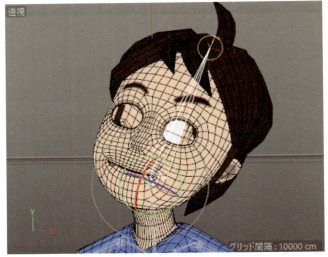

「hair」が頭のジョイントに追従するようになった

眼球はすでに照準コンストレイントが使えるようになっています。さらに「head」ジョイントに関連付けましょう。

眼球にすでに付いているコンストレイントタグをクリックして、属性マネージャを開いてください。髪の毛の作業時と同じく「親」コンストレイントを使えるようにして、[ターゲット]に「head」ジョイントを指定します。

眼球が「head」ジョイントに追従するようになった

靴紐（蝶々結び）は、靴の表面にピッタリ固定しなくてはなりません。「靴紐_L」、「靴紐_R」のオブジェクトにコンストレイントタグを適用して、「親」コンストレイントを使用可能にし、「ankle_L」と「ankle_R」をそれぞれターゲットとして指定しましょう。

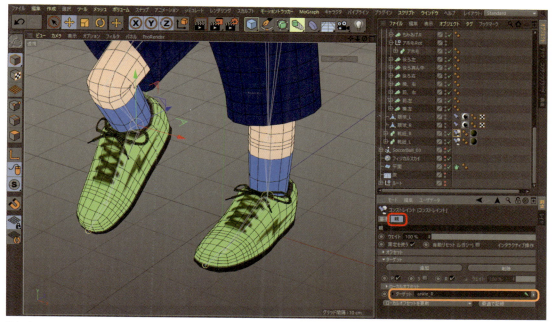

靴紐を足首のジョイントにコンストレイント

● アホ毛の準備

▶ 05 ▶ 5-3-17

　最後にアホ毛もアニメーション可能なように準備しておきましょう。アホ毛はスイープオブジェクトで作られています。頭の動きにちょっと遅れるように揺らすことができるとステキでしょう。そこで、まずアホ毛の根元にヌルオブジェクトを作り、そのヌルオブジェクトの子にします。

　オブジェクトマネージャで「アホ毛」をクリックして選択し、Ctrl を押しながら［メインメニュー］の［作成］→［オブジェクト］→［ヌル］をクリックします。作られたヌルは回転角度を「アホ毛」から受け継いでいますので、座標マネージャで［H］［P］［B］全て 0°にしてください。そしてアホ毛をヌルの子にします。ヌルの名前は「アホ毛 Rot」としておきます。アニメーションを付ける際は、この「アホ毛 Rot」の回転を記録します。

サンプル 05-03-23.c4d

アホ毛をヌルの子にする

リグの構築　　245

▶ 手のポーズモーフを XPresso に変換　　　🎬 05 ▶ 5-3-18

　手首の回転 P と H、手首のツイストをポーズモーフで作りました。ただし、片側の回転方向しか作っていませんでした。数値で「-100％」と入力すれば反対側への回転も可能だったものの、スライダーでは操作できません。

　ここでは、反対側の回転もできるスライダーを XPresso（エクスプレッソ）を使って作ってみましょう。XPresso は、他の 3DCG ソフトでいうところの Expression（エクスプレッション）のようなもので、オブジェクトのさまざまなパラメータを取り出して計算したり、他のオブジェクトのパラメータに入力したりする仕組みのことです。たとえば、自動車のモデルでハンドルを回転させると、タイヤの向きも連動して変わるような仕組みを割と簡単に作ることができます。

　オブジェクトブラウザで「wrist_twist_L」ジョイントに「XPresso」タグを追加します。「wrist_twist_L」を右クリックし、開いたメニューから［CINEMA 4D タグ］→［XPresso］をクリックします。そうすると、XPresso タグが付けられ「XPresso 編集」ウインドウが自動的に開かれます。このウインドウ内に「wrist_twist_L」に適用されているポーズモーフタグと XPresso タグをドラッグ＆ドロップします注7。

注7）　この「XPresso 編集」ウインドウは、XPresso タグをダブルクリックすると開くものです。つまり、自分に自分をドラッグ＆ドロップしているようなことになり、変な気もしますが、問題ありません。

　XPresso 編集ウインドウ内に配置されたオブジェクト（下の画像でいうと XPresso とポーズモーフという名前のブロックみたいなもの）は、「ノード」と呼ばれる部品になります。これらに「ポート」と呼ばれるコンセントのような情報の出入り口を作って、そこから「ワイア」と呼ばれる線を引っ張り出し、他のノードのポートに接続して、あるノードの値の変化を別のノードに伝えることで、複雑な動作を自動化できるようになります。

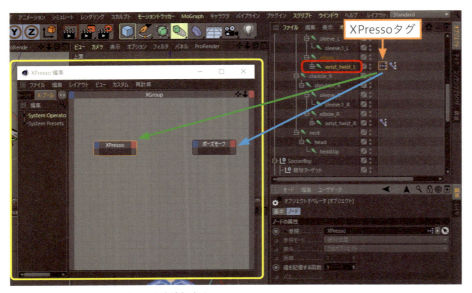

XPresso 編集ウインドウにノードを追加する

ノードのポートを開きます。「ポーズモーフ」ノードの左上の青いボタンにマウスポインターを合わせてクリックしてください。メニューが開くので［タグの編集］→［グー強度］をクリックします。青が入力側で赤が出力側になります。

ノードのポートを開く

「ポーズモーフ」ノードの左側に白丸が表示され、「グー強度」という名前も表示されました。白丸がポートになります。青のボックス下のポートなので入力ポートになります。

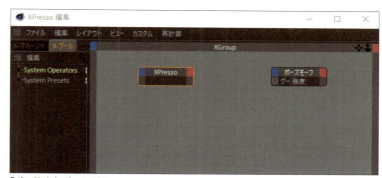

「グー強度」ポートが開かれた

同様に、「手首.H 強度」、「手首.P 強度」、「手首ツイスト 強度」のポートを開きます[注8]。

また、ノード内の各ポートもドラッグして上下の順番を変えることができます。

注8）ノードもウインドウと同様、縁の部分をドラッグしてサイズを大きくすることができます。

他にも必要なポートを開く

リグの構築　247

XPresso編集ウインドウをいったん閉じます。なぜなら、「XPresso」ノードには出力ポートに表示するネタがまだ何もないからです。出力ポートに表示するためのデータを作りましょう。

オブジェクトマネージャで「XPresso」タグをクリックして属性マネージャを開き、メニューの［ユーザデータ］→［ユーザデータを追加］をクリックします。

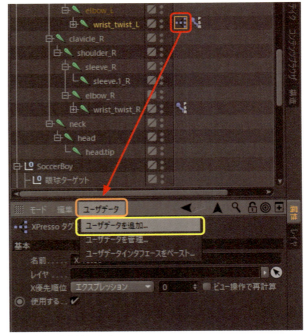

ユーザデータを追加する

「ユーザデータを管理」ウインドウが開きます。ウインドウの左側にユーザデータ（あなたがこれから作るのです）がどんどん作られていきます。現在「データ」という名前でユーザデータが1つ作られています。そして、その内容がウインドウ右側に表示されている状態です。名前を右側の［名前欄］で変更することができます。「グー強度」に変更しましょう。

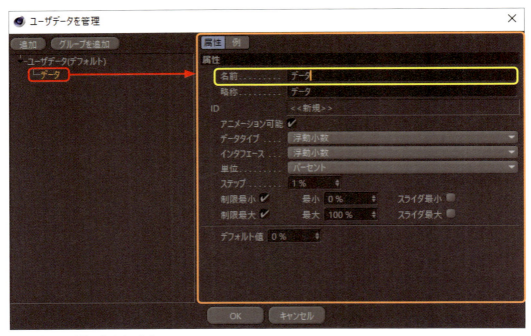

「ユーザデータを管理」ウインドウ

［インターフェース］を「ボックスとスライダー」に変更しましょう。［デフォルト値］は「0%」のままでOKです。［例］タブをクリックすると、どういう見栄えになるのかがプレビューできます。

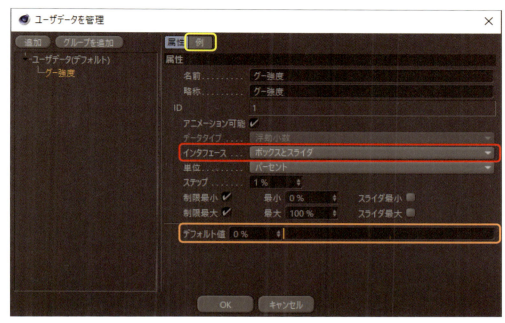

インターフェースを整える

　左上の［追加］ボタンをクリックして、もう1つユーザデータを作ります。［名前］を［L_手首.P］に変更しましょう。［インターフェース］を「ボックスとスライダー」に、［最小］を［-100%］に変更してください。ついでに「グー強度」の名前も「L_グー強度」にしておきましょう。

インターフェースを整える

同様に「L_手首.H」と「L_手首ツイスト」も作りましょう。

さらにユーザデータを作る

再びXPresso編集ウインドウを開いて、「XPresso」ノードの赤のボックス（出力側）をクリックしてください。メニューが開きます。[ユーザデータ]→[グー強度]をクリックすると、出力ポートが開かれます。同様に、他の3つのユーザデータの出力ポートも開きましょう。

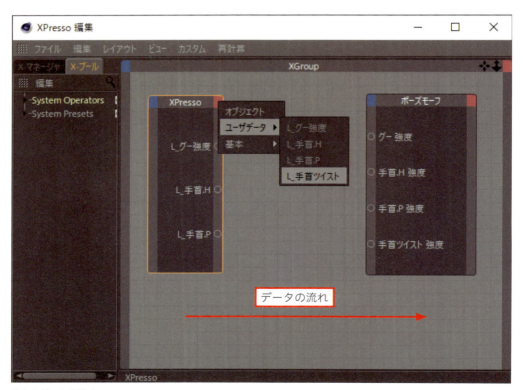

出力のポートを開く

ドラッグ＆ドロップで出力ポートと入力ポートを接続します。「XPresso」ノードの出力ポートにマウスポインターを合わせてドラッグし、ワイヤを引っ張り出します。「ポーズモーフ」ノードの同じ名前（厳密には違いますが）の入力ポートの上でドロップしましょう。

出力のポートを開く

　出力側と入力側の2つのノードの間にいろいろな機能を持った別のノードを挟んで、複雑な計算や作業、条件分岐などを自動化するのがXPressoの本来の使い方です。ここでは、基本的なことのみを習得しました。これで、当初作っていなかった反対側への回転も容易に実現できるのです。次は、自分で右手側の作業をしてみましょう。

サンプル　05-03-24.c4d

マイナスの値もスライダーで設定可能になった

リグの構築

SECTION 04 リグのコントローラーの構築

ここまでで、ジョイントシステムとポリゴンオブジェクトのバインドまでの作業は完了しました。この節では、効率よくアニメーション化するために、各部のジョイントやターゲットのヌルなどを素早く選択できるようにしましょう。

● ビジュアルセレクタ　　　　　　　　　　　　05 ▶ 5-4-1

これまで、ジョイント、IK、ポーズモーフなど、キャラクターを動かすためにいろいろな仕組みを作ってきました。それらはオブジェクトマネージャのあちこちに分散しているため、いちいち探さなくてはなりません。また、ジョイントは選択した時点で「回転」ツールに切り替わっていると便利です。

ビジュアルセレクタを使うと、上記の問題がある程度解決します。

ヌルオブジェクトを作って、オブジェクトマネージャの階層の一番上に置いてください。名前は何でも良いです。ここでは「セレクタ」にしました。「セレクタ」に「ビジュアルセレクタ」タグを追加します。「セレクタ」を選択した状態で［オブジェクトマネージャのメニュー］の［タグ］→［キャラクタタグ］→［ビジュアルセレクタ］をクリックしましょう。

ビジュアルセレクタを追加する

ビジュアルセレクタのタグがオブジェクトに追加されたら、タグをクリックしてください。ビジュアルセレクタが表示されます。

ビジュアルセレクタのタグ

［タグ］タブをクリックして開くと、デフォルトの「ビュー」が表示されます。そこには、男性の全身と両手、両足が表示されています。現時点ではこれは単なる画像で、自分が用意した画像に差し替えることが可能です。

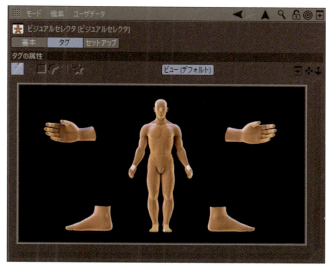

ビジュアルセレクタの画面

ビューを追加します。［セットアップ］タブをクリックして開き、［ビューを追加］ボタンをクリックすると「ビュー .1」が作られます。「ビュー .1」に画像を読み込みましょう。すでに用意していますので、「Sample」→「05」→「tex」→「SoccerBoyVisualSelector_001.tif」を読み込んでください。

［タグ］タブをクリックすると、読み込んだ画像が表示されます。

サンプル 05-04-01.c4d

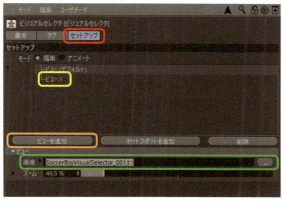

ビューを追加して画像を指定する

画像を表示する

リグのコントローラーの構築 **253**

▶ ホットスポットの追加と設定　　　▶ 05 ▶ 5-4-1

　画像を読み込んだ「ビュー.1」に「ホットスポット」を追加します。すでに画像に「右手」とか「顔」といったホットスポットの名称を記入してありますので、それに合わせてホットスポットを設定しましょう。

　「ホットスポット」のカラーは、体の右側の部位を赤、左側の部位を青にして、わかりやすくします。ホットスポットの名前は自由に変更できます。ホットスポットをクリックした際に選択したいオブジェクトやタグを［リンク］に読み込みます。オブジェクトが選択されたときに「移動」ツールや「回転」ツールを同時に設定したい場合は、［アクション］で設定します。

　実際に作業してみましょう。まず［セットアップ］タブを開き、モードを「編集」にします。

　「ビュー.1」を選択している状態で［ホットスポットを追加］ボタンをクリックし、追加されたホットスポットの名前を「右手」に変更します。カラーは赤のままで OK です。

　［リンク］の右の入力欄に、「wrist_twist_R」に追加されている XPresso タグをドラッグ＆ドロップします。［アクション］は「なし」で OK です。

　［形状］は、ホットスポットの形状を設定します。「長方形」か「円形」が選べますが、今回は「長方形」のままで OK です。ボールのホットスポットを設定する際は「円形」にしましょう。

　「形状」のプルダウンメニューが表示されない場合は、［タグ］タブで［長方形ツール］のアイコンをクリックしてください。

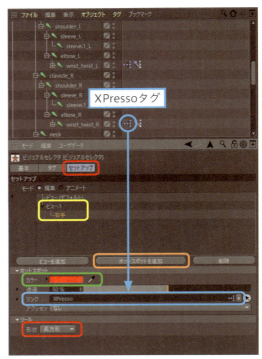

ホットスポットの設定項目

　［タグ］タブをクリックして開き、「右手」に重なるように長方形選択と同じ要領でマウスポインターをドラッグしてホットスポットを描画します。Shift を押しながらドラッグすると、正方形に描画されます。

　完了したら、［セットアップ］タブをクリックして開き、［モード］を「アニメート」に変更しましょう。

ホットスポットを描画する

ビジュアルセレクタを実際に使ってみましょう。マウスポインターを赤の矩形で囲まれた「右手」に合わせると、ハイライトされて操作可能であることを示します。

ハイライトされたホットスポット

クリックすると、[リンク]で設定した、右手をコントロールするためのXPressoのユーザデータのスライダーが表示されます。

開かれた XPresso タグ

もう1つの例として、「視線ターゲット」の設定をしてみましょう。

[カラー]は、この場合右側でも左側でもないのでグリーンにしてみました。[リンク]は、オブジェクトマネージャで「眼球ターゲット」を探し、[リンク]の右の入力欄にドラッグ＆ドロップします。[アクション]は「移動」にします。

選択した後に移動するものは[アクション]を「移動」、肘や肩などのジョイントは回転させるので[アクション]は「回転」で設定します。いちいち切り替えなくて済むようになるので便利です。

サンプル 05-04-02.c4d

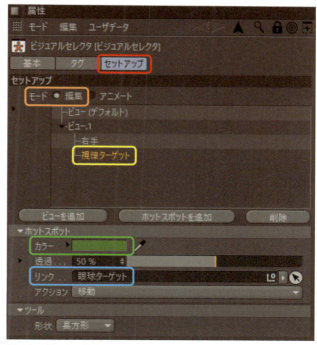

視線ターゲットの設定

リグのコントローラーの構築　255

「セットアップ」タグで、[モード]を「アニメート」に切り替え、動作確認してみましょう。

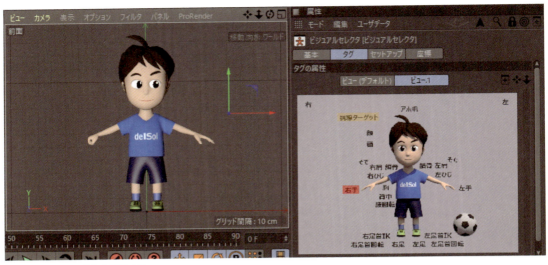

ホットスポットの動作を確認する

残りのホットスポットについても作業してみてください。

[アクション]が「移動」になるのが「右足首IK」「左足首IK」、[アクション]が「なし」になるのが、ポーズモーフを使う「顔」「右手」「左手」です。それ以外の「そで」「鎖骨」「頭」などのジョイントは、[アクション]が「回転」になります。

ホットスポットの名前や位置などは、自分で使いやすいようにいくらでもカスタマイズできますので、納得するまで改良を続けましょう。

サンプル 05-04-03.c4d

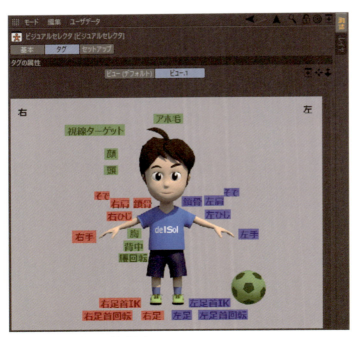

全てのホットスポットが完成した

▶ アイコンをホットスポットとして使用　　▶ 05 ▶ 5-4-2

今回の作業では、ホットスポットの名称を書き込んだ画像を読み込みましたが、用意されたアイコンをホットスポットとして使うこともできます。

例として、このキャラクターの「ルート」のヌルを選択するために、アイコンを使ってホットスポットを作ってみましょう。

まず「ホーム」という名前でホットスポットを作ります。[タグ]画面で[アイコン]をクリックします。そして十字のカーソルでアイコンを配置したい場所を決めてクリックします。[リンク]には、キャラクターのジョイントが全部入っている「ルート」を指定します。

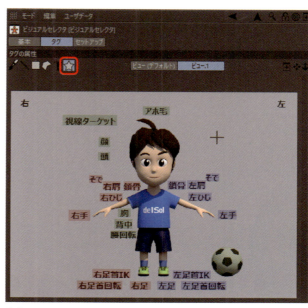

十字のカーソルでアイコンを置く場所を決める

「アイコンを選択」ウインドウが開きますので、ここでは家のアイコンをクリックして、[OK]ボタンをクリックしましょう。十字カーソルの位置に「家」のアイコンが作られました[注9]。

注9）アイコンの位置を後で動かしたくなったら、Shiftを押しながらアイコンをドラッグします。

サンプル 05-04-04.c4d

アイコンの種類を選択する

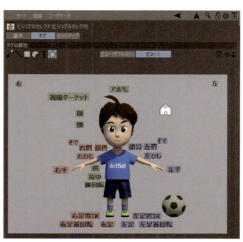

アイコンが配置された

▶ オブジェクトマネージャの整理　　▶ 05 ▶ 5-4-2

　最後に、キャラクター関係のジョイント、オブジェクト、IKのゴールなどは全てキャラクターのルートのヌル内に入れてしまいましょう。

オブジェクトを整理する

　これでアニメーションさせる準備が整いました。ポーズを決めてテストレンダリングです。

ポーズを決めてテストレンダリング！

Chapter 6

アニメーション

Chapter6 アニメーション

SECTION 01 キーフレームによる簡単なアニメーション

いよいよキャラクターを動かす準備ができましたので、さっそくアニメーションさせてみましょう。アニメーションには、一般的なキーフレームを使う方法と、Cinema 4Dに搭載された「CMotion（Cモーション）」というウォークサイクルのジェネレータを使う方法があります。ここでは、キーフレームを使ったアニメーションを作成します。

▶ キーフレームを使ったアニメーションの作成　　06 ▶ 6-1-1

　伝統的なキーフレームを使うアニメーションにチャレンジしましょう。

　アニメーションを作る際にまず考えなくてはならないことは、オブジェクトの動く前の位置・角度・スケールと、動いた後の位置・角度・スケール、そしてそのタイミングです。ここでは、「ボールが転がってきて、キャラクターの前で止まる」という単純なアニメーションを作ります。

　[メインメニュー] の [作成] → [オブジェクト] → [ヌル] をクリックして、ヌルオブジェクトを2つ作ります。名前はそれぞれ「ball_move」、「ball_rot」に変更しましょう。そして「ball_rot」を「ball_move」の子にします。これは何をしているのかと言うと、移動用のヌルと回転用のヌルに分けたということです。次に、サッカーボールの半径は13cmですので、「ball_rot」をY+方向に13cm動かします。わかりやすくするために、下の画像ではヌルの表示を「菱形」にしています。

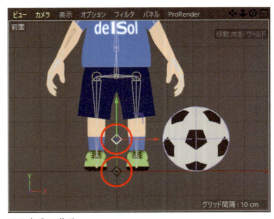
ヌルを2つ作る

ヌルの階層化

260

サッカーボールを「bal._rot」の子にしましょう。子にするだけでなく、「ball_rot」と中心を一致させる必要があります。下の左の画像では、座標マネージャの位置のXが「31.121cm」となっています。これがボールの「ball_rot」との距離になりますので、ここに「0」と入力して［適用］ボタンをクリックすると、右の画像のようにピッタリと重なります。

サンプル 06-01-01.c4d

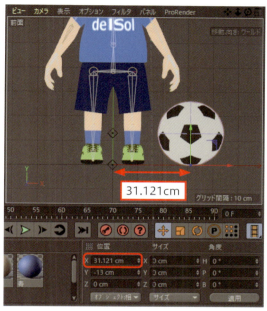
ヌルとボールとの距離

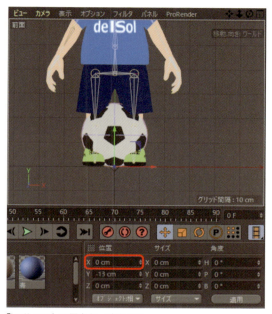
「ball_rot」の原点と一致させる

▶ カメラの作成

06 ▶ 6-1-1

これまでの章では、特にカメラを用意することなく、「デフォルトカメラ」と呼ばれるカメラを使ってきました。アニメーション作成においては演出上、カメラに映る範囲をきちんと決めておく必要があります。まずはカメラを1つ作りましょう。

新規作成されるカメラは、現在選択中のビューの状態を元に作成されます。「透視ビュー」を選択した状態で［メインメニュー］の［作成］→［カメラ］→［カメラ］をクリックしてください。

すぐにオブジェクトマネージャで名前を

カメラの作成

変更しておきましょう。「カメラ001」といった名前でOKです。自分が作ったカメラだとわかればよいのです。

キーフレームによる簡単なアニメーション

続いてカメラを切り替えましょう。[透視ビューのメニュー]の[カメラ]→[使用カメラ]→[カメラ001](自分で名付けたカメラ名)をクリックしてください。

自分が作ったカメラに切り替える

カメラもオブジェクトの一種なので、3Dビューに表示されます。緑色でカメラの撮影範囲が表示されます。かなり望遠の設定になっていることがわかります。

現在のカメラの設定では、[焦点距離]が100mmになっています。多少広角寄りにしましょう。カメラを選択し、属性マネージャの[オブジェクト]タブ内の[焦点距離]の値を「75mm」に変更します。

サンプル 06-01-02.c4d

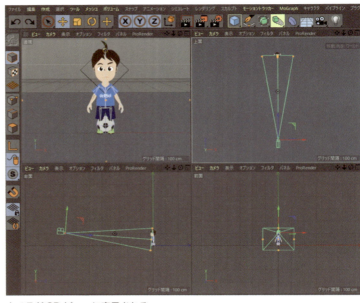

カメラが3Dビューに表示される

[焦点距離]は[画角](FOV)と連動しています。使いやすい方法で調節しましょう。

焦点距離(画角)を変更する

カメラの設定が一応終わったので、カメラが動かないようにロックしましょう。「カメラ001」に「ロック」タグを追加します。オブジェクトマネージャで「カメラ001」をクリックして選択し、［オブジェクトマネージャのメニュー］の［タグ］→［CINEMA 4Dタグ］→［ロック］をクリックします。

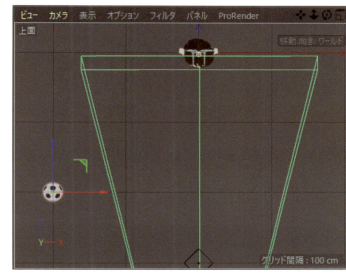
カメラが動かないようにロックする

「透視ビュー」のカメラを再び「デフォルトカメラ」に切り替えましょう。

では、「カメラの左側の見えない位置から、ボールがキャラクターの前を横切るように転がり込んできて止まる」というアニメーションにしてみます。まずはボールを動かします。オブジェクトマネージャで「ball_move」をクリックして選択し、［X］を「-200」、［Z］を「-200」に移動します。これでカメラの視界の外側に位置しました。

ボールを移動する

「アニメーションパレット」で、緑色の［タイムスライダー］を一番左側に動かしておきます。一番左側は「0」フレームになります。今回記録するのは［位置］だけなので、［スケール］［角度］［パラメータ］の各記録機能のアイコンをクリックしてオフにします（オンのときはアイコンの背景が水色になっています）。不要なキーを追加しないために、常に意識して作業しましょう。

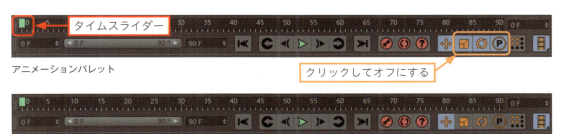

アニメーションパレット

「スケール」「角度」「パラメータ」の記録機能をオフにする

キーフレームによる簡単なアニメーション　263

キーを追加します。「ball_move」をクリックして選択し、鍵アイコンの赤いボタンをクリックしてください。キーが追加されると、タイムスライダー上にも表示されます。

キーを追加する

タイムスライダーを右にドラッグして、現在のフレームが「60F」になるように動かしましょう。このファイルの FPS は 30 になっています。FPS は Frames per seconds の略で、「1 秒あたり何フレームを扱うのか」を表します。つまりこの場合、0 フレームから 60 フレームまで進むと 2 秒経過することになります。

ちなみにアニメーションパレット上の数字と目盛りが表示されている部分は「タイムラインルーラー」と呼びます。ルーラーとは定規という意味ですね。

作業中のファイルの FPS を確認、変更するには、［属性マネージャのメニュー］の［モード］→［プロジェクト］を開き、［プロジェクト設定］タブの中にあります。

プロジェクト設定の FPS を確認する

60 フレームにキーを追加しましょう。タイムスライダーを 60F に移動して、「ball_move」を移動します。赤色の X 軸をドラッグして、［X］が「60」くらいまで移動しましょう。そしてキーを追加し、「ball_move」の位置を記録します。

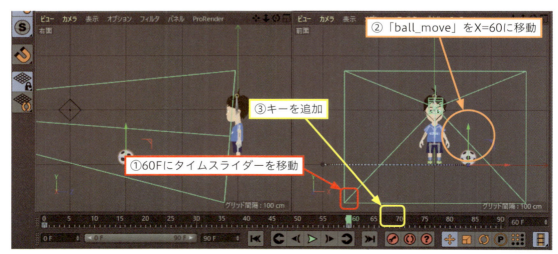

60F にキーを追加する

［再生］ボタンをクリックしてアニメーションをプレビューしてみましょう。

どうでしょうか？ ボールが回転していないし、止まり方も唐突ですね……残念です。しかし、ここから調整してまともにできますので、がんばりましょう。

サンプル 06-01-03.c4d

再生してみる

● Animateレイアウトでの ファンクションカーブの編集

06 ▶ 6-1-2

レイアウトを「Animate」に切り替えましょう。Animateレイアウトにはオブジェクトの動き方を細かくコントロールする機能が揃っています。

Animateレイアウト

キーフレームによる簡単なアニメーション　265

必要なのは［位置 .X］だけなので、［位置 .Y］と［位置 .Z］のアニメーショントラックはクリックして選択し、Deleteを押して削除してしまいましょう。なぜなら、このアニメーションは X 方向に移動しただけで、Y 方向、Z 方向には全く変化がないので、キーを記録する意味がないからです。

　同様に［角度］［スケール］［パラメータ］の変化もアニメーションさせる予定がなかったので、最初から記録していません。

アニメーショントラック

　さて、ボールの止まり方が不自然だった件ですが、上の画像では赤の線がボールの移動を示しているカーブです。これを修正すれば、不自然さがなくなります。タイムラインの画面の右上には、［移動］［ズーム］のアイコンがあります。目的のカーブが大きく表示されるように調整しましょう。上下左右にドラッグすると大きさと位置を調整できます。カーブ上のポイントをクリックすると接線ハンドルが表示されます。接線ハンドルを動かして、カーブの形状を修正しましょう。

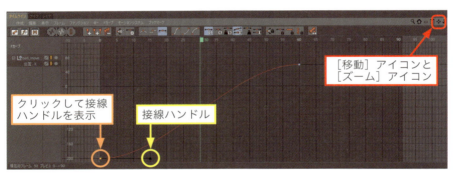

接線ハンドルを表示する

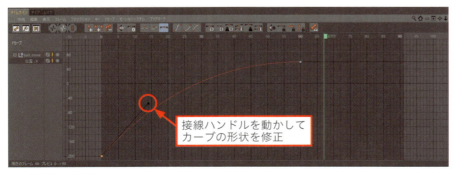

カーブ形状を修正する

これで、転がってきたボールが徐々に速度を落としてそっと止まるようになったはずです。

次はボールに回転を与えたいと思います。ただし、「何メートル転がるからその間に何回転するか」とか「1回転が何センチだから云々……」といったことはしません。XPressoを使えば、自動的に移動距離に応じて回転するようにできますし、止まる直前はとってもゆっくり回転するようにできるのです。角度トラックにキーを追加する必要がない、とてもスマートな方法だと言えます。

「ball_rot」に「XPresso」タグを追加します。やり方は5章で覚えましたよね。そして、XPresso編集ウインドウに「ball_rot」と「ball_move」をドラッグ＆ドロップしてノードにします。「ball_move」の位置.Xの値を「ball_rot」の角度.Bに渡すことによって回転させるのですが、ちょっと工夫が必要になります。

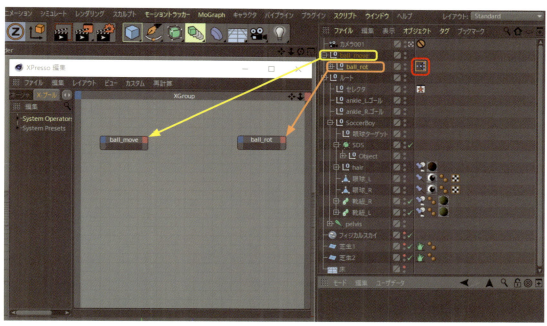

XPressoタグとXPresso編集ウインドウ

「ball_move」ノードの赤いボタンをクリックするとメニューが開きます。［座標］→［位置］→［位置.X］をクリックして「位置.X」のポートを開きます。

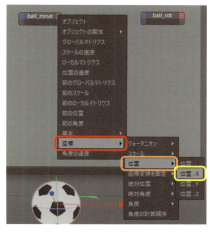

出力ポートを開く

キーフレームによる簡単なアニメーション　267

「ball_rot」ノードの青いボタンをクリックするとメニューが開きます。[座標] → [角度] → [角度 .B] をクリックして「角度 .B」のポートを開きます。

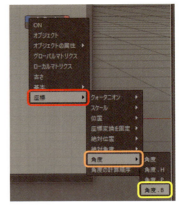

入力ポートを開く

3種類のノードを追加します。「定数」ノード、「計算」ノード、そして「角度の変換」ノードです。

まず「定数」ノードを追加します。「XPresso編集」ウインドウの何もない部分を右クリックするとメニューが開きます。[新規ノード] → [XPresso] → [一般] → [定数] をクリックすると「定数」ノードが作られます。

定数ノードを追加する

ノードが追加されたらクリックし、属性マネージャで [ノード] タブをクリックして開き、[定数] の右のボタンをクリックして [PI] をクリックしましょう。

定数「PI」を選択する

次に「計算」ノードを追加します。「XPresso 編集」ウインドウの何もない部分を右クリックしてメニューを開き、[新規ノード] → [XPresso] → [計算] → [計算]をクリックします。これで「計算」ノードが作られます。

計算ノードを追加する

ノードが追加されたらクリックし、属性マネージャで[ノード]タブをクリックして開きます。[演算タイプ]のプルダウンメニューを開いて[乗算]をクリックしましょう。

下の画像のように「ball_move」の「位置 .X」のポートと「計算」ノードの「入力」ポートをドラッグ＆ドロップして接続しましょう。同様に「定数」ノードの出力ポート（PI が出力される）と計算ノードのもう 1 つの「入力」ポート間も接続します。

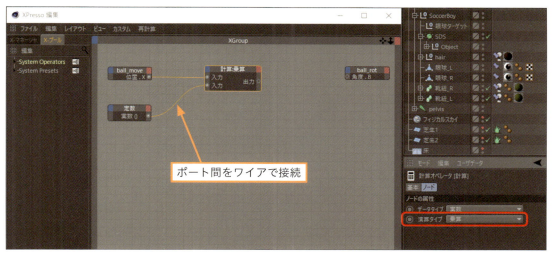

演算タイプを乗算にしてポート間を接続する

最後に「角度の変換」ノードを追加します。「XPresso編集」ウインドウの何もない部分を右クリックしてメニューを開き、[新規ノード]→[XPresso]→[計算]→[角度の変換]をクリックします。

「角度の変換」ノードを追加する

「計算」ノードの出力ポートと「角度の変換」ノードの入力ポートをワイアで接続します。さらに、「角度の変換」ノードの出力ポートと「ball_rot」ノードの入力ポートを接続します。

接続したら、「角度の変換」ノードの設定を行いましょう。「角度の変換」ノードをクリックして、属性マネージャを見てください。[ノード]タブをクリックして開きます。[角度の変換]のプルダウンメニューを開き、[度 -> ラジアン]をクリックしましょう。

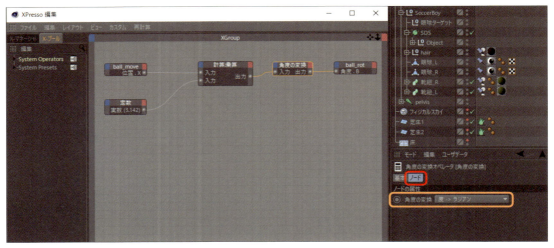

「角度の変換」ノードの設定

偉そうなことを言っていますが、筆者もさんざん試行錯誤を繰り返し、「ラジアンって高校生のときにちょっと習ったかな」などと思い出しながら、ようやくまともにXPressoのノードを組めました。

「ball_move」の「位置 .X」の値をそのまま「ball_rot」の「角度 .B」に渡すと、度はラジアンに比べて値が大きすぎるため、ボールがものすごい勢いで回転します[注1]。

注1) 1ラジアンは（180/π）°で、約57.3°となります。

これでボールの位置の変化に対応して回転するようになりました。アニメーションを再生してみましょう。

サンプル 06-01-04.c4d

アニメーションを再生！

どうでしたか。非常に単純なアニメーションでしたが、いろいろ学ぶことができたかと思います。次のセクションでは、もう少し複雑なアニメーションを作ってみましょう。

Chapter6 アニメーション

SECTION 02 キャラクターの歩行アニメーション

ここでは、Cinema 4D に搭載されている「C モーション（CMotion）」というサイクルジェネレータを使い、キャラクターを歩かせてみましょう。トコトコと歩く様子はとってもかわいいですよ。

▶ C モーションの基本的な使い方　　▶ 06 ▶ 6-2-1

ここでは、C モーションで各ジョイントや IK のゴールに循環的な動きを与え、歩行のアニメーションを作ります。脚と足の動きは IK と FK を併用します。ヌルを追加して「くるぶし（ankle）」と「母子球（ball）」のジョイントの角度をコントロールします。骨盤（pelvis）や肩、肘のジョイントは C モーションの制御要素として登録し、位置や角度に変化を与えて循環的（Cyclic）な動きを与えます[注2]。

注2) C モーションは Cyclic Motion の略ですね。

ではさっそく、始めましょう。サンプルファイル「06-02-01.c4d」から始めます。

サンプル 06-02-01.c4d

「C モーション」オブジェクトを追加します。［メインメニュー］の［キャラクタ］→［C モーション］をクリックしてください。オブジェクトマネージャに「C モーション」オブジェクトが追加されます。追加直後は赤の×が付いていて動作していない状態ですが、とりあえずこのままで OK です。

「C モーション」オブジェクトを追加する

右の画像が「Cモーション」の作業画面になります。主に［オブジェクト］タブ内で作業します。

［歩行］プルダウンメニューには、「足踏み」「直進」「パス」があります。足踏みで基本的な動きを作ってから直進に切り替え、足のスリップや、歩行のスピードなどをチェックして修正します。

［歩幅］はデフォルトで「100cm」になっていますが、背の低いキャラですので、「60cm」くらいに変更しておきましょう。

「時間」では、何フレームで1回の動作が完結するのかを決めます。デフォルトの30FでOKです。

右の画像で水色の枠で示した「オブジェクトリスト」の枠中に、ジョイントやIKゴールをドラッグ＆ドロップで追加し、「アクション」を与えていくことになります。

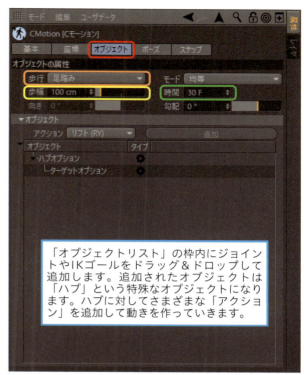

「Cモーション」の作業画面

最初に練習として、アホ毛を左右に揺らしてみましょう。

髪の毛のオブジェクトの階層を開き、「アホ毛Rot」を見つけたら、オブジェクトリストにドラッグ＆ドロップで追加します。すでに「ハブオプション」という項目がありますが、この「ハブオプション」の「子」にならないように注意してください。同レベルに表示されるように注意しましょう[注3]。

注3）この作業をする際は、属性マネージャの表示を「Cモーション」でロックしておくとやりやすいです。

「アホ毛Rot」をドラッグ＆ドロップする

キャラクターの歩行アニメーション　273

アホ毛に左右に揺れる動きを与えましょう。「アホ毛Rot」をオブジェクトマネージャでクリックして選択し、3Dビューで軸の向きを確認します。左右に揺らすには、「Z軸（青）」を使って回転させればよいことがわかります。

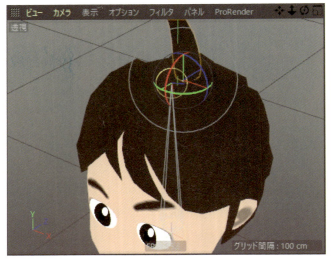
どの軸を使って回転させるのか確認する

オブジェクトリストで「アホ毛Rot」をクリックして選択し、［アクション］のプルダウンメニューをクリックして開いたら、［ロール (R.Z)］をクリックして選択します。

アクションを追加する

［アクション］プルダウンメニューのトップに「ロール (R.Z)」が表示されたら、［追加］ボタンをクリックしましょう。「アホ毛Rot」（ハブ）の子階層に、「ロール (R.Z)」（アクション）が追加されました。

ハブは、「ドライバー」設定と「フェーズ」（タイミング）の設定、「アクション」などをまとめるのが主な役割です。

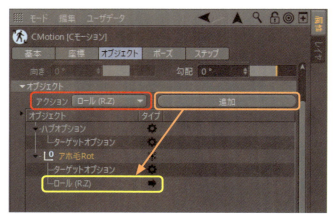
アクション「ロール R.Z」が追加された

「アホ毛 Rot」をクリックして選択すると、オブジェクトリストの下に設定項目が表示されます。

［ドライバー］のプルダワンメニューをクリックして開き、［なし］をクリックしてください。［パス］は「pelvis」ジョイントや IK のコントローラー等の場合に使用します。たいていのケースでは［なし］で OK です。［歩行］が「足踏み」のときはあまり意味がないのですが、「直進」や「パス」のときに重要になります。前方方向への移動の際、そのオブジェクトが何によって前方に動かされるのかを決めます。［なし］の場合、階層構造によって前方に移動することになります。

「アホ毛 Rot」の右に「＊」のようなアイコンが表示されています。これが「アホ毛 Rot」がハブであることを示しています。

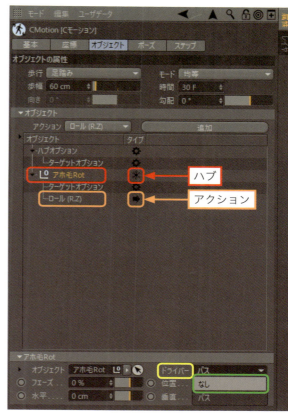

ドライバーの設定

「ロール（R.Z）」をクリックすると、オブジェクトリストの下にアクションの設定項目が表示されます。

オレンジ色の枠で囲った［ロール（R.Z）］は変化量の最大値を示しています。「-20°」から「20°」の間で回転させることができます。

黄色の枠で囲んだ［ロール（R.Z）］のグラフは、時間の経過によってどのように変化（回転）させるのかをカーブによって決定します。縦軸が変化量、横軸が時間の経過になります。横軸は「0.0」から「1.0」まで変化し、1.0 に達すると 0.0 に戻ります。このモーションは 1 サイクルが 30F ですので、横軸の 1.0 は 30F ということになります。

ドライバーの設定

タイムスライダーをドラッグして左右に動かしてみてください。グラフ中の緑の縦線が左右に動きます。緑の線と水色のカーブの交点の、縦方向の値が「ロール（R.Z）」の値になります。

オブジェクトマネージャで、「Cモーション」オブジェクトの右の×をクリックし、チェックマークに変えましょう。これで、アニメーションを再生すればアホ毛が左右にユラユラ揺れるはずです。

ここでは、数値で変化量を指定しているわけですが、その値はむやみに変更したくないものです。その効果を確認したり、一時的に動かなくしたりする場合、［強度］スライダーで調整しましょう。強度を「0%」にすると、アホ毛は完全に動かなくなります。

（サンプル）06-02-02.c4d

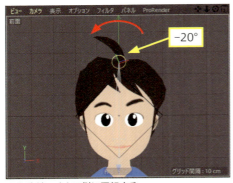
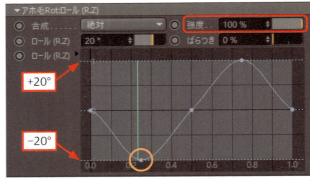

アホ毛がマイナス側に回転する

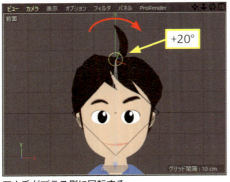

アホ毛がプラス側に回転する

● Cモーションによる歩行アニメーション作成の準備　06 ▶ 6-2-2

脚はIKで作ります。すでにIKチェーンを5章で作りましたが、そのコントローラー類をまだ作っていませんでした。ここで急いで作りましょう。

ヌルオブジェクトを作って、「ball_L」ジョイントの位置に配置します。これを工夫して脚全体を制御するコントローラーに作り上げましょう。［メインメニュー］の［作成］→［オブジェクト］→［ヌル］をクリックし、名前を「LegCtrl_L」に変更しましょう。

ヌルオブジェクトに限らず、新規のオブジェクトは原点に作られますので、「転写」ツールを使って、「ball_L」の位置に正確に動かしましょう。オブジェクトマネージャで「LegCtrl_L」をクリックして選択し、[メインメニュー] の [ツール] → [オブジェクト配列] → [転写] をクリックします。属性マネージャで転写先のオブジェクトを指定しましょう。属性マネージャの [オプション] タブでは、入力欄右側の矢印アイコンをクリックして、オブジェクトマネージャで「ball_L」をクリックして選択すればOKです。今回転写したいのは、位置だけなので、スケールと角度のチェックは外しておきましょう。

用意できたら [適用] ボタンをクリックします。

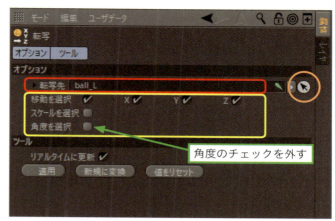
転写ツール

正確に「ball_L」の位置に「LegCtrl_L」を移動できました。

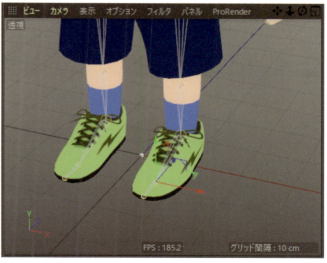
「ball_L」の位置に移動できた

さらに座標マネージャで位置を調整しましょう。Y=0になるように、座標マネージャの位置の［Y］の欄に「0」を入力し、［適用］ボタンをクリックしてください。

これでY=0のXZ平面上に「LegCtrl_L」が配置されたことになります。

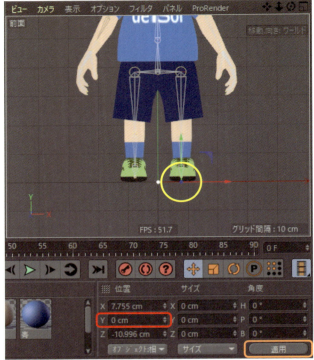

「LegCtrl_L」の位置を調整する

オブジェクトマネージャで「LegCtrl_L」を「ルート」オブジェクトの子にして、さらに「ankle_L.ゴール」を「LegCtrl_L」の子にしましょう。

この段階で、「LegCtrl_L」と「ankle_L.ゴール」の2つのヌルはどちらも［座標変換を固定］で［位置を固定］を行っておいてください。右脚側も同様に作業しておきましょう。

サンプル 06-02-03.c4d

階層化する

▶ ポールベクターの追加

06 ▶ 6-2-2

脚のIKにポールベクターを追加します。IKで膝が曲がったときに、膝がどの方向を向くのかをコントロールできるようになります。

「hip_L」ジョイントのIKタグをクリックして選択し、属性マネージャで[タグ]タブの内容を見てください。下のほうに[ポールベクター]という項目があります。[ポールを追加]ボタンをクリックしてください。「hip_L.ポール」という名前のヌルオブジェクトが追加されます。そして、[オブジェクト]の右の入力欄に追加されます。

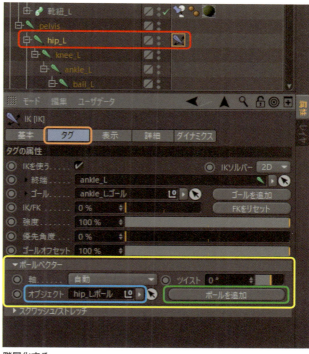

階層化する

「hip_L.ポール」をオブジェクトマネージャでクリックして選択し、3Dビューで軸を使って膝前に移動します。この状態では、ヌルは1ドットの点なので視認性が非常に悪いです。形状と色を与えて見やすくしましょう。

座標マネージャで角度を全て0にし、Y軸が上を向くようにしておいてください。

ポールを膝の前に引き出す

「hip_L.ポール」をクリックして選択し、属性マネージャで［オブジェクト］タブを開き、［表示］のプルダウンメニューから［球体］をクリックします。［半径］は「2cm」、［向き］は「XY」にします。

ヌルオブジェクトに形状を与える

「hip_L.ポール」が見やすく表示されるようになりました。

ポールが球体で表示されるようになった

余裕があったら［基本］タブで色の設定をすると良いでしょう。左半身なので青系の色にしておきます。

［色を指定］のプルダウンメニューを開いて［オン］をクリックし、［表示色］の右のカラーボックスをクリックして開く「カラーピッカー」ウインドウで色の設定をしましょう。

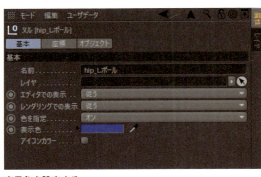

表示色を設定する

「hip_L. ポール」を動かすと膝の向きが変わります。

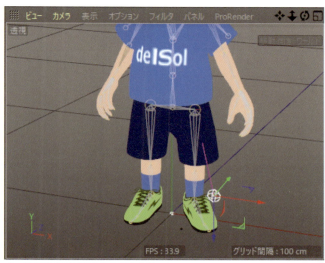

ポールを動かして膝の向きを変える

「hip_L. ポール」を「LegCtrl_L」の子にしましょう。これで、「LegCtrl_L」を回転させればポールも連動するようになります。

右脚側も同様に作業してください。

サンプル 06-02-04.c4d

「hip_L. ポール」を階層化する

● PSRコンストレイントの利用　　　　　▶ 06 ▶ 6-2-2

現状では、くるぶしのジョイント「ankle_L」の回転はジョイントを直接回転させていますが、これを「ankle_L. ゴール」の回転で制御するように改めます。具体的には、「ankle_L」にコンストレイントタグを追加し、「PSR」で使用するようにします。「ankle_L」の角度を「ankle_L. ゴール」の角度に従わせるように設定し、ビジュアルセレクタの設定もこれに合わせて変更します。

オブジェクトマネージャで「ankle_L」ジョイントをクリックして選択し、コンストレイントタグを追加します。[オブジェクトマネージャのメニュー]の[タグ]→[キャラクタタグ]→[コンストレイント]をクリックします。

コンストレイントタグを追加する

キャラクターの歩行アニメーション

追加されたタグをクリックして、属性マネージャで設定を行います。[基本]タブで[PSR]にチェックを入れると、[PSR]タブが追加されます。

　PSRとは位置（Position）、スケール（Scale）、回転（Rotation）のことです。今回は回転だけを他のオブジェクトに従わせるために使用します。

[PSR]タブを使えるようにする

　[PSR]タブをクリックして開きましょう。まず[オリジナルを保持]にチェックを入れます。これは現在の角度はそのままにして、これ以降ターゲット（ここではankle_L.ゴール）が回転したときはその変化に従います。これにチェックが入っていないと、まずターゲットの角度に合わせますので、足の向きがぐるっと回ってしまいます。

　タグを追加したオブジェクトとターゲットの角度が一致している場合は、[オリジナルを保持]にチェックが入っていなくても問題ありません。

　[ターゲット]では、[R]だけにチェックが入っているようにしてください。[ターゲット]となるオブジェクトは「ankle_L.ゴール」を指定します。

オリジナルを保持するよう設定する

　「LegCtrl_L」もポールベクターと同じように形状と色を与えましょう。[形状]は「正方形」、[半径]は「8cm」、[縦横比]は「1.5」、[向き]は「XZ」にしました。

　右足側も同様に作業してください。

サンプル 06-02-05.c4d

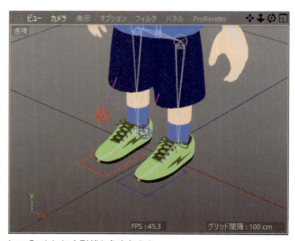

LegCtrl_Lにも形状と色を与えた

▶ ビジュアルセレクタのリンク変更

06 ▶ 6-2-3

　ビジュアルセレクタの設定を変更します。[セットアップ] タブで [モード] を「編集」に切り替えて、リストから「左足首」を探してクリックし、選択します。

　[リンク] は「ankle_L」ジョイントになっています。これを「ankle_L.ゴール」に変更します。[リンク] の右にある名前欄の右の矢印をクリックし、オブジェクトマネージャで「ankle_L.ゴール」をクリックしてください。

ビジュアルセレクタの設定を変更する

　リンク先が「ankle_L.ゴール」になりました。右足側も同様に作業してください。

リンクに「ankle_L.ゴール」を指定する

　「左足首 IK」は「ankle_L.ゴール」にリンクしていましたが、これを「LegCtrl_L」に変更しましょう。これは、「ankle_L.ゴール」を「LegCtrl_L」の子にしているので、「LegCtrl_L」を動かして脚の IK をコントロールできるからです。

　同様に右足側でも作業してみてください。

　作業が終わったら [モード] を「アニメート」に戻しておきましょう。

サンプル 06-02-06.c4d

IK のリンク先も変更する

● 脚と足の動きの作成

▶ 06 ▶ 6-2-4、6-2-5、6-2-6

ようやく準備が整いました。さっそくキャラクターを歩かせましょう。

最初に左脚の動きを作ります。「アホ毛」で一度作業しましたので、細かい説明は省略します。

まずは大元のオブジェクトとして、Cモーションの「オブジェクトリスト」に「pelvis」をドラッグ＆ドロップしてください。［ドライバー］は「パス」にします。

次に左脚のコントローラーである「LegCtrl_L」をドラッグ＆ドロップしてください。こちらも［ドライバー］は「パス」にします[注4]。

注4) 歩行のモードを「直進」にしたとき、ドライバーが「パス」になっているオブジェクトは「歩幅」の設定に従って前進します。

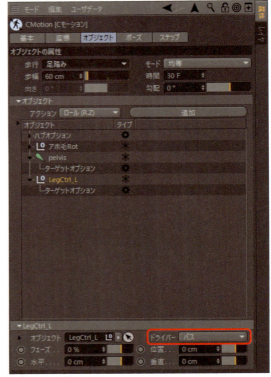

アクションを追加する

「LegCtrl_L」にアクションを追加します。まず前後方向の動きとして「プッシュ（P.Z）」を追加します。［アクション］のプルダウンメニューで［プッシュ（P.Z）］をクリックし、［追加］ボタンをクリックします。

［プッシュ(P.Z)］をクリックして選択したら、下に設定画面が表示されますので、［プッシュ（P.Z）］の変化量を「18cm」にします。

次にグラフのスプラインを編集します。

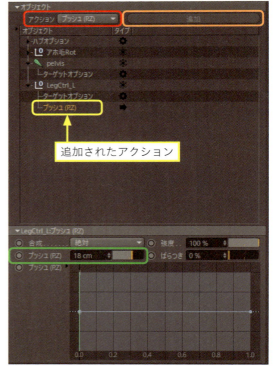

プッシュ（P.Z）を追加し、変化量を設定する

左足が前に出た状態から歩行のモーションを始めるとすると、グラフのスプライン（線）は左上から出発してサイクルの半分くらいで下のほうに下がっていき、また前に戻るので右上に戻っていく、という流れになります。

グラフに最初に表示されたスプラインは、両端にしかポイントがありませんでした。Ctrlを押しながらスプライン上をクリックすると、そこにポイントが追加されます。真ん中あたりにポイントを追加してください。

数値入力したい場合、グラフの左上あたりに小さい黒い三角がありますので、クリックすると畳まれていたグラフが展開され、詳細な設定が可能になります。

スプライン上にポイントを追加する

左右のポイントを上に、真ん中のポイントを下に移動します。クリック＆ドラッグで移動して、数値入力も必要に応じて使用してください。

スプラインを編集する

「LegCtrl_R」をオブジェクトリストに追加します。そしてアクションを追加しますが、右脚は左脚の動きと同じで半サイクルずらすだけで良いので、「参照」を使います。［アクション］のプルダウンメニューを開き、［参照］をクリックしてください。そして［追加］ボタンをクリックします。

「LegCtrl_R」に「参照」アクションを追加する

キャラクターの歩行アニメーション

何の動きを参照するのか決める必要があります。追加された「参照」アクションをクリックして選択すると、オブジェクトリストの下にプルダウンメニューが表示されます。クリックしてメニューを開き、「LegCtrl_L」をクリックしてください。左脚の動きの設定で、そのまま右脚を動かすことができるようになります。

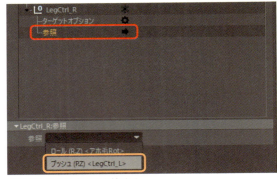

どの動きを参照するのか決める

「参照（プッシュ（P.Z））」と表示が変わり、このアクションが「プッシュ（P.Z）」の動きを参照していることがわかります。

もう1つ設定するべきことがあります。「LegCtrl_R」をクリックして選択してください。下に設定項目が表示されます。[フェーズ]を「50％」または「-50％」に設定します。

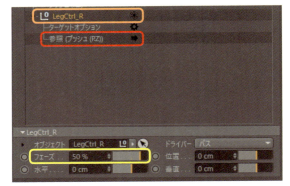

プッシュ（P.Z）の設定

これにより、右脚の動きが左脚と半サイクル（この場合は15F進むか遅れる）ずれることになりますので、両足が交互に動くようになります。

サンプル 06-02-07.c4d

脚が交互に前後する

次に足を持ち上げる動きを追加します。「LegCtrl_L」にアクション「リフト(P.Y)」を追加します。「Position」の「Y」の略なので、Y方向の位置の変化になります。手順は同じです。

グラフですが、足を持ち上げる動きなので、スプラインがマイナス側に行くことはありません。ポイントの値は右の図を参考にしてください。

右脚側も同様に作業しましょう。

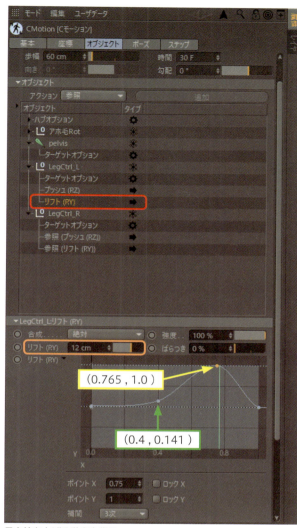

足を持ち上げる動きを作る

アニメーションの再生ボタンをクリックして、今のアニメーションが動く様子をよく確認しましょう。足は前後、上下に動くようになりましたが、まだまだ自然な歩き方には程遠いです。

次は足首の回転の動きを加えましょう。かかとから着地し、指で地面を後ろに押し、爪先で地面から離れるようにします。

まだ歩き方が不自然

キャラクターの歩行アニメーション　287

足首の回転の動きを加えましょう。筆者はいろいろ試しましたが、「LegCtrl_L」を使うより「ankle_L.ゴール」を回転させたほうがよい結果が得られたので、ここでもそうします。

　オブジェクトリストに「ankle_L.ゴール」を追加し、さらにアクションを追加します。かかとを上げる動き、つまり前後方向の回転（ピッチ）を追加します。「ピッチ（R.X）」を追加します。オブジェクトリストに追加された「ankle_L.ゴール」をクリックして選択し、[アクション]のプルダウンメニューから[ピッチ（R.X）]をクリックしてください。そして[追加]ボタンをクリックします。[ドライバー]は「なし」にします。

　追加された「ピッチ（R.X）」をクリックしてさらに修正を加えます。まず、「ピッチ（R.X）」の変化量を「45°」にします。そして、グラフのスプラインを右の画像のように修正してください。

　右足側は参照で作ってください。

足首を回転させる動きを作る

　結果は右の画像のようになります。段々と良い感じになってきたような気がします。

　問題点としては、足を前に動かしたときに、着地していないということです。足の裏とコントローラーが離れてしまっています。足の位置がもう少し下がればかかとから着地するのですが、どうすれば良いでしょうか？

　実は、骨盤（pelvis）も動かす必要があるのです。実際に骨盤は、歩く動きの中で上下移動を繰り返しています。

サンプル　06-02-08.c4d

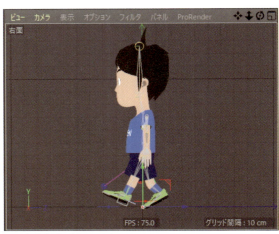
かかとが地面に付いていない

「pelvis」ジョイントに上下の動きを与えましょう。[アクション]のプルダウンメニューから[リフト（P.Y）]を追加します。P.Y は Position の Y のことです。

アクション「リフト（P.Y）」を追加したら設定を行います。まず、[リフト（P.Y）]の変化量を「3cm」にします。そして、グラフのスプラインを右の画像のように修正してください。足が前後に開くほど、骨盤が下がる動きになります。

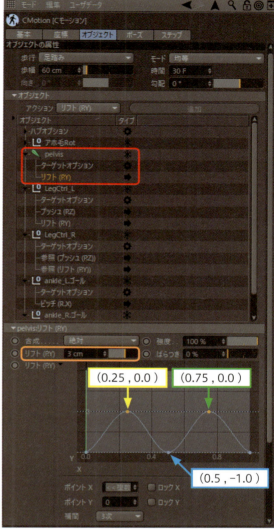

骨盤を上下させる動きを作る

結果は右の画像のようになります。かかとが着地する瞬間に、骨盤は一番下がっている状態になります。画像では完全に着地していませんが、他のアクションとの関係もありますので、とりあえずこのままにします。

次に解決すべきは、足が地面から離れる前の段階で爪先が地面にめり込んでいる点です。これは爪先が回転していないからで、「ball_L」をタイミングよく回転させれば解決します。地面を蹴って体を前に押し出す動きになります。

かかとがほぼ地面についた

キャラクターの歩行アニメーション　289

「ball_L」ジョイントをオブジェクトリストに追加します。そしてアクションの「ピッチ（R.X）」を追加しましょう。[ドライバー] は「なし」にします。

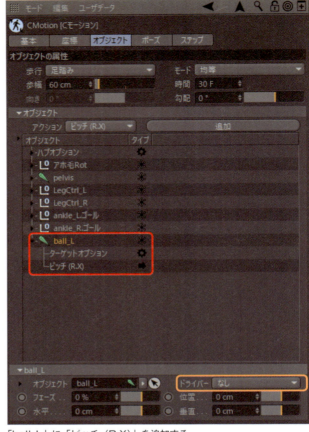

「ball_L」に「ピッチ（R.X）」を追加する

「ピッチ（R.X）」をクリックして選択し、修正を加えます。[ピッチ（R.X）] の変化量は「20°」にして、グラフのスプラインは右の画像を参考に修正してください。右足側も同様に作業しましょう。

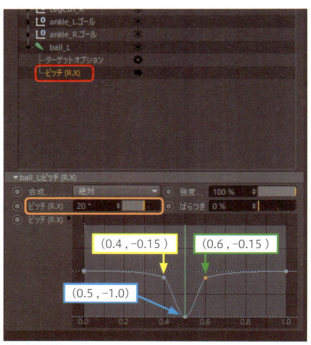

爪先の回転の動きを設定する

タイムスライダーを動かして結果を確認してみましょう。良い感じになっています。地面を爪先がしっかり捉えて体を前に押し出している動きになってきました。

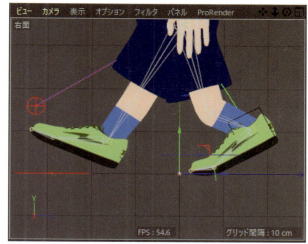

爪先が地面にめり込まなくなった

　動きを観察していると、足が前方に戻るときに足の甲が水平すぎることに気づきました。もう少し足の甲が立っているのが自然でしょう。

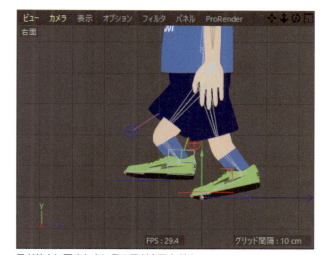

足が前方に戻るときに足の甲が水平すぎる

　このときのアクションのグラフは右の画像のようになっています。スプラインと現在のフレームを表す緑の縦線の交点が、もう少し上のほうにあるべきでしょう。

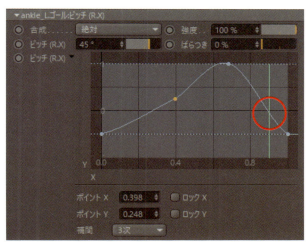

足首の角度を検討する

キャラクターの歩行アニメーション

ポイントを追加し、（X=0.9 , Y=0.5）に配置しました。これで足首の角度が是正できました。

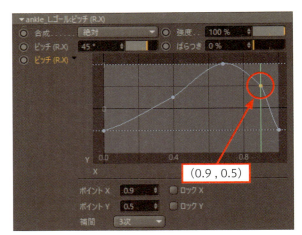
スプラインを修正する

　3Dビューで状態を確認してみると、足の甲の角度はバランスが良くなりました。地面にも突っ込むことなく、より自然な歩き方です。

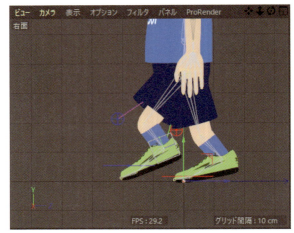
より自然な歩き方になった

　後回しにしていた「かかとが完全に着かない」問題ですが、足を前方に送り出す量を調整することで対処してみましょう。現状では、前にも後ろにも18cm動いているのですが、前に足を出す量を減らして、逆にしっかり地面を押し出す動きを出すために、後ろに足を動かす量は増やします。

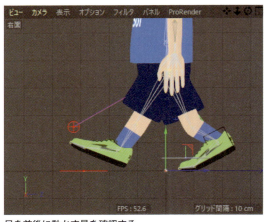
足を前後に動かす量を確認する

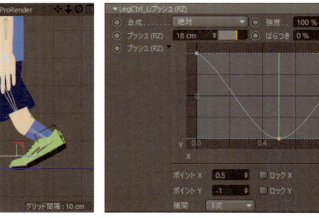

どうするのかと言うと、まず「LegCtrl_L」の［プッシュ（P.Z）］の変化量を「20cm」に増やします。これで足を後ろに動かす量は増えました。そして、グラフでプラス側の2つのポイントを「Y=0.75」まで下げます。これで、20cm × 0.75 = 15cm となり、足を前に動かす量が当初の18cmから3cm少なくなりました。

結果は下の画像のように、かかとがきちんと接地するようになりました。加えて、グラフの黄色の円で囲ったポイント（下の画像を参照）を右にずらしました。これは、足を後ろにゆっくり押し出すことを意味します。しっかり体重をかけて地面を押しているように見えると良いのですが。

 サンプル 06-02-09.c4d

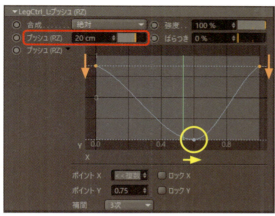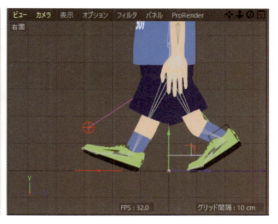

足の前後の移動量を別々に調整する

● 腕の動きの作成　　　　　　　　　　　　06 ▶ 6-2-7

次は腕を振る動きを追加しましょう。ご存じの通り、腕と脚の動きは逆になります。左脚が前に出ているときは左腕は後ろに振っています。こうした自然な動きを取り入れて、アニメーションの完成度を高めていきましょう。

現状、キャラクターは腕を下に下げた状態です。まず、初期の状態に戻して「アクション」を追加し、再度腕を回転させて下に下げます。「shoulder_L」と「shoulder_R」の角度［P］を「0°」にして元に戻しましょう。

「Sleeve_L」と「Sleeve_R」は「shoulder_L」と「shoulder_R」の子なので、一緒に動いてしまします。これらは「shirt」オブジェクトに付いているウエイトタグ」をクリックして開き、［バインドポーズをリセット］ボタンをクリックすると元に戻ります。

腕の角度を戻す

これで、上半身をバインド時のポーズに戻すことができました。「sleeve_L」と「sleeve_R」の角度は、［座標変換を固定］の［角度を固定］を実行してきれいな値にしておきましょう（筆者は［角度を固定］を実行するのを忘れていたので、面倒なことになってしまいました）。

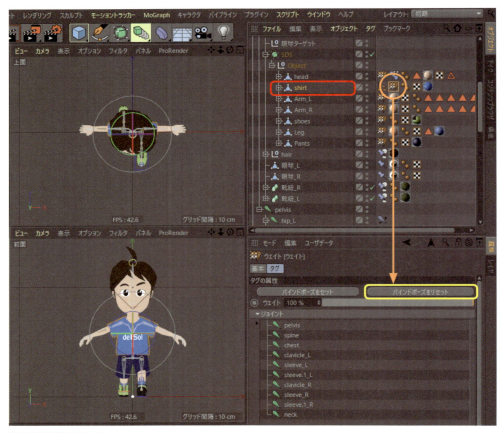

腕を初期状態に戻した

　「shoulder_L」を「Cモーション」のオブジェクトリストに追加しましょう。「shoulder_L」ハブの［ドライバー］は「なし」です。［アクション］は「ピッチ（R.X）」を追加します。

「shoulder_L」をリストに追加する

続いて「ピッチ（R.X）」の設定を行います。[ピッチ（R.X）]の変化量は「-35°」にします。そしてこの状態のまま固定になるので、グラフの2つのポイントを「Y=1.0」になるように上に動かします。これで腕は下げられたままになります。でも動かそうと思えばいつでも動かせる状態です。

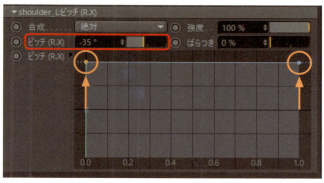

腕のPは「-35°」で固定状態にする

次に、腕を前後に振る動きを追加しましょう。ジョイントの軸をよく見ると、Y軸の回転を使うようなので、追加するアクションは「ツイスト（R.Y）」になりますね。いつも通りの方法で追加してください。

[ツイスト（R.Y）]の変化量は「30°」に変更しましょう。グラフのスプラインは初期状態のままで大丈夫です。

「ツイスト（R.Y）」を追加する

キャラクターの歩行アニメーション　295

アニメーションを再生して確認しましょう。左脚が前に出ている状態で左腕は後ろに振れているので OK です。

サンプル 06-02-10.c4d

腕と脚のタイミングは OK

テストレンダリングしてみると、袖のジョイントの角度が悪いようで、腕がシャツを突き抜けてしまっています。「sleeve_L」も「C モーション」のオブジェクトリストに追加し、コントロールする必要があります。

腕が袖を突き抜けている

「sleeve_L」を追加したら、アクションの［ピッチ（R.X）］を追加して「15°」の変化量を与え、上のほうに回転させます。グラフのスプラインのポイントは両端とも 1.0 まで上げてしまいます。

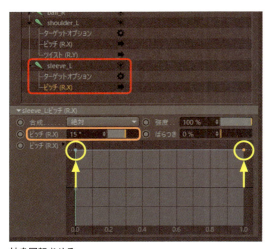

袖を回転させる

袖をコントロールできるようになったので、ついでに前後方向の動きを与えましょう。現在の設定では、シャツの袖は腕の振りに同調していますが、腕が袖の内側に接触して押した結果動くように見せましょう。「sleeve_L」ハブに「ツイスト（R.Y）」アクションを追加します。

具体的には、袖を前後させる回転の変化量は少なめ（ここでは「10°」）にすることと、フェーズの値を「10%」程度与えて回転するタイミングを遅らせます。

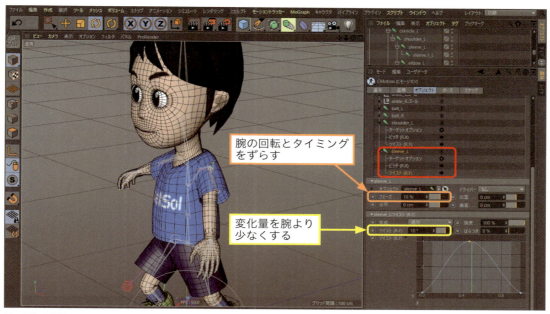

袖の回転を遅らせる

最後に「肘」の回転を追加しましょう。肘関節の動きは腕が後ろに振られたときは開ききって、腕が前に振られたときは大きく曲がります。

「elbow_L」ジョイントをCモーションのオブジェクトリストに追加して、ハブの設定で［ドライバー］は「なし」にします。

次に「アクション」は［ツイスト (R.Y)］を追加します。［ツイスト (R.Y)］の変化量は「45°」とし、実際に動きを確認しながら逆関節状態にならないようにグラフのスプラインを設定しましょう。

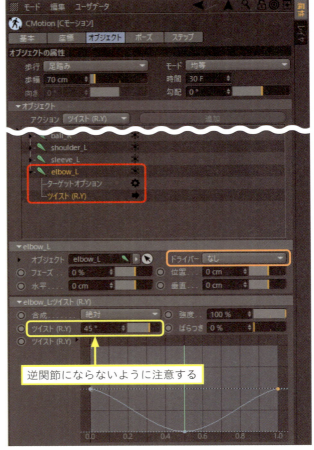

肘関節の設定

3Dビューで動きを確認しましょう。肘を伸ばしきらないようにするなど、いろいろ工夫する必要があります。右腕、右袖も作業してみてください。参照で対応できない場合は、通常通りアクションの追加で対処しましょう。

サンプル 06-02-11.c4d

肘関節の様子

▶ 体幹の動きの作成

06 ▶ 6-2-8

体幹の動きを作りましょう。歩くときは胴体も多少はねじれるような動きをしています。「chest」ジョイントと「head」ジョイントを回転させて上半身のねじりを表現します。

「chest」ジョイントと「head」ジョイントをCモーションのオブジェクトリストに追加し、ハブの設定では［ドライバー］を「なし」、［アクション］は［ロール（R.Z）］を追加します。［ロール（R.Z）］の変化量は、「chest」は「10°」、「head」は「7.5°」にしましょう。

グラフは右の図のようにします。「chest」と「head」で完全に逆の動きになります。これで頭の回転は胸の回転を打ち消すことになりますので、頭が必要以上に左右に振れることを防ぎます。「chest」と「head」で変化量を変えていますので多少は左右に振れます。

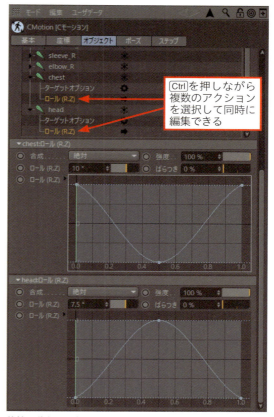

Ctrlを押しながら複数のアクションを選択して同時に編集できる

体幹の動きの設定

アニメーションを再生すると、上半身の動きに力強さが加わった気がします。

サンプル 06-02-12.c4d

テストレンダリングの結果

キャラクターの歩行アニメーション

▶ 直進／スプラインに沿った歩行の実現　　📽 06 ▶ 6-2-9

　Cモーションでは、歩行のタイプをその場で動かない「足踏み」、直線的に前進する「直進」、スプラインに沿って進む「パス」から選べます。「足踏み」で動きを作ってから「直進」に変えると、足の動きと歩行速度が上手く一致せず、足が滑っているように感じることがあります。

　こういった場合は、足の動きが地面に対して速いのか遅いのかよく見て確認しましょう。そして［歩幅］を長くしたり短くしたりして上手く合わせましょう。状況によっては足を動かすアクションの変化量から見直す必要があるかもしれません。このサンプルキャラクターの歩幅も、最初は60cmで作業していたのですが、最終的に72cmで落ち着きました。

歩行（直進）

　次は「パス」を使った歩行です。スプラインを描画して、進路となる「パス」を作ります。そしてCモーションの［歩行］のプルダウンメニューで［パス］をクリックして選択すると、パスを指定する入力ボックスが表示されます。入力ボックスにパスとして使いたいスプラインをドラッグ＆ドロップすると、そのスプラインに沿って歩くようになります。

歩行（パス）の設定

スプラインでカーブを描く方法はいろいろありますが、「ペン」ツールでスプラインのタイプを「ベジェ」にして描いてみましょう。

「ペン」ツール

スプラインのタイプ

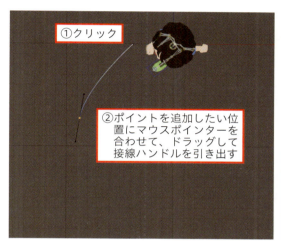

スプラインの描画

スプラインは白いほうが始点側で青いほうが終点側になります。Cモーションの「歩行」に使用する場合は、始点側から歩き始めますので、必要に応じて始点側と終点側を入れ替えてください。スプラインの始点と終点を反転するには、スプラインを選択して、［メインメニュー］の［メッシュ］→［スプライン］→［ポイント順を反転］をクリックします。

「パス」で歩行させるときには、目がどこを見ているのかが問題になります。眼球の向きをコントロールする「眼球ターゲット」オブジェクトはCモーションで動かすには不向きでしょう。目の動きは循環的ではないのです。ひとまず下の画像の例では、眼球に追加している「照準」コンストレインを一時的に不使用にしています。

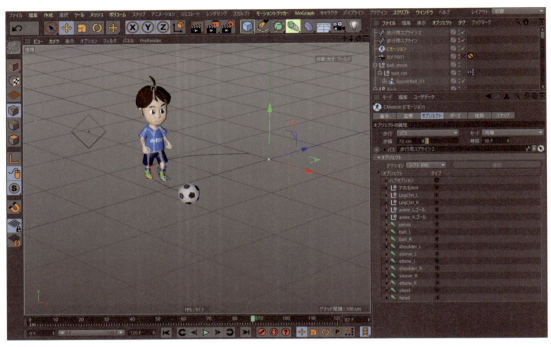

歩行（パス）

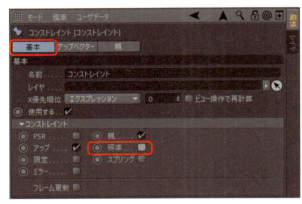

照準コンストレイントを一時オフにする

視線もきちんとコントロールしたい場合は、「眼球ターゲット」をCモーションとは別にアニメーションさせましょう。

サンプル 06-02-13.c4d

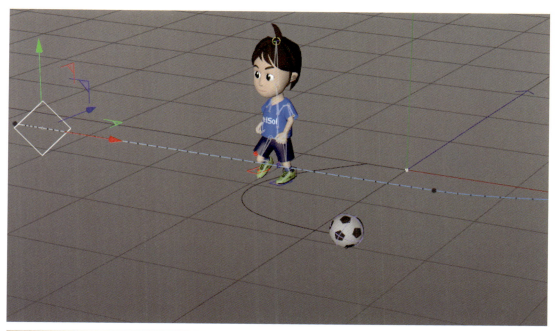

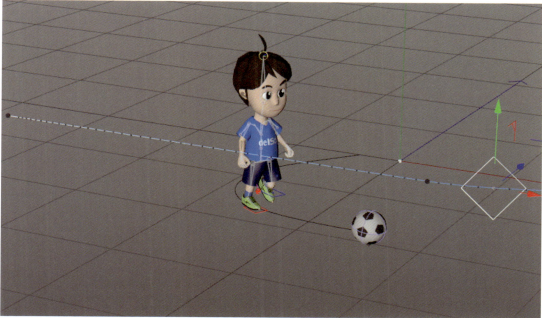

「眼球ターゲット」をアニメーションさせる

■ Chapter6 アニメーション

SECTION 03 手付けのキャラクターアニメーション

前節では、Cモーションを用いたパラメトリックなアニメーションを作成しました。この節では、手付けでキーフレームを追加して動きを作るアニメーション作りにチャレンジします。ボールをキックして力強いシュートを打つ動きを作ってみましょう。

ボールをキックする動き（フィジカルレンダラー使用）

● IKとFKを切り替えるコントローラーの作成　　06 ▶ 6-3-1、6-3-2

　Cモーションで歩行アニメーションを作ったときは、脚の動きを主にIKで作成しました。これは歩行の場合、床面への接触時にきちんと止めることが重要だからです。腕の動きは各関節の回転、つまりFK（フォワード・キネマティクス。体幹側から個々のジョイントの回転で動きを作っていく）で作ったことを思い出してください。

　今回は、ボールをキックする動作をFKで作ります。キックという動作は、股関節、膝関節、足首関節の回転の組み合わせで滑らかな回転運動を作り出します。これはFKの得意分野です。一方で、脚と足は基本的にIKで動かすように作っているため、一時的にIKからFKに切り替える機能が必要になります。

具体的には、「hip_R」ジョイントに追加されている「IK」タグを開いて、[タグ] タブの中の [IK/FK] という項目の数値を「0%」から「100%」に変化させることで、IKの影響がなくなります。

もう1つ、「ankle_R」ジョイントに付けられた「コンストレイントタグ」を開いて、[PSR] タブの中の [ウエイト] の数値を「100%」から「0%」に減らすと、PSRコンストレイントの効果がなくなるため、「ankle_R」ジョイントは単独で自由に回転できるようになります。

この2つを同時にコントロールするユーザデータとXPressoを作成して、ビジュアルセレクタから呼び出せるようにしておきます。そしてキック動作に移行する直前にIK（とPSRコンストレイント）を解除し、キック動作が終了したら元の状態（IKによるコントロール）に戻します。

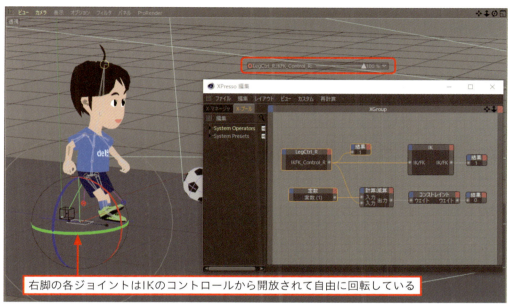

IKを一時的に解除するXPresso

「LegCtrl_R」に「XPresso」タグを追加します。やり方は5章で説明しました。オブジェクトやタグを追加して必要なノードを揃えます。

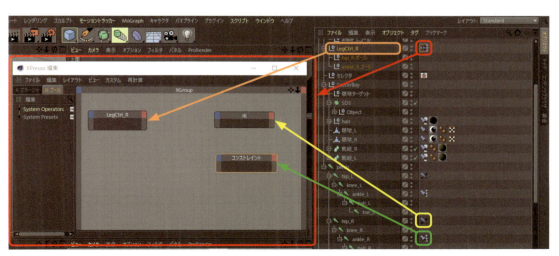

XPresso編集ウインドウにノードを追加する

「LegCtrl_R」オブジェクトと「hip_R」ジョイントに追加されているIKタグ、「ankle_R」に追加されているコンストレイントタグを「XPresso編集」ウインドウにドラッグ＆ドロップします。これらがXPressoのノードになります。「LegCtrl_R」が入力側、「IK」と「コンストレイント」が出力側になります。

「LegCtrl_R」に「ユーザデータ」を追加します。「LegCtrl_R」をオブジェクトマネージャでクリックして選択し、［属性マネージャのメニュー］の［ユーザデータ］→［ユーザデータを追加］をクリックしてください。

ユーザデータを追加する

ユーザデータに名前を付けます。ここでは「IK/FK_Ctrl_R」としました。自分で区別が付くわかりやすい名前にしましょう。

［インターフェース］を「ボックスとスライダー」に変更します。他はデフォルトのままでOKです。［OK］ボタンをクリックしてウインドウを閉じてください。

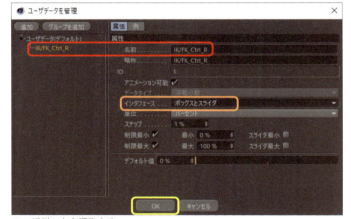

ユーザデータを編集する

完成したユーザデータのインターフェースは右の画像のようになります。スライダーと数値入力で0％から100％の間でコントロールでき、アニメーションも可能です。

サンプル 06-03-01.c4d

ユーザデータのインターフェースが完成した

「XPresso編集」ウインドウでの作業に戻ります。各ノードのポートを開きます。

まず、「LegCtrl_R」はノード右上の赤いボタンをクリックし、開いたメニューの［ユーザデータ］→［IK/FK_Ctrl_R］をクリックして出力ポートを開きます。

出力ポートを開く

「IK」ノードはノード左上の青いボタンをクリックし、［タグの属性］→［IK/FK］をクリックして入力ポートを開きます。

入力ポートを開く

「コンストレイント」ノードはノード左上の青いボタンをクリックし、［PSR］→［ウエイト］をクリックして入力ポートを開きます。

入力ポートを開く

次に、各ノード間をワイヤで接続していくのですが、各ノードが出力したり受け取ったりする値について整理します。「IK」へはそのまま渡せますが、「ウエイト」へは逆の数値を渡すことになります。

ノード間の関係

	出力側	入力側	入力側
IKで動かす場合	IK/FK_Ctrl_R=0.0	IKタグのIK/FK=0.0	PSRのウエイト = 1.0
FKで動かす場合	IK/FK_Ctrl_R=1.0	IKタグのIK/FK=1.0	PSRのウエイト = 0.0

0のときに1、1のときに0になり、中間の値も場合によっては必要かもしれないということで、今回は「マップ変換」ノードを使用して数値を変換します。「マップ変換」ノードを追加するには、「XPresso編集」ウインドウの何もないところを右クリックし、開いたメニューから［新規ノード］→［XPresso］→［計算］→［マップ変換］をクリックします[注5]。

注5) 他にも方法はあります。たとえば「計算」ノードを使って、「定数」ノードで用意する「1」から「LegCtrl_R」の出力値を引いた値を渡す。「1-1 = 0」「1-0 = 1」なので目的に合致します。

「マップ変換」ノードの場所

「マップ変換」ノードが追加されたら、ノードをクリックして属性マネージャを見てください。グラフにはまだ線（スプライン）がありません。グラフ上を右クリックしてメニューが開くので、［スプラインプリセット］→［線形］をクリックしてください。

グラフにスプラインプリセット「線形」を使用する

そうすると下の左の画像のようになります。ポイントの値を見ると、横軸 0 のときは縦軸も 0、横軸 1 のときは縦軸も 1 です。これは何もしていない素通し状態なので、ポイント位置を動かしましょう。ポイントをドラッグして右の画像のようにしてください。ポイントの値は、横軸 0 のときに縦軸が 1、横軸 1 のときに縦軸が 0 になりました。これで OK です[注6]。

注6） スプラインを使わずに、[ノード] タブの [反転] を使う方法もあります。

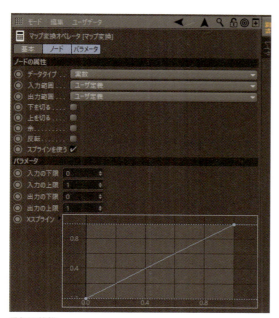
最初の状態

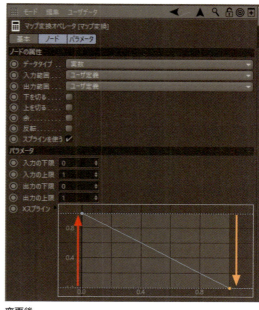
変更後

ポート間をワイヤで接続します。「LegCtrl_R」のユーザデータのスライダーをドラッグして「100%」にし、「hip_R」ジョイントや「knee_R」ジョイントを回転させてみましょう。自由に動きましたか？

サンプル 06-03-02.c4d

IK から一時的に開放された

手付けのキャラクターアニメーション　309

▶ ビジュアルセレクタの更新　　06 ▶ 6-3-3

　IK/FK切り替え用のコントローラーや、右脚の各ジョイントに素早くアクセスするために、ビジュアルセレクタにホットスポットをいくつか追加する必要があります。

　「IK/FK」の切り替え、「pelvis」ジョイントの移動、「hip_R」、「knee_R」、「ankle_R」ジョイントの回転などのホットスポットを追加しましょう。第5章でビジュアルセレクタの作業をした際は、コントロールする項目名をあらかじめ画像に書き込んでおきましたが、今回はビジュアルセレクタ上で、項目名を書き込んでボタンを作ります。「ホーム（家）」のアイコンを配置したことを覚えているでしょうか。ほぼ同じ要領で任意の文字列をビジュアルセレクタに配置できます。

　例として「pelvis」ジョイントを選択するためのホットスポットを作ります。

　ビジュアルセレクタの［セットアップ］タブをクリックして開きます。［モード］を「編集」に切り替えます。［ホットスポットを追加］ボタンをクリックし、追加されたホットスポットの名前を「腰移動」などのわかりやすい名前に変更します。［カラー］は、「頭」や「胸」などと同様グリーンにしました。［リンク］は「pelvis」ジョイントにします。［アクション］はプルダウンメニューから「移動」をクリックします。

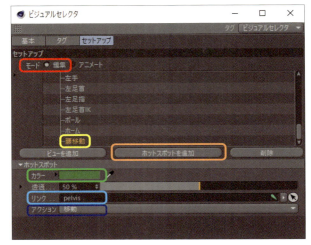

ホットスポットを追加する

　［タグ］タブをクリックして開き、長方形ツールでホットスポットを作ります。画面上をドラッグしてホットスポットを描画します。長方形で作りたかったのですが、楕円形で作られてしまいました。作り直す場合、Ctrl + Z で作業を取り消します。

　［セットアップ］タブをクリックして開き、設定を変更します。

ホットスポットの形状

［セットアップ］タブで、［ツール］にある［形状］のプルダウンメニューを開き、［長方形］をクリックして変更します。

形状を「長方形」に変更する

再度同じ場所に描画しましょう。上手く描画できたでしょうか。位置は Shift を押しながらホットスポットをドラッグすれば動かせます。

長方形で描画できた

色だけのホットスポットでは役に立たないので、「腰移動」という文字を重ねましょう。「文字」ツールをクリックして切り替えます。

ビジュアルセレクタで、ビュー上の任意の場所をクリックすると、入力ウインドウが開きます。「腰移動」と入力し、必要なら文字サイズを変更して、［OK］ボタンをクリックしましょう。

文字入力画面

手付けのキャラクターアニメーション 311

なかなか狙った場所に文字が配置されないので困りますが、文字を[Shift]を押しながらドラッグして、緑の長方形に上手く重ねてください。

以上の作業を繰り返して、右脚関係のホットスポットをどんどん作りましょう。

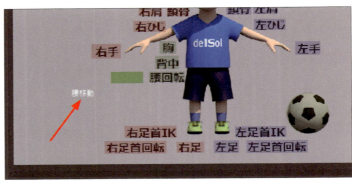

文字が描画できた

追加するホットスポットの設定を表にまとめました。カラーは右半身を赤、左半身を青、中心をグリーンにしています。

追加するホットスポットの設定

ホットスポット名	カラー	リンク	アクション
腰移動	グリーン	pelvis	移動
右 hip	赤	hip_R	角度
右 knee	赤	knee_R	角度
右足首回転 FK	赤	ankle_R	角度
IK/FK_R	赤	LegCtrl_R	なし

ホットスポットの追加が完了したら、[セットアップ]タブをクリックして開き、[モード]を「アニメート」に切り替えます。上手く動作するか確認してください。

サンプル 06-03-03.c4d

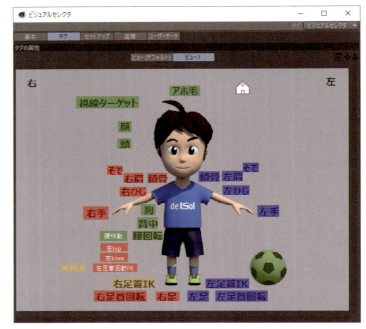

追加するホットスポットの設定

▶ アニメーションの計画　　06 ▶ 6-3-4

これで準備ができたので、ようやくアニメーション作りに取り掛かることができます。

まずボールについてですが、これは第6章のSection 01で作ったボールを使いまわします。位置の変化に応じて自動で回転するスグレモノです。実際にはXPressoに多少手を入れて調整します。

ボールは、キャラクターの右足の少し前方に置きます。このキャラクターは右脚が利き脚の設定です。そして左足を一歩踏み出してボールの左側に着地させます。左足の前方への移動に伴って重心も前方に移動します。重心の前方への移動と同時に、右脚をFKに切り替え、かかとを上げて指先で地面をしっかり掴んで体を前方に押し出す動きを表現します。そしてそのままキックの動作に移行し、ボールを蹴ったら再び右足は着地し、着地と同時にIKによるコントロールに戻します。IKのゴールは着地に備えて、あらかじめ位置を調節しておきます。

足のモーションが完成したら、ボールをタイミングよく動かして蹴られて飛んでいった動きを表現します。さらに体幹や腕、頭の動き、顔の表情や、アホ毛の揺れ、手指のポーズなどを追加して、生き生きとしたアニメーションに仕上げていきましょう。

アニメーションの計画

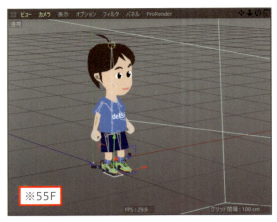
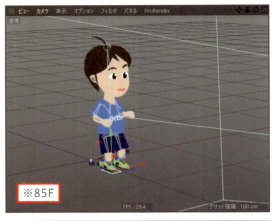
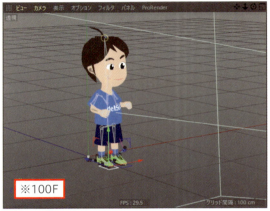

動きをまとめると以下のようになります

10F 動き始め
30F 持ち上げた左足がボール横に着地
34F キックの瞬間
40F 足が最高に上がった瞬間
55F 右足が着地
85F 結果に喜ぶ
100F 終了

アニメーションの計画

▶ 左脚と腰の動きの作成　　　06 ▶ 6-3-4

　まず、左足を上げて前方に動かし、ボールの横に着地させる動きを作ります。同時に腰も前方に移動させます。

　最初に、主要なジョイントの位置、角度を［座標変換を固定］で0にしておきましょう。すでに何度も行っているはずですが、再度確認してください。

　0Fにタイムスライダーをドラッグして合わせ、初期状態としてキーを記録しましょう。［キーを記録］ボタンをクリックするとキーが追加されます。「LegCtrl_L」をオブジェクトマネージャでクリックして選択し、「位置」だけを記録します。「スケール」「角度」「パラメータ」「PLA」の記録機能はオフにしておきます。

　［キーを記録］ボタンをクリックする際は、オブジェクトの何をキーとして記録しようしているのかを確認しましょう。

　10Fにタイムスライダーをドラッグして動かして、再度［キーを記録］ボタンをクリックしてキーを追加してください。

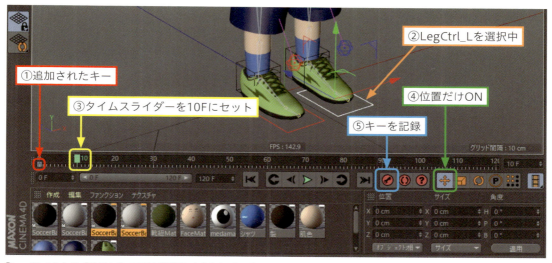

「LegCtrl_L」の「位置」を 10F に記録しようとしている

次にタイムスライダーをドラッグして 28F にセットします。「LegCtrl_L」を体の前方に動かします。「Z=-36.3cm」くらいに動かして、[キーを記録] ボタンをクリックします。

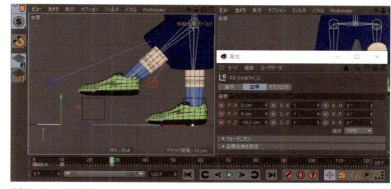

28F にキーを記録する

19F に戻って、「LegCtrl_L」を上（Y+）に移動します。足を前方に動かすときは足を多少上げますので、そのためです。

右の画像ですが、まだ「LegCtrl_L」を動かす前の状態です。属性マネージャ位置の、座標の表示の左に赤い丸があります。これはこのパラメータにキーが打たれて、アニメーションしていることを示しています。

19F に戻って足を上げてキーを追加する

「LegCtrl_L」を上に動かすと、属性マネージャの表示が変化します。オレンジ色の輪になりました。これは既存のアニメーションから変化があったことを示しています。P.Y（位置のY）を3.1cmくらいにしてキーを追加します。

足を上げた

このオレンジの輪をクリックすることでキーを追加することもできます。キーを追加するとオレンジの輪が赤丸に変わりました。赤の丸は現在のフレームにキーがあることを示します。

キーを追加した

まとめると、赤の丸はパラメータにキーが打たれてアニメーションしていることを示していて、かつ現在のフレームにキーが存在していることを示しています。

赤の輪は、アニメーションはしているが、現在のフレームにキーはないことを示しています。

オレンジの輪は、既存のアニメーション（位置のアニメーションなら各フレームを結んだスプライン）から変化があったことを示しています。キーを追加して変更した部分を記録しなければなりません。

足を前方に動かしましたが、IKのゴール（LegCtrl_L）に足が追従できずに離れてしまっています。腰（「pelvis」ジョイント）も前に動かす必要があります。左足のときと同じように、0Fと10Fに先に位置のキーを追加しておきましょう。そして28Fに移動して、「pelvis」ジョイントの位置を前方に動かします。さらに下に下げます。座標マネージャの［位置］の［Y］に「19」、［Z］に「-4.9」を入力し、［適用］ボタンをクリックしてください。そしてキーを追加してください。

「pelvis」ジョイントの位置を記録する

　左足を上げて前方に動かす際に多少爪先を上げるようにしましょう。

　ビジュアルセレクタでホットスポットの「左足首回転」をクリックし、「ankle_L. ゴール」を選択しましょう。今回は「角度」を記録していきます。まず 0F と 10F で初期状態の記録をし、22F で［回転］の［P］に「-13.5°」でキーを記録しましょう。爪先が少し上がります。そして 28F でかかとから着地します。このときもう一度同じ角度でキーを追加します。32F で足は完全に着地して水平になるので、［回転］の［P］に「0°」でキーを追加しましょう。

サンプル 06-03-04.c4d

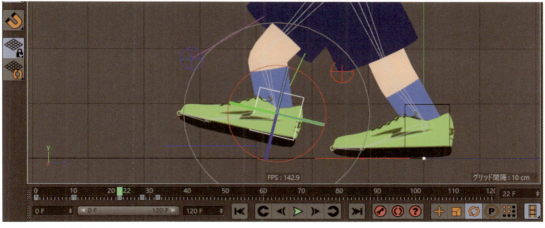

爪先を上げるようになった

これまで位置や角度のキーをたくさん追加してきました。画面のレイアウトを「Animate」に変更し、「タイムライン」で確認してみましょう。

タイムラインでのFカーブの表示

上の画像がタイムラインです。キーを追加されたパラメータはそれ専用の「トラック」が作られます。そしてキーは薄い水色の四角形で表示されます。各キーはスプラインによって接続されます。これをFカーブ（ファンクションカーブ）と呼びます。そして、滑らかに繋いだりカクカクに繋いだりといった、キーの間の補間方法も自由に決めることができます。キーをクリックすると接線ハンドルが表示されますので、微妙な調整をすることも可能です。

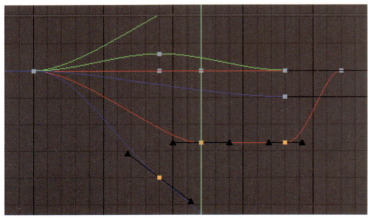

接線ハンドル使って調整できる

Fカーブを評価する際は、どのトラックを示しているカーブなのかわかりやすくしたいものです。選択したトラックだけ表示するには、[タイムラインのメニュー]の[Fカーブ]→[全てのトラックを表示]をクリックしてオン、オフを切り替えます。オフにすると、左のリストで選択したトラックだけが表示されます。

任意のトラックだけを表示したい

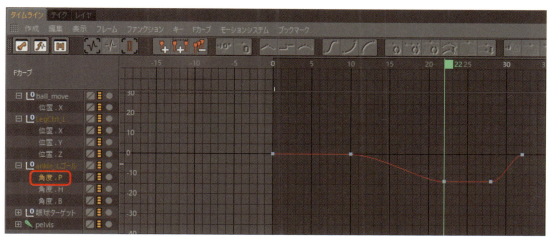

「ankle_L」の「角度.P」のカーブだけを表示している

MEMO　キーを追加するときはオブジェクトを選択しておく

　Animate レイアウトで作業していると、「トラック」を選択してキーを追加してしまいそうになりますが、これではキーは記録されません。オブジェクトを選択した状態でキーを追加してください。

▶ 右脚のキックモーションと IK/FK　　📼 06 ▶ 6-3-5

　次は右脚の各ジョイントを FK で回転させ、キックモーションを作ります。そのためには、タイミングを見計らって IK から FK に切り替える必要があります。

　9F と 10F を使って IK から FK に移行させましょう。

　タイムスライダーを 9F にセットして、ビジュアルセレクタで「IK/FK_R」をクリックすると、属性マネージャに「IK/FK_Ctrl_R」のスライダーが表示されます。スライダーの数値は「0％」のままで OK です。スライダー左の丸ボタンをクリックしてキーを追加します。10F に進んで今度は「100％」でキーを追加しましょう。

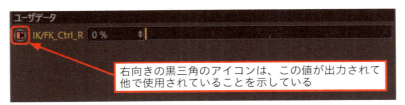

IK/FK の値を記録する

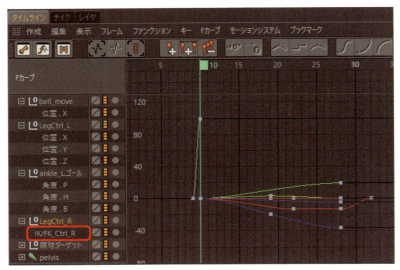

9F が 0％、10F で 100％にセットした

📖 MEMO　不要なトラックを削除する

　あるジョイントの角度をキーに記録する際に、たとえば「回転の P」だけを記録すれば良いという場合が結構あります。しかし、普通にキーを記録すると、H や B も記録されてしまいます。また、角度だけを記録すれば良いのに、位置やスケールの記録機能をオフにすることを忘れて、位置やスケールのトラックが作られ、全く不要なキーが追加されてしまっていることも多々あります。

　不要なトラックは、「タイムライン」の左側のリストで「トラック名」をクリックして選択し、Delete で削除することができます。

右脚の根元に近い側から動きを作っていきましょう。「hip_R」ジョイントを選択して「角度.P」のキーを追加していきます。まず、0F、10Fはそのまま「0°」でキーを追加します。31Fで「35°」にしてキーを追加しましょう。適当に回転させて、キーを追加し、追加されたキーをタイムライン上でダブルクリックすると、数値入力ボックスが表示されますので、正確な値に修正できます。

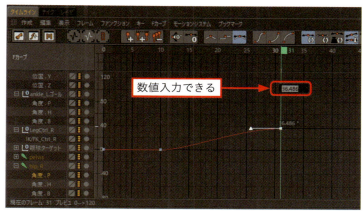

「hip_R」に角度.Pのキーを追加する

引き続き、34Fは「0°」、40Fは「-92°」、54Fは「-8.5°」にしました[注7]。

注7）この作例では、いきなり最終的な値として数値を指定していますが、実際は他のジョイントの角度も併せて何度も試行錯誤してこの値に落ち着いています。

「hip_R」のFカーブ

> **MEMO　記録する値がすでに決まっている場合**
>
> この作例では、何Fにどのような値を記録するのかがすでに決まっています。このような場合、まずタイムスライダーで次にキーを記録するフレームに進んだら、とりあえずキーを記録し、そして追加されたキーをダブルクリックして最終的な値を数値入力すると簡単です。また、キーのドットを上下にドラッグすれば、オブジェクトの状態もリアルタイムで変化するので便利です。

次は膝関節「knee_R」ジョイントの動きを作っていきます。「角度 .P」のキーを記録していきます。

例によって、0F と 10F は「0°」のままで OK です。23F は「32°」、34F に「45°」、38F に「7°」、45F に「35°」、54F に「19°」でそれぞれキーを追加します。

knee_R の F カーブ

腰のジョイント「pelvis」の動きを 28F までしか作っていませんでしたので、続きを作ってしまいます。

まず、「位置 .Y」から作業します。ジョイントの向きの都合上、「位置 .Y」が前後方向、「位置 .Z」が上下の動きになります。28F は「19cm」で設定済みです。40F に「30cm」、50F に「35cm」、54F に「35cm」でキーを追加しましょう。

次に「位置 .Z」の作業をします。33F に「-1.0cm」、40F に「-0.5cm」、50F に「1.0cm」、54F と 75F が「-1.0cm」でキーを追加します。

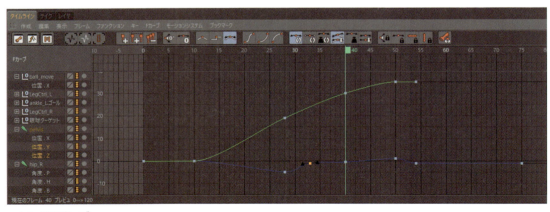

pelvis の F カーブ

次は右足首のジョイント「ankle_R」の動きを作っていきます。膝と同じく、角度.Pを変化させて動きを作っていきます。

例によって、0Fと10Fは「0°」のままでOKです。20Fは「-32°」、34Fに「-30°」、40Fに「28.5°」、54Fに「-12°」でそれぞれキーを追加します。

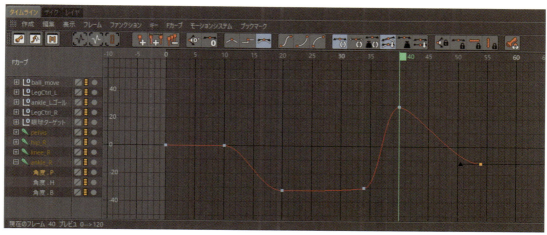

ankle_RのFカーブ

次は右足の指の回転「ball_R」の動きを作っていきます。足首と同じく角度.Pを変化させて動きを作っていきます。地面にしっかり指先で体重をかける動きを表現しましょう。

例によって、0Fと10Fは「0°」のままでOKです。20Fも「0°」、28Fに「-35°」、32Fに「0°」、その後はずっと「0°」のままです。念のため、適当に90Fで「0°」でキーを追加しました。

 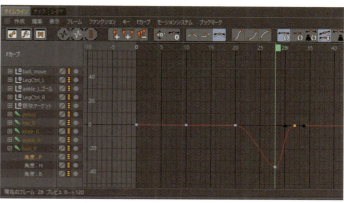

ball_RのFカーブ

以上でFKによる右脚のキックモーションは一応完成です。55F以降は、シュートの成功を喜ぶ表現で腰を下げて膝を曲げる動きを作ります。右脚のコントロールをFKからIKに戻す必要があります。

右脚のFKをIKのコントロールに戻す準備として、まず「LegCtrl_R」が動くようにキーフレームの設定をしておきましょう。位置のZを記録します。0F、10Fは「0cm」で記録、50F、90Fは「-36cm」でキーを記録します。

　そして「IK/FK_Ctrl_R」にキーを追加します。54Fは「100%」、55Fを「0%」でキーを記録します。これでスムーズにFKからIKに移行できました。

FKからIKに戻す

タイムスライダーを左右にドラッグして動きを確認していたところ、脚がどんどんねじれていく現象が発生しました。

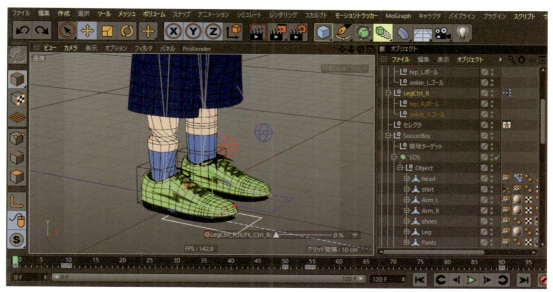

右脚がねじれてしまう現象が発生した

「hip_R」に追加しているIKタグの、[タグ]タブの[優先角度]を「100％」にすると、ねじれは解消します。アニメーションを再度再生してもねじれの問題は起きなくなります。

また、ねじれたジョイントにバインドされているポリゴンのウエイトタグをクリックして属性マネージャを開き、[タグ]タブの[バインドポーズをリセット]ボタンをクリックすると、ねじれを元に戻すことができます。

バインドポーズをリセットする

これでIK/FKの切り替えによるキックのアニメーションが一応完成しました。

なぜジョイントのねじれが発生するのかは上手く説明できませんが、おそらくIK/FKを使ってIKをいったんオフにしたことにより、「hip_R」と「knee_R」の両ジョイントの、IKでコントロールされていたときの角度を見失ってしまっているのではないかと思います。［優先角度］を使用することで、ジョイントの元の角度を参照しているのだと思われます。

サンプル 06-03-05.c4d

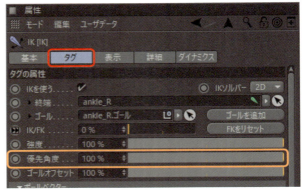

IKの［優先角度］を設定する

▶ 上半身と腕のアニメーションの作成　　📽 06 ▶ 6-3-6

　上半身の動きについては、まず「pelvis」ジョイントの上に位置する「spine」ジョイントが、キックの瞬間に前に回転します。キックの瞬間に脚の筋肉だけでは足りず、腹筋も使いますが、これにより上半身が前かがみになります。このことを表現するためです。蹴り終わると上半身は反動で再び伸びます。

　腕は、バインド時のポーズだと開きすぎなので、手を下に下げた状態を初期ポーズとして0Fに記録します。腕の振りは右脚が蹴るモーションで前方に振られているときは右腕は後ろに引いて、逆に左腕は前に振って体幹のバランスを取ります。これは走ったり歩いたりするときも同様ですよね。

　頭は、飛んでいくボールを目で追うようなイメージで、蹴った後に少し後ろに回転させます。アホ毛や袖の動きも加えましょう。

　作業に入る前に「shoulder_L」、「shoulder_R」、「sleeve_L」、「sleeve_R」、「elbow_L」、「elbow_R」の位置と角度を固定しておきましょう。肩と袖は、下の画像のように自然な角度にします。その後で［座標変換を固定］を実行します。

主要なジョイントの位置・角度を固定する

あらゆるジョイントや手指、顔のポーズモーフのパラメータを記録してキャラクターのアニメーションが完成しました。下の画像に全てのFカーブを表示していますが、1つずつ設定していけば何とかなるものなので、ぜひチャレンジしてください。詳しくはサンプルファイルを研究してみましょう。

サンプル 06-03-06.c4d

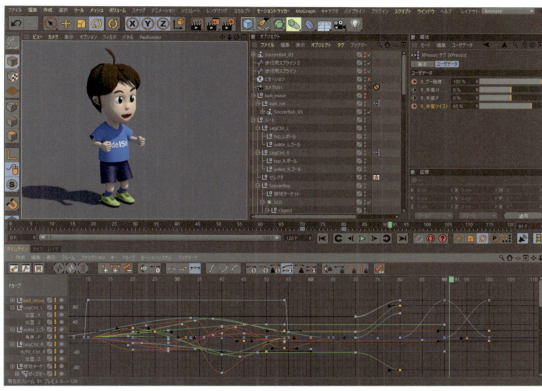

キャラクターのアニメーションが完成した

テストレンダリングの結果

▶ ボールのアニメーション作成　　▶ 06 ▶ 6-3-7

せっかくキャラクターのアニメーションが完成したのに、まだボールがありません。サンプル「06-03-07.c4d」に蹴られて飛んでいくアニメーション付きのボールが含まれています。ただし半完成なので、少し手を加えて完成させましょう。

サンプル 06-03-07.c4d

下の画像がそのボールの軌跡です。アニメーションを再生するとすぐにわかりますが、ボールが跳ねているように見えません。着地する部分のキーの接線を調整する必要があります。

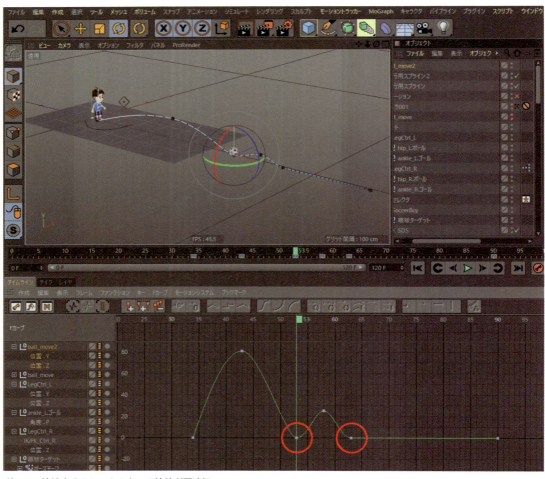

ボールの接地するフレームのキーの接線が不適切

問題のキーをクリックして選択すると、接線が表示されます。タイムラインを拡大して見やすくしましょう。接線の端には黒三角の接線ハンドルがあります。黒三角表示の接線ハンドルは両側が同じ長さで角度も連動します。それゆえに滑らかに動くようになるのです。しかし、ボールのバウンドの表現には不向きです。この接線を折る必要があります。

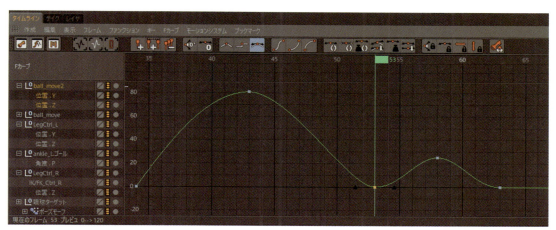

滑らかに補完された接線

　どちらか片方の接線ハンドルを Shift を押しながらドラッグすると、接線を折ることができます。そして接線の端は黒丸になります。接線の端が黒丸のときは、両側の接線ハンドルは別々に自由に動かすことができます。下の画像では、ボールのバウンドをイメージして接線を調整しました。アニメーションを再生して確認してください。ボールの跳ねる動きが表現できているでしょうか。

サンプル 06-03-08.c4d

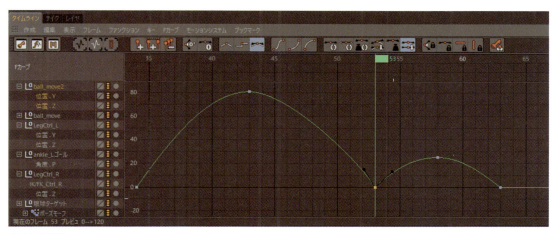

折られた接線

　次節では、今や Cinema 4D を象徴する機能ともいえる「MoGraph」を使って、おもしろい効果を作ってみましょう。

Chapter6 アニメーション

SECTION 04
MoGraphを使った電光掲示板の作成

モーショングラフィックス作成機能のMoGraph（モーグラフ）を使って、昔風の電光掲示板を作ってみましょう。数百個のライトを並べて点灯させ、文字を表示するようなことは、普通のやり方ではとても無理です。しかし、MoGraphを使えば簡単にできてしまいます。

▶ MoGraphとは

「MoGraph（モーグラフ）」とは、オブジェクトのクローン（コピーとは違う、元のオブジェクトを参照し続ける複製）を大量に作って、いろいろな条件付けによって手作業ではおよそ不可能なアニメーションを比較的簡単に作ることのできる機能です。今では、Cinema 4Dを象徴する機能ともいえます。

MoGraphを使った電光掲示板

　MoGraphを使って作成した電光掲示板は、文字を表示するだけではなく、点滅させたり、スクロールさせたりすることができます。文字は画像として読み込むので、オリジナルの記号やイラストも表示できます。複数の文字列の切り替え表示もできます。

▶ ライトの作成

　　　　　　　　　　　　　　　　　▶ 06 ▶ 6-4-1

　ライトを1つ作り、オブジェクトを複製するための MoGraph の機能である「クローナー」で増やします。まずライトの設定を行います。

　さっそく作り始めましょう。新規シーンで作業します。画面のレイアウトは「Standard」または「初期」で OK です（Standard と初期は、おそらく同じです）。

　まず「ライト」を1つ作ります。[メインメニュー]の[作成]→[ライト]→[ライト]をクリックしてください[注8]。

注8) 他にもライトのタイプはいろいろありますが、作った後でタイプを変えることができます。

ライトを作成する

　オブジェクトマネージャでライトをクリックして選択し、属性マネージャの表示を見てください。[一般]タブをクリックして開き、[カラー]を「H=65°、S=28%、V=100%」に設定します。

　[可視照明]のプルダウンメニューをクリックして開き、「可視光線」を選びます。他はデフォルト状態で OK です。

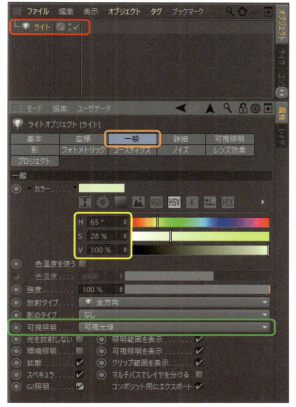

[一般]タブでの設定項目

続いて［詳細］タブをクリックして開きます。

［減衰］のプルダウンメニューを開き、「2乗に反比例（物理的に正確）」をクリックします。［減衰基準距離］を「20cm」に設定します。キーボードを使い、半角数字で「20」と入力すればOKです。他はデフォルト状態のままでOKです。

［詳細］タブでの設定項目

続いて［可視照明］タブをクリックして開きます。

［減衰］を「20％」に設定します。［内側の大きさ］を「1cm」、［外側の大きさ］を「5cm」に設定します。［明るさ］は「300％」に設定します。他はデフォルト状態でOKです。

サンプル 06-04-01.c4d

［可視照明］タブでの設定項目

●「クローナー」オブジェクトの作成　　06 ▶ 6-4-2

オブジェクトのクローン（複製）を作るための「クローナー」オブジェクトを用意しましょう。［メインメニュー］の［MoGraph］→［クローナー］をクリックしてください。

「クローナー」オブジェクトを作成する

クローナーができたら、オブジェクトマネージャ上で「ライト」を「クローナー」にドラッグ＆ドロップしてクローナーの子にしてください。すると下の画像のようになります。

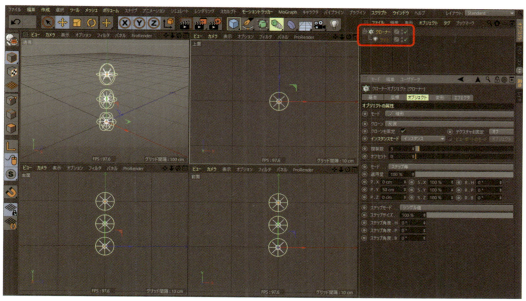

ライトをクローナーの子にする

　クローナーの設定を変更します。オブジェクトマネージャで「クローナー」をクリックして選択し、属性マネージャの［オブジェクトタブ］で、［モード］のプルダウンメニューから「グリッド配列」を選択し、［複製数］を「40」「10」「1」に、［サイズ］を「600cm」「150cm」「0cm」に変更します。

　ビューをレンダリングすると下の画像のようになります。40 × 10 × 1 で 400 個のライトのクローンが作られました。最終的にはもっと増やしますが、とりあえずこれで進めます。

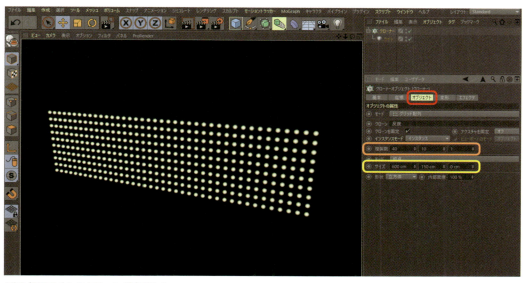

400 個のライトのクローンが完成した

MoGraph を使った電光掲示板の作成　　333

▶「シェーダ」エフェクタの作成

06 ▶ 6-4-2

「エフェクタ」という特殊な役割を持ったオブジェクトを用意して設定を施し、それをクローナーから呼び出すことによって、クローンにさまざまな振る舞いや効果を与えることができます。

画像を読み込むための「シェーダ」エフェクタを用意しましょう。[メインメニュー]の[MoGraph]→[エフェクタ]→[シェーダ]をクリックしてください。

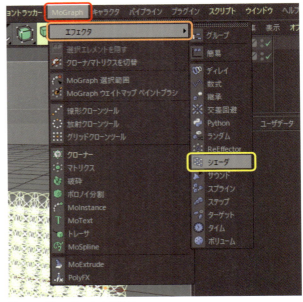

「シェーダ」エフェクタを作る

作られた「シェーダ」オブジェクトの名前を変更します。もう1つ作るので区別のためです。ここでは「シェーダ.goal」に変えました。区別が付けば何でも良いです。

「シェーダ」の名前を変更する

「シェーダ.goal」を「クローナー」に関連付けます。「クローナー」オブジェクトをクリックし、属性マネージャで[エフェクタ]タブをクリックして開きます。

「シェーダ.goal」をドラッグ＆ドロップで取り込んでください。これで、「シェーダ.goal」エフェクタがクローナーに影響を与えることができるようになりました。

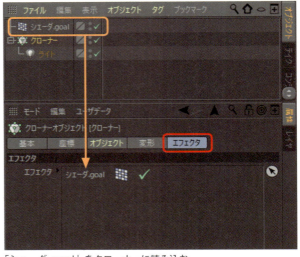

「シェーダ.goal」をクローナーに読み込む

「シェーダ.goal」の内容を編集します。オブジェクトマネージャで「シェーダ.goal」をクリックし、属性マネージャで［シェーディング］タブをクリックして開いてください。

続いて画像を読み込みます。「シェーダ」の右の幅の広いボタンか、［…］ボタンをクリックして、「Sample」→「06」→「tex」の中の「Goal.tif」または「Goal.psd」をクリックして選択し、［開く］ボタンをクリックしてください。

「シェーディング」タブで画像を読み込む

画像が読み込まれたらビューをレンダリングしてみてください。「GOAL！」と黄色い文字で書かれた画像なのですが、レンダリングした結果は逆文字になっています。ビューやクローナーオブジェクトを回転させれば解決します。あるいは［シェーディング］タブの［長さU］を「-100％」してもOKです。左右が反転できます。

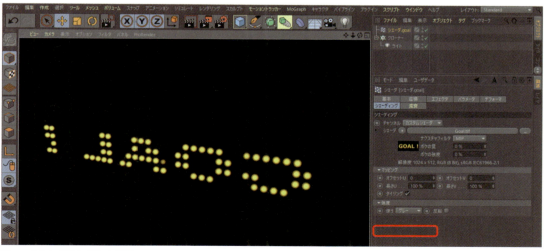

ビューをレンダリングした結果

MoGraphを使った電光掲示板の作成 335

［パラメータ］タブをクリックして開き、設定を確認します。［スケール］のチェックを外します。［カラーモード］のプルダウンメニューは「エフェクタカラー」にします。これが一番重要です。

［アルファ/強度を使う］は今回はチェックを入れる必要はありません。アルファチャンネル付き画像を使用する際はチェックすることになるかもしれません。

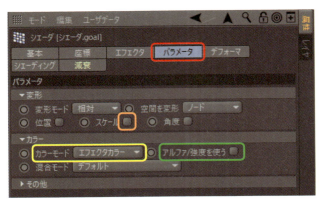

「シェーダ」エフェクタを作る

40 × 10 = 400個のライトでは解像度不足で文字がよく読めませんでした。［複製数］を「80」「20」「1」に変更してビューをレンダリングしたところ、情報量が増えて文字が読めるようになりました。ただし、ライトのクローンの数は4倍の1600個に増えていますので注意が必要です。PCの動作が結構重なります。動作を確認したら、また少なめにしておきましょう。

サンプル 06-04-02.c4d

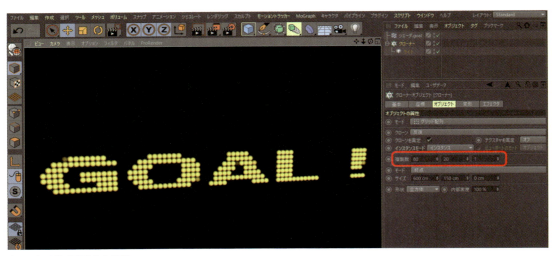

クローンの数を増やした結果

▶ 電光掲示板のバックパネルと支柱の作成　06 ▶ 6-4-3

　読み込んだ画像の文字を、クローンで配置したライトを光らせることで表示できました。しかしながら、電球を並べるためのバックパネルや、それらを支える支柱なども作らないと、デザイン的に電光掲示板には見えませんね。ここで作ってしまいましょう。

　［メインメニュー］の［作成］→［オブジェクト］→［立方体］をクリックし、立方体を1つ作ります。属性マネージャでサイズを変更します。サイズは「X = 620cm、Y = 170cm、Z = 20cm」にします。

　ライトのクローンと重ならないように位置を少しずらします。パネルの表面に電球が並んでいるように調整しましょう。

　バックパネルのマテリアルを作って適用します。ライトの光を受けても影響がないように、この手の電光掲示板はパネルの色が黒っぽいことが多いです。また、反射もしないようにします。

　続いて支柱も、立方体のパラメータを変更して作ります。「X = 20cm、Y = 600cm、Z = 20cm」とし、角の丸める「フィレット」を使用します。フィレットの［半径］は「4cm」にしました。これでマテリアルの適用と合わせて、ハイライトがエッジ部分に表れて外観が金属っぽくなります。

　背景には「フィジカルスカイ」を適用しています。光源も兼ねますので、手っ取り早くそれらしい背景が得られました。

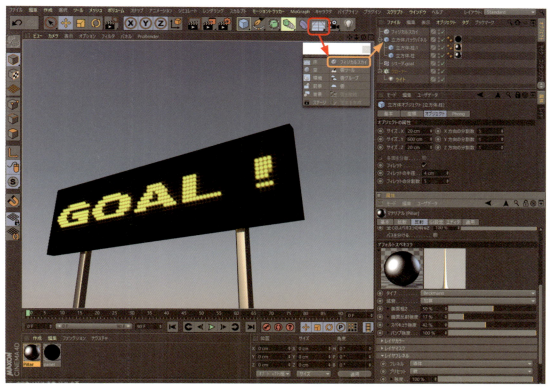

電光掲示板の部材を作る

MoGraph を使った電光掲示板の作成　337

レンダリング画像を見てみると、点灯していない電球部分に黒い球のようなものがレンダリングされていて、電光掲示板が細部まで作り込まれている印象を与えることができています。

これは、［可視照明］タブの［ダスト］の値を大きくしていることによります。これにより、可視照明にボリュームがあるかのように見せかけているのでしょう。

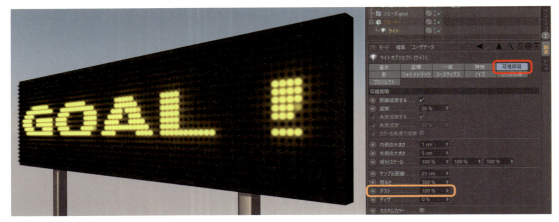

点灯していない電球のように描画されている

● 文字のスクロール　　　　　　　　06 ▶ 6-4-3

文字が右から左にスクロールするようにします。これは簡単に実現できます。「シェーダ.goal」をクリックして、属性マネージャの［シェーディング］タブを開きます。［オフセット U］の値を変化させると、読み込んでいる画像が左右にずれ、電光掲示板の表示も左右に動きます。この［オフセット U］にキーを記録すると、アニメーションさせることが可能です。

文字をスクロールさせる

［オフセット U］の値を変化させ、どちらに動くのかを把握しましょう。この作例では、マイナス方向に数値を変化させると右から左にスクロールします。［オフセット U］を「-1」にすると、元の位置に戻ります。タイリングにチェックが入っていることを確認してください。

30Fから60Fの間に、左側に1回スクロールさせてみましょう。30Fのときに［オフセットU］を「0」でキーを記録します。そして60Fにタイムスライダーを動かして「-1」で記録します。下の画像は、タイムラインの表示を「ドープシート」モードにしています。追加した2つのキーの補間は「スプライン」になっています。これによりキーが滑らかに補完されます。つまりゆっくり動き始めてゆっくり止まります。質量のある物体の動きの表現ではこれが適切なのですが、今回は機械的な表現なので、直線的な動きのほうが好ましいです。

「ドープシート」モードでキーと補間方式を表示する

　追加した2つのキーの補間は「スプライン」になっています。これによりキーとキーのが滑らかに補完されますが、今回は同じ速さで動き続けてほしいので「線形」補完にします。

 サンプル 06-04-03.c4d

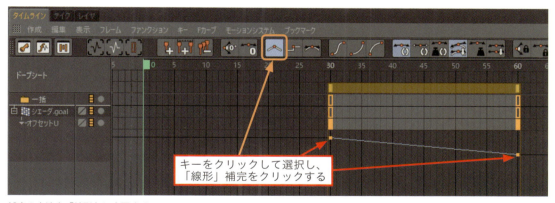

補完の方法を「線形」に変更する

▶文字の点滅

▶ 06 ▶ 6-4-4

　文字が点滅するようにします。これは、ライトの強度をアニメーションさせれば可能になります。「ライト」をオブジェクトマネージャでクリックし、属性マネージャの［一般］タブを開いて、［強度］の値を点灯「100%」～消灯「0%」の間で変化させればOKです。

　0Fと9Fに「0%」、10Fと15Fに「100%」、16Fと19Fに「0%」、20Fと25Fに「100%」、26Fと29Fに「0%」、30Fに「100%」でキーを記録しました。

　下の画像では、タイムラインの表示を「ドープシート」モードにしています。このモードではキーが縦長の長方形で表示されます。各キーはドラッグして別のフレームに動かすことができ、タイミングの調整が簡単にできます。

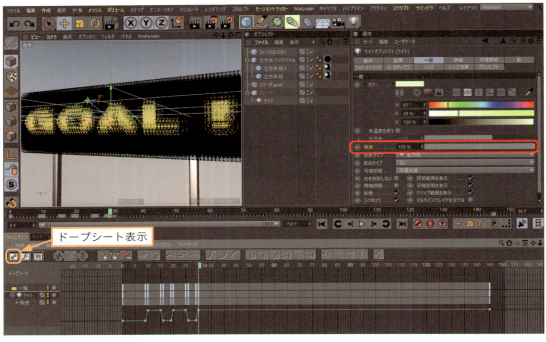

ライトの強弱をアニメーションする

　ライトは高速に点灯と消灯を繰り返すので「線形」補完しています。

サンプル　06-04-04.c4d

トラックを展開してFカーブを表示する

▶ 複数の文字を切り替えて表示

06 ▶ 6-4-5

　「GOAL！」の文字をスクロールさせた後に、別の文字「偶然だぞ！」を表示させてみましょう。「GOAL！」と喜ばせておいて落とします。

　そのために、もう1つ「シェーダ」エフェクタを作りましょう。名前は「シェーダ.偶然だぞ」に変更します。「シェーダ.goal」の作業と同様に、クローナーの［エフェクタ］タブをクリックして開き、「シェーダ.偶然だぞ」をドラッグ＆ドロップして関連付けます。そして画像を読み込みます。

　画像「偶然だぞ.tif」は、「Goal.tif」と同じ場所にあります。

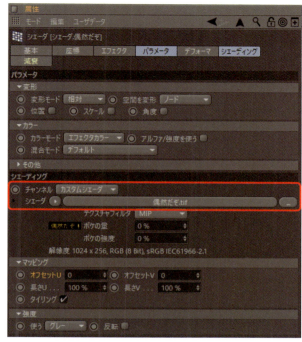
シェーダエフェクタをもう1つ作る

　現状では、30Fから60Fの間に「GOAL！」の文字がスクロールする設定になっています。61Fから90Fにかけて「シェーダ.偶然だぞ」の効果が現れるようにします。したがって、「シェーダ.goal」は60Fまでは表示され、61Fからは表示されないようにしなくてはなりません。

　どのパラメータにキーを追加して表示と非表示の切り替えをするかというと、「シェーダ.goal」の［パラメータ］タブの［カラーモード］になります。表示の場合は「エフェクタカラー」、非表示の場合は「オフ」にしてキーを追加します。つまり、60Fで「エフェクタカラー」でキーを追加し、61Fで「オフ」でキーを追加します。

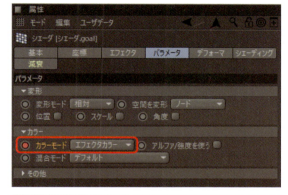

カラーモードにキーを追加する

61Fにタイムスライダーをセットしてビューをレンダリングすると、右の画像のように全てのライトが点灯しています。これは「シェーダ.goal」の表示をオフにしてしまったので当然の結果といえます。

全てのライトを表示している状態に対して、画像の黒い部分（文字以外の部分）でマスクをかけていたので文字に見えていたのです。ついでに文字は黄色にしていたので、ライトの色と置き換えられていました。

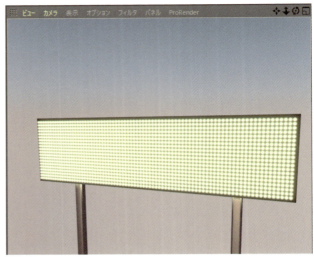

文字が何も表示されない状態

61F以降に表示する「シェーダ.偶然だぞ」は、「シェーダ.goal」とは逆の手順でキーを追加することになります。つまり、60Fは［カラーモード］を「オフ」で、61Fで［カラーモード］を「エフェクタカラー」でキーを追加します。

違う文字が表示できた

「GOAL！」の文字と同様に、右から左にスクロールさせましょう。

サンプル 06-04-05.c4d

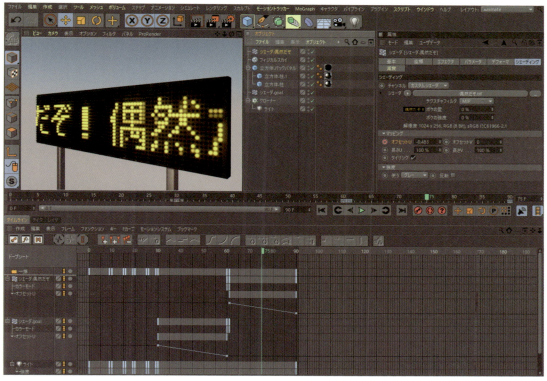

「偶然だぞ！」のスクロール

COLUMN　Maxon Computer 社はコーヒーが大好き!?

　本書には、オブジェクトと他のオブジェクトを関連付けて振る舞いを制御する、ノードベースのビジュアルスクリプティング環境「XPresso（エクスプレッソ）」がたびたび登場します。XPresso という名前は、コーヒーの淹れ方であるエスプレッソ、数式（expression／エスクプレッション）を掛け合わせた名前だと思われますが、Cinema 4D にはコーヒーに関連する用語がよく使われています。

　かつては、「C.O.F.F.E.E.（コーヒー）」という名前のスクリプト言語が使われていました。これは、C 言語をベースにした Cinema 4D 独自のスクリプト言語でした。長期にわたる併用期間を経て、現在は Python スクリプトに取って代わられました（R19 までは C.O.F.F.E.E. を使えていたようです）。

　以前の Cinema 4D ではソフトウェアがモジュール構造になっており、必要な機能のモジュールを購入して追加する仕組みになっていました。キャラクターアニメーション用のモジュールに付けられていた名前は「Mocca（モカ）」でした。モカコーヒー、あるいはカフェモカが由来なんでしょう。

　Maxon Computer 社の web サイトで、ユーザーが自作したプラグインを紹介するコーナーの名前は「Plug-in Cafe」でした。また、Cinema 4D ファイルを他のソフトウェアで生成、読み込み、保存、レンダリングなどできるようにするための、C++ 言語ベースのパイプライン構築用のライブラリ「Melange（メランジェ）」もあります。

　「Cappuccino（カプチーノ）」という名前のツールもあります（[メインメニュー] の [キャラクタ] → [マネージャ] → [Cappuccino]）。これは、手付けやエクスプレッションによるアニメーションをキーフレームアニメーションに変換するモーションキャプチャツールだそうです。多分「キャプチャ」の空耳で「キャプチャーノ」→「カプチーノ」とか、そういう理由で命名されたんだと想像できます。

　探せば、他にもコーヒーに関係する名前が付けられた機能があるかもしれませんね。Macchiato なんていう名前のツールも登場するかも……。

Chapter 7

レンダリング

Chapter7 レンダリング

SECTION 01 アニメーションレンダリングの準備

第6章ではいくつかのアニメーションを作りました。本章ではアニメーションをレンダリングし、映像作品としての完成に近づけていきましょう。

▶ レンダリングに盛り込む要素

まず、作ったアニメーションをどのようにレンダリングするのか、計画を立てましょう。

この作例では、地面に芝生が生えています。この「芝生」は、髪の毛を1本1本レンダリングするための「ヘア」機能を簡略化したものですが、レンダリングする際の負荷がかなり高いです。フレーム毎に芝生のための計算時間が発生するため、アニメーションレンダリングでは時間が大幅にかかるようになってしまいます。しかし、キャラクターの足元と芝生の重なり具合や、芝に落ちる影の表現は捨てがたいものがあります。

そこで今回は、手前の芝生だけを毎回レンダリングするようにし、遠くの芝生および背景（スタンド、樹木、空）については、レンダリングした画像をカメラに正対するように投影する「プロジェクションマッピング」という手法で表示します。これでレンダリング時間がかなり短縮できます。プロジェクションマッピング部分と芝生の境界部分は、「被写界深度」を使って背景を程よくぼかします。

スタンドは、スプラインで断面を描画して押し出しオブジェクトで作りました。椅子の座面部分のパーツはMoGraphで配置しました。背景の樹木も、MoGraphを使って数を増やし、位置をランダムにして自然な感じに配置しています。説明は省略しますが、サンプルファイルを探って確認してみましょう。

また、高速で動く物体はカメラのシャッタースピードに応じてブレて見えます。これは「モーションブラー」で実現します。Cinema 4Dの「フィジカルレンダラー」を使うと、きれいなモーションブラーをレンダリングできます。

レンダリングには「グローバルイルミネーション（GI）」を使用します。設定によってレンダリング速度に大きな違いが出ますので、スピードを重視しつつ画質も落とさないように気をつける必要があります。

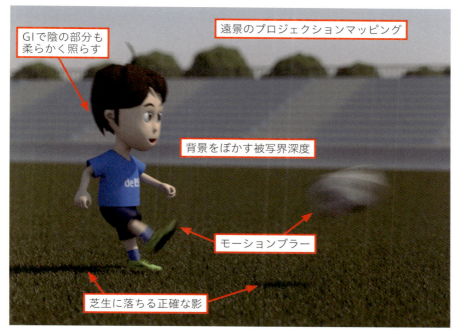

レンダリングに盛り込む要素

▶ レンダリング時間の短縮

▶ 07 ▶ 7-1-1

サンプル 07-01-01.c4d

サンプルファイル「07-01-01.c4d」を開き、そのままの設定で［画像表示にレンダリング］（ショートカット Shift + R ）した結果が上の画像ですが、筆者のPC（8コア16スレッド、RAM16GB）で1フレームが2分41秒もかかりました。

レンダラーには「フィジカル」を使います。これは「標準」レンダラーよりも遅いのですが、「標準」レンダラーでモーションブラーを使う場合は「サブフレームモーションブラー」という機能が必要になり、これを使うと「フィジカル」レンダラーよりレンダリング時間がかかってしまうのです（モーションブラーの表現のために同じフレームを複数回レンダリングする）。

静止画のレンダリングならば、1分や2分の違いなど気にする必要はありません。しかし100フレームのアニメーションのレンダリングであれば、1フレームあたりのレンダリング時間の差がトータルでは100倍になりますので、少しでも時間は短縮しておきたいところです。

そこで、本番のアニメーションレンダリングの前に、背景だけの静止画を1枚レンダリングしておいて、使いまわしてしまいましょう。

▶ 背景のレンダリング

🎬 07 ▶ 7-1-1

背景用のレンダリングの準備をしましょう。まず、オブジェクトマネージャでキャラクターとボールをレンダリングしないように設定します[注1]。

注1）「プロジェクション用カメラ」というカメラがありますが、特殊なカメラではなく、そのように名付けただけで、普通に作ったカメラです。「ロック」タグで動かないようにしています。

レンダリングの準備をする

「レンダリング設定」ウインドウで［レンダラー］のプルダウンメニューを開き、「標準」にします。「アンチエイリアス」チャンネルをクリックして開き、［アンチエイリアス］を「ベスト」にします。［最小レベル］、［最大レベル］共にデフォルト設定で OK です。

アンチエイリアスの設定

階段状のスタンドとベンチは、カメラアングルの関係で微妙に傾いてレンダリングされます。その線がデフォルトのアンチエイリアス設定では処理しきれず、汚い線になってしまいます。特定のオブジェクトに対して個別にアンチエイリアスの設定を変えることができます。

スタンドとベンチ

オブジェクトマネージャで「スタンド」を選択し、右クリックメニューから［CINEMA 4Dタグ］→［コンポジット］をクリックします。これでコンポジットタグが付けられます。

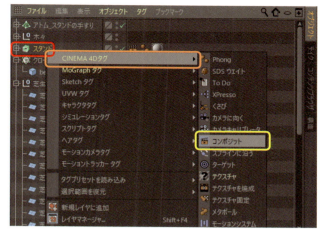
コンポジットタグを追加する

コンポジットタグをクリックして、属性マネージャで設定を行います。

［AAの最小サンプル数］と［AAの最大サンプル数］それぞれのプルダウンメニューを開き、変更します。ここでは「8×8」と「16×16」にしています。

レンダリング設定のほうでアンチエイリアスの最小レベルと最大レベルをこのような大きな値にしてしまうと、シーン全体に効果が及ぶので、レンダリング時間に大きく影響します。部分的に設定を変えるのが賢明です。

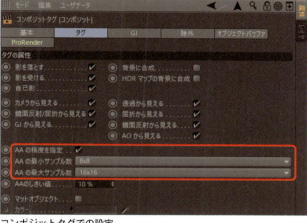
コンポジットタグでの設定

レンダリング設定で「グローバルイルミネーション」チャンネルをクリックして開き、設定を確認しましょう。［プリセット］はとりあえず「デフォルト」のままでOKです。十分きれいにレンダリングできます。

［プリセット］を他の設定に変えることでレンダリングが高速化するケースもありますが、フレーム毎に間接光の明るさが変化したり、遅くなったりと結果はいろいろです。たいていの場合は、より遅くなります。

グローバルイルミネーションの設定

アニメーションレンダリングの準備　349

［画像表示にレンダリング］でレンダリングしましょう。ショートカットは Shift + R です。レンダリング結果に問題がなければ、［別名で保存］ボタンをクリックして適切な場所に保存してください。画像形式は TIFF や PSD などで大丈夫です。

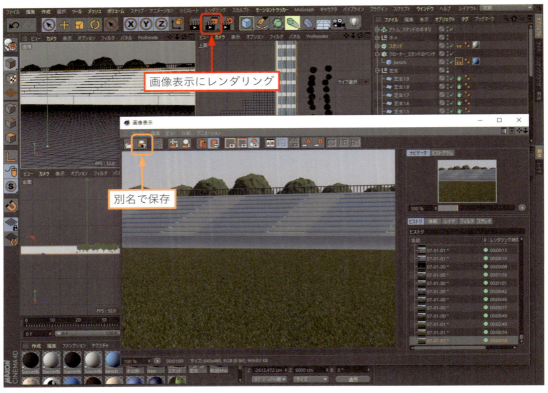

背景画像をレンダリングする

● プロジェクション用オブジェクトの準備　　07 ▶ 7-1-1

レンダリングした背景画像を表示するオブジェクトを作ります。プリミティブオブジェクトの「平面」オブジェクトを 1 つ作り、属性マネージャの［オブジェクト］タブをクリックして開き、［方向］を「+X」に、［幅］と［高さ］を「800cm」程度に変更します。

3D ビュー上で位置と角度を調整して、「プロジェクション用カメラ」の撮影範囲をカバーするようにしましょう。［3D ビューのメニュー］の［カメラ］→［使用カメラ］で適宜カメラを切り替えてください。

平面のサイズと方向を変更する

下の画像のようになっていればOKです。位置も角度も、厳密に合わせる必要はありません。カメラの撮影範囲を示す角錐（四角いコーン）を完全にカバーする大きさなら大丈夫です。名前を「平面_プロジェクション月」など、区別が付きやすいように変更しておきましょう。

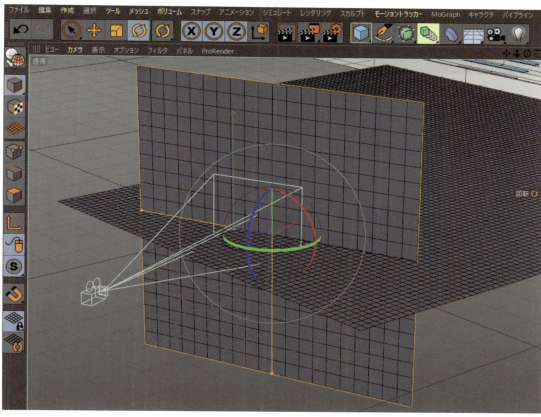

平面を配置する

　[メインメニュー]の[ウインドウ]→[Projection Man]をクリックし、Projection Man（プロジェクションマン）のウインドウを開きます。

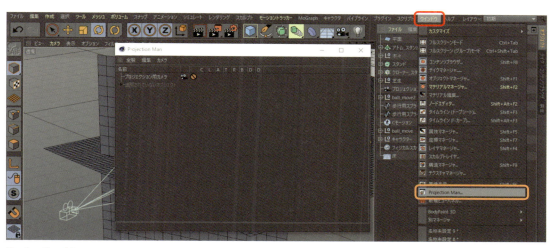

Projection Man

「平面_プロジェクション用」を「Projection Man」ウインドウ上の「プロジェクション用カメラ」にドラッグ＆ドロップします。するとメニューが開くので、[画像を読み込み]をクリックしてください。

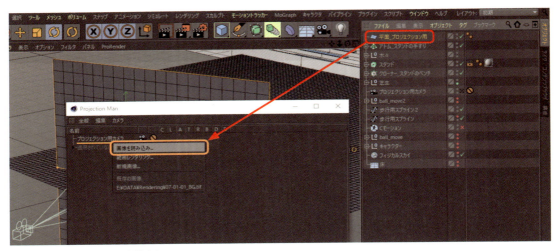

オブジェクトとカメラを関連付ける

画像を読み込むためのウインドウが開くので、背景用にレンダリングして保存した画像を指定して[開く]ボタンをクリックします。

背景用の画像を指定して開く

MEMO　カメラの切り替え

複数のカメラを切り替えて使用することができます。操作手順は[3Dビューのメニュー]の[カメラ]→[使用カメラ]です。

「レイヤセットを編集：〜」というウインドウが開きます。とくに設定することがないので［OK］ボタンをクリックしてください。

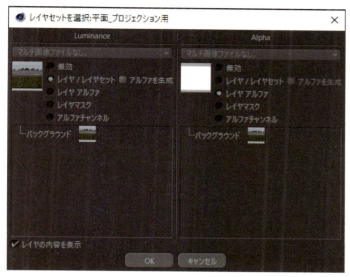

オブジェクトとカメラを関連付ける

これできちんと投影されるはずなのですが、「平面_プロジェクション用」の向きが不適切だと投影されません。「平面_プロジェクション用」を回転させ、裏になっている面をカメラに向けるか、［オブジェクト］タブの［方向］プルダウンメニューを「-X」に変えたら表示されました。

これは、両面に表示するようになっていると、面の向きによっては画像が左右逆になってしまうトラブルを避けるためだと思います。

サンプル 07-01-02.c4d

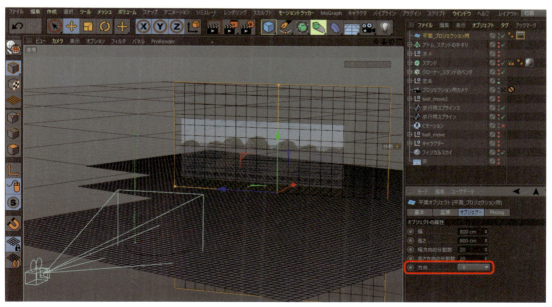

背景がオブジェクトに投影された

▶ 余計な芝生を非表示に設定

07 ▶ 7-1-1b

　大量の芝生を適用した平面オブジェクトを不使用にします。下の図のように選択して、オブジェクトマネージャで不使用にします（チェックマークをクリックして×に変える）。

非表示にする芝生を選択する

　手前の芝生だけ残し、他は隠すことができました。スタンドや木々も非表示にしています。

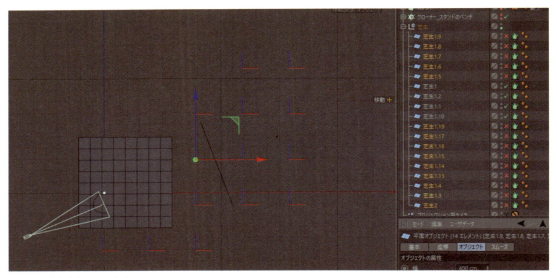

余計な芝生を非表示にできた

テストレンダリングしてみました。標準レンダラーのままですが、芝生と背景画像の境界がよくわからないほど上手くなじんでいます。成功です。

テストレンダリングの結果

● フィジカルレンダラーの設定
　　［レンダリング設定編］　　　　　　　　　07 ▶ 7-1-2

　標準レンダラーによるテストレンダリングは上手くいきました。次はフィジカルレンダラーで被写界深度やモーションブラーの設定をします[注2]。

注2）　モーションブラーの効果は［ビューをレンダリング］では現れません。［画像表示にレンダリング］で確認してください。

　［レンダラー］のプルダウンメニューを開き、「フィジカル」に変更します。「フィジカル」チャンネルをクリックして開き、［被写界深度］と［モーションブラー］にチェックを入れます。

　［サンプリング品質］のプルダウンメニューを開き、「中」をクリックして変更します。「低」のままだとモーションブラーがあまりきれいに描画されません。

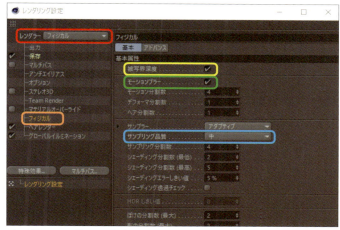
フィジカルレンダラーの設定

フィジカルレンダラーでテストレンダリングしてみました。被写界深度の効果で背景がボケますので、芝生と背景画像の境界がよくわからないようになっています。

サンプル 07-01-03.c4d

テストレンダリングの結果

標準レンダラーの場合、アンチエイリアスの最大レベルを変えるなどしますが、フィジカルレンダラーの場合、該当する設定項目はありません。あるのはフィルタの種類のみです。

フィジカルレンダラーでは、レンダリングの質を「フィジカル」チャンネルの［サンプリング分割数］や［シェーディング分割数］などのパラメータで調整します。

多くの場合、［サンプリング品質］のプルダウンメニューで「中」を選んでおけば問題ないでしょう。デフォルト設定の「低」だと、モーションブラーを使用したときにザラザラした見た目になることがあります。

フィジカルレンダラーのアンチエイリアスチャンネル

> **MEMO　パラメータをデフォルト設定に戻す**
>
> レンダリング設定などのパラメータをいろいろ変更していくと、最初の値（デフォルトの値）が何だったのかわからなくなってしまいます。こんなときは、そのパラメータを右クリックして開いたメニューの中の［デフォルトにリセット］をクリックすると、デフォルトの値に戻ります。

▶ フィジカルレンダラーの設定
［カメラ編］

▶ 07 ▶ 7-1-3

　フィジカルレンダラーでモーションブラーと被写界深度の効果を得るには、カメラの設定を注意深く行う必要があります。何も経験がない状態で設定しようとすると、かなり苦労すると思います。サンプルファイルでは、すでに確実に設定済みですので、その設定箇所について説明していきます。

　まずカメラの撮影範囲を示す角錐のハンドルをドラッグして、ピントを合わせたい被写体の位置に角錐の底面を合わせます。その付近は必ずピントが合ってボケません。

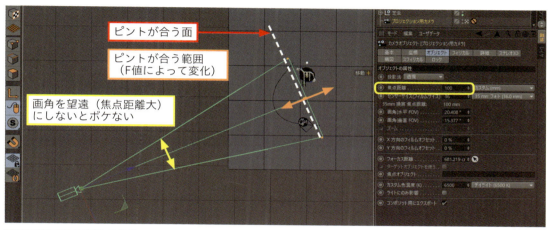

被写界深度の効果が現れる条件

　角錐の底面に、オレンジ色のハンドルが5つ表示されます。真ん中のオレンジ色のハンドルをドラッグして、ピントを合わせる位置を調整します。

　画角（焦点距離）についてはいろいろ実験してみてください。現実のカメラでも、広角で被写界深度によるボケの効果が現れている写真というのはほとんどないと思います。おおよその目安としては、画角（水平FOV）が20°以下（焦点距離で100mm以上）で確実にボケの効果が現れると覚えておくと良いでしょう。望むなら、そこから少しずつ広角側に調整します。なお、FOVはField of viewの略です。

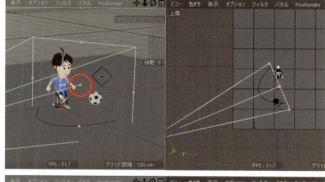
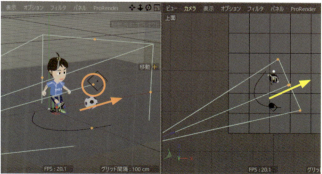

ピントを合わせる場所を調整する

アニメーションレンダリングの準備　357

カメラをクリックして、属性マネージャで［フィジカル］タブの［F値］を小さな値（たとえば2など）にすると、遠景がよくボケます。被写界深度が「浅い」状態です。

F値を小さくするとボケる

逆に［F値］を大きくすると、遠景はほとんどボケなくなります。下の画像の例ではF値を11としています。被写界深度が「深い」状態です。

F値を大きくするとボケなくなる

フィジカルレンダラーにおけるモーションブラーは、カメラの「シャッタースピード」と物体の動く速さ（正確には画面上での位置の変化の大きさ）でブレる量が決まります。これは、普通のカメラと同じ原理で設定できます。つまりシャッタースピードが同じなら、位置の変化量が大きいほうがよりブレますし、位置の変化量が同じならシャッタースピードが遅いほどよくブレます。これは［フィジカル］タブの「シャッター速度（秒）」で変更します。

サンプル 07-01-03.c4d

シャッタースピード 1/50 秒

シャッタースピード 1/250 秒

SECTION 02 レンダリングするファイルの設定

ようやくアニメーションのレンダリングにこぎつけました。もう一息ですのでがんばりましょう。

▶「出力」チャンネルでの準備　　　📽 07 ▶ 7-2-1

　レンダリング設定ウィンドウの「出力」チャンネルで、レンダリングする画像のサイズとレンダリングするフレームの範囲を設定します。これまでは静止画として特定の1フレームだけをレンダリングしていましたが、フレームの範囲を設定し、連続的なアニメーションとしてレンダリングします。

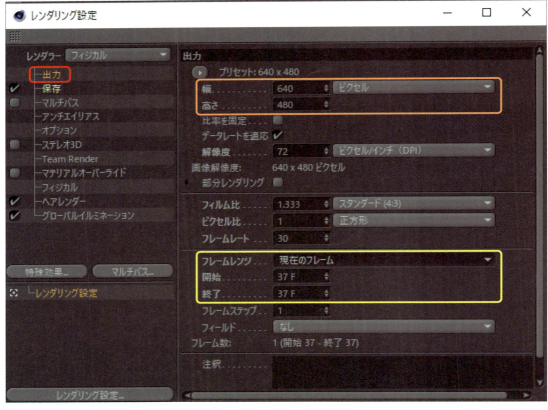

出力チャンネル

レンダリング画像のサイズは豊富なプリセットから選ぶことができます。参考にしてください。

レンダリングサイズのプリセット

［フレームレンジ］で、レンダリングするフレームの範囲を決定します。

［フレームレンジ］のプルダウンメニューで「現在のフレーム」を選んだ場合、1フレームだけレンダリングされます。静止画のレンダリングが希望の場合はこれを選択します。

アニメーションをレンダリングする場合、「全てのフレーム」で全部のフレームをレンダリングするか、「手動」で特定のフレーム範囲を指定してレンダリングできます。たとえば11Fから89Fまでレンダリングするなどです。

レンダリングするフレームを指定する

▶ 「保存」チャンネルでの準備　　　▶ 07 ▶ 7-2-1

「保存」チャンネルでは、ファイルの保存先とファイル名、名前の付け方（連番の付け方など）、ファイルフォーマットなどを決めます。アルファチャンネルを含めるかどうかも、このチャンネルで決める必要があります。

ファイル名、フォーマットなどは、「画像表示」ウインドウから［別名で保存］を実行するときにも決められます。そのため、「とりあえずレンダリングしてしまい、結果が良ければ保存する」というやり方でもかまわないと思います。筆者はいつもそうしています。

保存チャンネル

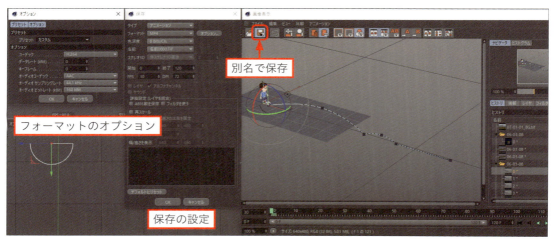

画像表示で必要に応じて別名で保存する

▶最終レンダリングの実行

07 ▶ 7-2-1

準備が全てできたら、［画像表示にレンダリング］を実行してください。

アニメーションをレンダリングする

結果に満足したら［別名で保存］をクリックし、フォーマットやファイル名、保存する場所を決めて保存しましょう。

アニメーションを保存する

本書の解説はこれで終わりです。あなたが思い描くイメージが上手く映像化できるよう祈っています。

おわりに

　本書は、「キャラクターを作って動かす」ことに目的を絞って、なるべくわかりやすく書いたつもりです。それでもキャラクターアニメーションは3DCGで行う作業の中でも最も難しい分野ですので、ページが進むにしたがってどんどん難しくなっていっただろうと思います。

　モデリングを2段階に分けたのは、どんなモデルでもいいから、早い段階で人に見せられる状態までこぎつけてほしいと思ったからでした。最速でいったん完成といえる状態まで作り、さらに必要に応じて細部を作り込んでいくという制作スタイルは、実際の制作でもきっと役に立つと思います。

　Cinema 4D Studioには「キャラクタ」というオートリグの一種があらかじめ用意されていて、それを使えばリグの構築がより簡単に行えるのですが、リグをあえて一から作ることによって、いろいろな機能について根本的な部分から理解してほしいと考えました。慣れたら「キャラクタ」も使ってみてください。

　また、XPressoはとても便利な機能なので、どんどん活用してほしいです。本当に簡単に、複雑なことが実現できます。

　他にも、物理シミュレーションを行う「ダイナミクス」、「ヘア」、布のシミュレーションを行う「クロス」、ペイント感覚でモデリングできる「スカルプト」、セルアニメーション風にレンダリングできる「スケッチ＆トゥーン」、ノードベースの新マテリアルなど、紹介すべき機能はたくさんあるのですが、これらを全部盛り込むことは難易度的にもページ数的にも無理でした。しかし、本書を読みこなせば、これら上位の機能にチャレンジできる準備は整っていると思います。失敗を恐れずチャレンジしてみてください。

　昨年末にゲーム業界、映像業界で仕事している友人たちと会ったとき、口を揃えて、3DCGをちゃんとできる若い人が入ってこないと嘆いていました。若い人は2Dベースのスマホゲーに流れてしまっているとのこと。誰でも知っている超大手のゲーム制作会社での話です。その結果、業界内で人の奪い合いになっているそうで、放っておくと他社に引き抜かれてしまうので給料もどんどん上がっているとか。最近では、3DCG関係の求人に「Cinema 4D」と書かれることも増えてきました。今後いっそう増える可能性もあります。

　とにかく、人に見せられる状態になるまでがんばって作りましょう。たくさん作りましょう。格好いいポーズを決めさせましょう。素敵な表情にしてあげましょう。キャラクターを作ったら背景も作りましょう。ライティングや構図の勉強は、カメラ撮影の本ですればいいのです。

　完成した作品は投稿してもいいし、あなたのブログに掲載してもいいし、印刷して作品集にして就職したい会社に応募してもいいでしょう。Cinema 4Dと本書に出会ったことが、あなたの人生をより豊かにすることを願っています。

2019年3月　国崎 貴浩

索引

数字
3Dビュー……………………………………16, 19
3Dスナップ……………………………………98

A
Animate レイアウト……………………………265

C
Cinema 4D……………………………………16
Cinema 4D Studio……………………………16
CMotion………………………………………272
Cモーション……………………………………272

F
FK………………………………………189, 304
FPS……………………………………………264

G
GI………………………………………………346

H
HPBシステム……………………………………31
HUD……………………………………………44

I
IK………………………………………188, 304
IK チェーン……………………………………231

M
MoGraph………………………………………330

P
Projection Man………………………………351
ProRender……………………………………144
PSR コンストレイント…………………………281

R
Redshift………………………………………144

S
SDS……………………………………………102

T
texフォルダ……………………………………21

U
UV座標…………………………………………82
UV編集……………………………………82, 109
UVメッシュレイヤ……………………………129

X
XPresso…………………………………83, 246
X軸……………………………………………26

Y
Y軸……………………………………………26

Z
Z軸……………………………………………26

あ行
アクション……………………………………273
アクティブなツール……………………………44
アセットパス……………………………………22
アニメーション……………………………260, 304
アニメーションパレット………………………17
アンチエイリアス………………………………94
ウエイト………………………………………182
エッジ…………………………………………18
エフェクタ……………………………………334
エレメント……………………………………18
押し出しツール…………………………………58
オブジェクト座標系……………………………33
オブジェクトの移動……………………………26
オブジェクトの回転……………………………31
オブジェクトのスケール………………………29
オブジェクトの選択……………………………24

オブジェクトの対称化	56
オブジェクトマネージャ	17, 38
オブジェクトモード	30
オリジナルを保持（PSR）	282
オンラインヘルプ	46
オンライン[2]ヘルプ	48

か行

カーソルモード	20
回転（3Dビュー）	19
外部参照	70, 90
拡大・縮小（3Dビュー）	19
角度の変換ノード	270
カメラ	261
カメラの切り替え	352
カメラの作成	261
環境	89
関節	182
キーフレーム	260
球状化デフォーマ	74
クローナーオブジェクト	332
グローバルイルミネーション	92, 346, 349
計算ノード	269
光源	92
コマンドパレット	17
コンストレイント	139
コントローラー	252
コンポジットタグ	349

さ行

サイクルジェネレータ	272
座標変換を固定	187
座標マネージャ	17
サブディビジョンサーフェイス	102
サブフレームモーションブラー	347
シーンファイル	21
シェーダ	334
シェーダオブジェクト	334
軸の移動	32
軸バンド	27
軸モード	32

下絵	52
下絵の濃度	55
質感	76
自動結合	36
芝生	157
出力チャンネル	360
ジョイント	182
ジョイントチェーン	184
ジョイントツール	184
焦点距離	41
ショートカット	42
ショートカット（2段式）	42
スイープオブジェクト	162
ズーム	20
スプライン	67
スプライン（グラフ）	285
スライドツール	58
選択範囲タグ	71
属性マネージャ	17, 39
ソフト選択	25
ソロビュー	45

た行

対称オブジェクト	56, 63
多角形選択	24
タンブル	19
頂点	18
長方形選択	24
定数ノード	268
テクスチャ	79
透明度（マテリアル）	99
ドライバー	274
ドリー	19, 20

な行

投げ縄選択	24
ナビゲーションモード	20
ヌルオブジェクト	140

は行

背景のレンダリング	348

バインド	182, 209
バインドポーズをリセット	212
パス（ドライバー）	284
ハブ	273
バブルヘルプ	23
パラメトリックオブジェクト	17
ビジュアルセレクタ	252, 283, 310
微調整デフォーマ	65, 66
標準レンダラー	347
ファイルアセット	22
ファンクションカーブ	265
フィジカルスカイ	89
フィジカルレンダラー	144, 346, 355, 357
フィルタ（アンチエイリアス）	95
不透明度（レイヤ）	132
ブラシ	124
プリミティブオブジェクト	17
プロジェクション	350
ヘア	157
ペイントセットアップウィザード	114
ヘッドアップディスプレイ	44
辺	18
ポイント	18
法線	28, 73
ポーズモーフ	133
ポールベクター	279
ボーン	184
保存チャンネル	362
ホットスポット	254, 257
ポリゴン	18
ポリゴンオブジェクト	18
ポリゴンペン	34

ま行

マテリアル	72, 76
マテリアルマネージャ	17
右クリックメニュー	43
ミラーコピーツール	228
名称ツール	199
メインメニュー	16
面	18

モーショングラフィックス	330
モーションブラー	346
モードパレット	17
文字の切り替え	341
文字のスクロール	338
文字の点滅	340
モデルモード	30

や行

床	89

ら行

ライト	92, 331
ライブ選択	24
ラジアン	270
リグ	182, 192
リトポロジ	37
量子化	26
リラックスUV	118
ルートヌル	194
ループ選択	24
ループ/パスカットツール	59
レイアウト	23
レイヤ	85
レンダラー	144
レンダリング	90, 346
ロフトオブジェクト	67

わ行

ワールド座標系	33

著者略歴

国崎 貴浩（くにさき たかひろ）

福岡県出身　3児の父。1994年、筑波大学芸術専門学群　卒業。2001年頃からCinema 4Dで3DCG作成の仕事をしていた。退職して以後、3DCGは趣味として行うことに。2011年頃から、ネット上でTakahiro.Kの名前でCinema 4Dの学習用PDFを公開している（現在は放置中）。

■参考文献

『キャラクターアニメーション基礎編』（Maxon JAPANサービス契約加入者向けコンテンツ）
／コンノヒロム著／Maxon JAPAN／2011年

『Mayaリギング - 正しいキャラクターリグの作り方 -』
／Tina O'Hailey 著／高木了編集／倉下貴弘（studio Lizz）訳／ボーンデジタル／2013年

『MAYAキャラクタークリエーション - プロが教えるフォトリアル人体制作術 -』
／Jahirul Amin, 3DTotal.com 著／高木了編集／倉下貴弘（studio Lizz），河野敦子，木原智洋訳／ボーンデジタル／2016年

作って覚える
Cinema 4Dの
一番わかりやすい本

2019年4月25日　初版　第1刷発行

著者●国崎　貴浩

発行者●片岡　巖

発行所●株式会社 技術評論社
　　　　東京都新宿区市谷左内町21-13
　　　電話　03-3513-6150　販売促進部
　　　　　　03-3513-6177　雑誌編集部

装丁●ライラック
本文デザイン●ライラック
DTP ●スタジオ・キャロット
編集●鷹見　成一郎
製本／印刷●株式会社 加藤文明社

※本書に付属のDVD-ROMは、図書館およびそれに準ずる施設において、館外貸出を行うことができます。

定価はカバーに表示してあります。

乱丁・落丁がございましたら、弊社販売促進部までお送りください。交換いたします。
本書の一部または全部を著作権法の定める範囲を超え、無断で複写、複製、転載、テープ化、ファイルに落とすことを禁じます。

©2019　国崎貴浩
ISBN978-4-297-10421-4 C3055

お問い合わせについて

本書に関するご質問については、本書に記載されている内容に関するもののみとさせていただきます。本書の内容と関係のないご質問につきましては、一切お答えできませんので、あらかじめご了承ください。
また、電話でのご質問は受け付けておりませんので、必ずFAXか書面にて下記までお送りください。
なお、ご質問の際には、必ず以下の項目を明記していただきますよう、お願いいたします。

1. お名前
2. 返信先の住所またはFAX番号
3. 書名（作って覚える　Cinema 4Dの一番わかりやすい本）
4. 本書の該当ページ
5. ご使用のOSとCinema 4Dのバージョン
6. ご質問内容

なお、お送りいただいたご質問には、できる限り迅速にお答えできるよう努力いたしておりますが、場合によってはお答えするまでに時間がかかることがあります。
また、回答の期日をご指定なさっても、ご希望にお応えできるとは限りません。あらかじめご了承くださいますよう、お願いいたします。

問い合わせ先

〒162-0846
東京都新宿区市谷左内町21-13
株式会社技術評論社　雑誌編集部
「作って覚える　Cinema 4Dの一番わかりやすい本」質問係

FAX番号　03-3513-6173
URL：https://book.gihyo.jp/116

※ご質問の際に記載いただきました個人情報は、回答後速やかに破棄させていただきます。